Heidelberger Wasser

Hannah Corvey stammt aus einem kleinen Ort an der Mosel. Sie studierte Anglistik und Französische Philologie in Trier, absolvierte ein Verlagsvolontariat und promovierte anschließend in Sprach- und Übersetzungswissenschaft. Nach Stationen in Nancy, Frankfurt und München lebt und arbeitet sie seit 2001 in Heidelberg.

HANNAH CORVEY

Heidelberger Wasser

DER BADISCHE KRIMI

emons:

Bibliografische Information der Deutschen Nationalbibliothek
Die Deutsche Nationalbibliothek verzeichnet diese Publikation in der Deutschen Nationalbibliografie; detaillierte bibliografische Daten sind im Internet über http://dnb.d-nb.de abrufbar.

FSC www.fsc.org
MIX
Papier aus verantwortungsvollen Quellen
FSC® C083411

Umschlagmotiv: fotolia.com/romarti
Umschlaggestaltung: Tobias Doetsch
Gestaltung Innenteil: César Satz & Grafik GmbH, Köln
Lektorat: Susann Säuberlich, Neubiberg
Druck und Bindung: CPI – Clausen & Bosse, Leck
Printed in Germany 2017
ISBN 978-3-7408-0045-1
Der Badische Krimi
Originalausgabe

Dieser Roman wurde vermittelt durch die
Literarische Agentur Kossack GbR, Hamburg.

Er ließ seine Gedanken ganz zu dem sanften Trommeln auf seiner Schädeldecke fließen. Es war ein angenehmes, vertrautes Gefühl. Seine Augen hielt er geschlossen, das warme Wasser lief an ihm hinunter, der Tag floss von ihm ab, er konnte es spüren.

Manchmal stand er eine halbe Stunde unter dem Wasserstrahl, dann glaubte er, dass er dort für immer bleiben wollte, abgeschottet durch einen Vorhang aus warmem Wasser, der ihn umgab wie ein schützender Mantel. Hier ahnte er so etwas wie Geborgenheit, ein Zuhause, hier konnte er abschalten und seinen brennenden, stechenden Gedanken eine Weile Einhalt gebieten.

Das Wasser rann an der bräunlich verfärbten Duschwand hinab, in der Luft hing ein Nebelschleier, der sich an den Kacheln niederschlug. Er stand in seiner Wasserhöhle und hatte die Zeit vergessen. Mitunter wusste er dann nicht mehr, ob er groß oder klein war, alt oder jung. Bilder aus seiner Vergangenheit zogen an ihm vorüber, aber er war sich nicht sicher, ob sie wirklich zu ihm gehörten.

Das Wasser auf seinen geschlossenen Augenlidern fühlte sich an wie das liebevolle Streicheln einer sanften Mutter, und für eine kurze Zeit war aller Schmerz vergessen.

Er stand da, und es gab nur ihn auf der Welt.

Dieser Zustand dauerte immer nur kurz an, nur einen Bruchteil seines Tages, seines Lebens, in dem irgendetwas falsch war. Auch heute fuhr irgendwann ein zuckender Blitz in seinen Kopf, so als sei das Wasser plötzlich auf hundert Grad erhitzt worden, als würde der Wasservorhang mit einem glühenden Schwert durchtrennt.

Es gab etwas, das ihn hinauszog in die Welt, etwas, das noch besser war, als unter einer wohltemperierten Dusche zu stehen. Seine Erregung nahm zu.

Er sah an sich hinunter. Sein kräftiger Körper war behaart, die Brust von einem dunklen Pelz bedeckt, sein Bauch wölbte sich deutlich nach vorn, aber seine Oberschenkel waren muskulös, er war ein schneller Läufer.

Seine breite Hand griff nach dem Stück billiger Seife, er schäumte sich ein, die Brust und die Arme. Dann nahm er den Nassrasierer, der auf der Mischbatterie lag, und begann, sorgfältig die Körperbehaarung zu entfernen. Das Wasser trug die dunklen Haare mit sich fort und spülte sie in den Abfluss, kurze, gebogene Fäden, die aussahen wie Widerhaken. Unter dem Pelz kam die blasse Haut zum Vorschein, auf der sich unzählige Leberflecken abzeichneten – braune Male auf der Landkarte seines Körpers. Er fühlte sich nun seltsam nackt, obwohl er es vorher schon gewesen war. Doch die Rasur gehörte zur Vorbereitung, sie diente seiner Sicherheit.

Er stellte das Wasser ab und stieg aus der Dusche. Dann nahm er das Handtuch, dessen blauer Stoff verblichen und dünn geworden war, vom Haken neben dem Fenster und rieb damit die Wassertropfen von seiner hellen Haut. Mit einer Ecke des Tuchs wischte er ein kleines rundes Fenster in den beschlagenen Spiegel und betrachtete kurz sein kantiges Gesicht mit den dunklen, fast schwarzen Augen.

Er wusste nicht, ob er attraktiv oder unansehnlich war, er hatte keinen rechten Bezug zu diesem Gesicht. Aber so, wie die Frauen auf ihn reagierten, war er wohl nicht hässlich.

Eilig zog er die ausgebeulte Cordhose an, die über dem Hocker neben dem Waschbecken lag, und streifte sein Hemd über. Er war ein Jäger, er musste raus.

Es war bereits dunkel, als er das Haus verließ und in seinen Mittelklassewagen, ein silbergraues Allerweltsmodell, stieg. Er fuhr zu ihrem Haus, er kannte sie, viel besser, als sie ihn kannte. Sie war blond und hübsch, sie war wie ein Frühlingsregen im Mai, der die nasse Erde duften lässt und nach dem das Grün des frischen, jungen Laubes einen fast blendet. Ein Regen, der einem verspricht, dass es weitergeht, dass das Leben nicht zu Ende ist, ein sanfter Schauer, der einem Mut macht.

Deutlich erinnerte er sich an einen Spaziergang mit der Mutter vor über dreißig Jahren. Es war Frühsommer gewesen, sie waren auf einem Waldweg gegangen, als es plötzlich zu regnen angefangen hatte. Ein schöner Regen, milde, warme Tropfen, ein Regen, mit dem es die Natur gut meinte. Der Mann war auch dabei gewesen, er erinnerte sich nicht mehr an seinen Namen. Er war ihm alt und verbraucht vorgekommen, hatte nach Zigarettenrauch gerochen, und in seinem Mund hatten braune Zähne gestanden, von denen vorn einer fehlte. Sie stellten sich zu dritt unter einem alten Baum mit dichter Laubkrone unter, der Mann tätschelte ihm den Kopf. »Na, Jungchen, bist doch nicht aus Zuckerwatte, was?« Dann zog er die Mutter an sich und lachte mit seiner schwarzen Zahnlücke.

Später in der Wohnung waren wieder die merkwürdigen Geräusche aus dem Schlafzimmer der Mutter gedrungen, der Mann hatte gestöhnt und gekeucht und ab und zu mit lauter Stimme etwas Unverständliches hervorgestoßen. Die Mutter und der Mann kämpfen, dachte er als kleiner Junge und hatte Angst.

Nach Jahren, mit siebzehn oder achtzehn, hatte er den Kampf auch gekämpft, es war immer ein Kampf für ihn geblieben. Damals, als der Mann bei der Mutter gewesen war und er selbst noch ein Kind, hatte er vor dem Fernseher gesessen und auf zappelnde Zeichentrickfiguren gestarrt. Er wusste, dass er nicht in das Schlafzimmer gehen durfte, wenn der Mann da war. Die Mutter hatte es ihm erklärt. »Fred, du musst sein wie Wasser. Du darfst nur da fließen, wo Platz für dich ist.«

Er umfasste das Lenkrad mit seinen kräftigen Händen und trieb seine Gedanken zurück in die Gegenwart wie versprengtes, scheues Wild. Der Wagen glitt ein paar Kilometer weiter durch die Dunkelheit bis zu ihrem Haus in einem weitläufigen Stadtteil im Südwesten von Heidelberg. Das Gefühl irgendwo zwischen Erregung, Gier und Vorfreude hob ihn aus dem schmutzigen Rinnstein seines Alltags.

Schließlich parkte er sein Auto am Straßenrand und sah aus dem Seitenfenster, in ihrer Wohnung im Souterrain gegenüber brannte Licht. Sie hieß Susanne, der Name passte zu ihr, es war ein freundlicher Name. Vielleicht nannten ihre Freundinnen sie Susi, aber er wollte sie nicht so nennen.

Sie arbeitete in dem großen Lebensmittelgeschäft, in dem er immer einkaufte, und sie war jung, in der unbesorgten Blüte ihres Lebens. Ihre meerblauen Augen strahlten klar und ohne Arglist, und ihr Lächeln war bezaubernd. Sie war ihm sofort aufgefallen, ihr Parfüm roch nach Maiglöckchen.

Er konnte nicht sagen, warum es passierte, aber hin und wieder begegnete er Frauen, die etwas auslösten in seinem Kopf, denen er nahe sein musste, deren Nähe ihn tröstete und ihn nährte wie das Wasser eine verdorrte Pflanze.

Manchmal ging er zu Huren, aber es brachte ihm nicht viel. Eigentlich ging er nur dorthin, um seiner einzigartigen Fähigkeit Beschäftigung zu geben, zu Studienzwecken sozusagen. Er konnte Frauen in ihrem tiefsten Wesen erkennen und sie dem Element zuordnen, dem sie entstammten: dem Wasser. Doch die Huren waren alle verdorben, alle wie trübe, schlammige Gewässer, dunkelgrüne Tümpel, fischiges Brackwasser. Manche waren wie ein Gewitterregen, grob und anstrengend, andere faul wie ein seit Jahren stehendes Gewässer, manche kalt wie Eisregen, manche unverschämt wie Hagel.

Susanne war so anders als diese Frauen, sie gab ihm Hoffnung, Hoffnung auf Linderung. Wenn er an sie dachte, fühlte er sich heil. Susanne war der helle, klare Bach, der an einem Frühlingstag dahinplätscherte, ohne Untiefen und ohne böse Überraschungen. Er konnte an diesem Bach spielen, kleine Staudämme bauen, ein Holzschiffchen auf die klare Wasseroberfläche setzen, das tanzend den Bachlauf hinabfuhr, er konnte von dem Bach trinken, seine Wunden darin baden, den jahrzehntealten Eiter auswaschen.

Ein paarmal hatte er mit ihr gesprochen, sie nach einem besonderen Whiskey gefragt, den der Laden nicht führte, oder sie einmal bei der Tiefkühlkost abgepasst und nach Wildlachs gefragt. Sie hatte ihm freundlich lächelnd geantwortet, und er hatte ihr ein Kompliment gemacht zu ihren wunderschönen blauen Augen. Ihr Gesichtsausdruck hatte sich verändert, ein Hauch nur, aber er hatte es registriert. Über das Lächeln hatten sich Unsicherheit und Ablehnung gelegt, es hatte ihm einen Stich versetzt. Aber sie kannte ihn ja auch noch nicht.

Er stieg aus seinem Wagen und ging im Schutze der Dunkelheit zu ihrem Haus. Die Luft war mild, diese Zeit im Sommer weckte eigenartige Gefühle in ihm, kaum greifbare Erinnerungen, Wehmut, Schmerz und eine vage Trauer, von der er nicht wusste, woher sie kam. Vielleicht daher, nicht noch einmal ganz von vorn anfangen zu können.

Leise schlich er durch den Vorgarten an der linken Seite des Hauses entlang und brachte sich hinter einer Rhododendronhecke in Position. Er hatte Glück, er sah sie, sein Herz klopfte. Susanne stand in ihrer kleinen Küche, sein Blick erfasste sie in dem erleuchteten Rechteck des Küchenfensters, den Kopf leicht gesenkt, vielleicht schnitt sie gerade Tomaten oder bereitete ein Stück helles Fleisch zu.

Wie schön sie war, die Augenlider mit den langen Wimpern gesenkt, die geschwungenen Lippen entspannt, in sich ruhend und doch voller Leben. Dann ging sie zum Kühlschrank, öffnete ihn, nahm etwas heraus, gab der Tür einen beiläufigen Stoß mit dem Ellbogen und ging wieder zu ihrem Platz vor dem Fenster.

Er wollte sie besitzen, er musste es – und ein Zurück gab es ohnehin nicht mehr. Immer wieder war er zu ihr in den Laden gegangen, hatte sie mit seinen hungrigen Augen gesucht, sich so lange zwischen den Regalen herumgedrückt, bis er sie gesehen hatte, jeden Abend nach der Arbeit und an Samstagen manchmal zwei- oder dreimal. Es gab keine Möglichkeit mehr, sie aus seinen Gedanken zu verbannen, und er wollte es auch gar nicht. Frauen wie Susanne waren selten, er konnte es sich schlicht nicht leisten, auf sie zu verzichten.

Susanne hob den Kopf und sah geradeaus durch das Glas des Küchenfensters, dann lächelte sie ein wenig und strich sich eine blonde Haarsträhne aus dem Gesicht. Sie hatte ihrem Spiegelbild zugelächelt, aber er wusste, dass es eigentlich ihm gegolten hatte.

Es war nicht allzu schwierig gewesen herauszufinden, wo sie wohnte und wie sie lebte, einmal hatte er auf dem Kundenparkplatz gewartet, bis sie aus dem Personaleingang gekommen war, und war ihr unbemerkt bis zu ihrem Haus gefolgt. Während der Arbeit trug sie ein Namensschild an ihrer Kleidung, und es war ein Leichtes gewesen, sie in den sozialen Netzwerken im Internet ausfindig zu machen. Dort erzählte sie genug über sich selbst. Auch wenn es nicht die Dinge waren, die er zu wissen begehrte.

Seine Erregung drängte und brannte in ihm. Schon zu viele Abende hatte er hier geduckt im Gebüsch verbracht, es war Zeit zu handeln. Als Jäger wusste er, wann das Stück reif war, wann die Natur ihren Lauf nehmen musste.

Er hatte in seinem Leben schon viele Frauen gehabt, hatte viel Übung darin bekommen zu wissen, was er nicht gebrauchen konnte. Künstliche Frauen, die waren wie ein überchlortes Freibad, das nur mit Unmengen an Chemie die Ausscheidungen in seinem Wasser verbergen konnte. Frauen, die unsinnig teuer waren wie Rosenwasser und doch nie hielten, was sie versprachen. Esoterische Mondphasen-Frauen, grünliches Fruchtwasser nach der vierten Hausgeburt. Er hatte Tsunami-Frauen getroffen, die nur Zerstörung und Verwüstung hinterließen, und jede Menge einfach bedeutungsloser Frauen, Pfützen am Wegesrand.

Ein einziges Mal war er in seiner Jugend mit der Mutter am Meer gewesen, im Herbst, irgendwo in Holland. Das Meer hatte grau und unfreundlich ausgesehen, die Wellen hatten weiße Gischtkronen getragen, aber die Weite des Wassers hatte ihn beeindruckt, ihn tief bewegt.

Als er nach seiner Ausbildung ein wenig Geld gespart hatte, war er nach Griechenland geflogen und hatte dort ein anderes Meer gesehen. Eine Frau wie dieses Meer in der Ägäis müsste es geben, hatte er gedacht, eine wie dieses unglaublich klare blaue ursprüngliche Wasser, das weise ist wie eine Urmutter, alt und neu zugleich und weit wie die Ewigkeit. Aber eine solche Frau hatte er bislang nicht getroffen, womöglich war das auch zu viel verlangt.

Langsam richtete er sich aus der Hocke auf und streckte seine klammen, kräftigen Beine durch. Dann ging er vorsichtig im Schutz der Hecken zur Haustür der Einliegerwohnung im Souterrain und presste seinen Daumen, über den er den karierten Baumwollstoff seines Hemdsärmels gerollt hatte, auf die Klingel mit der Aufschrift »S. Scheidt«.

Es dauerte nur ein paar Sekunden, bis sie die Tür öffnete. Er sah direkt in ihre Augen.

In ihrem Gesicht wechselte das Erstaunen hin zu einem plötzlichen Erkennen, das Sekundenbruchteile später von Entsetzen abgelöst wurde, als er sie eilig mit seinem massigen Körper in den Hausflur drängte und die Tür hinter sich schloss.

Dann ging es sehr schnell.

***

Hauptkommissarin Klara Haag warf ihre graue Ledertasche auf den Schreibtisch ihres Büros im Heidelberger Polizeirevier. Sie hatte schlechte Laune, sie brauchte dringend Urlaub. Das Problem war, dass sie nicht Urlaub von sich selbst nehmen konnte – und dass sie das genau wusste.

Selbst auf einer abgelegenen karibischen Insel, einen Cocktail in der Hand, den Blick auf den Strand und das grünblaue Meer gerichtet, während ihre fünfjährige Tochter Josephine im Sand buddelte, selbst in diesem Paradies hätte sie die Kriminalhauptkommissarin nicht hinter sich lassen können. Sie war ein Teil von ihr, der ihr viel gab, aber der auch an ihr zehrte und sie nie ganz zur Ruhe kommen ließ, der oft in ihr brannte wie ein Fieber, wie ein bohrendes Verlangen, die Wahrheit zu erfahren.

Man nahm sich selbst immer mit, so war es nun einmal. Aber wenn man sich auch noch verliebt in seinen Kollegen selbst mitnahm, konnte man vermutlich gleich zu Hause bleiben.

Klara setzte sich auf ihren Bürostuhl und murmelte ein »Guten Morgen« zu Hauptkommissar Sebastian Langer hinüber.

Der lächelte, und um seine dunkelgrünen Augen legten sich leichte Fältchen. »Guten Morgen zum zweiten Mal.«

Sofort spürte Klara eine Röte in ihre Wangen steigen, ja, zum zweiten Mal. Das erste Mal waren seine Lippen ganz nah an ihrem Ohr gewesen, bevor er sich frühmorgens aus dem Bett geschält und wenig später ihre Wohnung verlassen hatte. Wohin sollte das nur führen?

Zu schlechter Laune und dem dringenden Wunsch nach Urlaub.

Dabei war Klara verliebt wie lange nicht mehr. Aber das machte es nur noch schlimmer. Seit jenem Abend in einer Heidelberger Kneipe im letzten Jahr war ihre geordnete Welt aus den Fugen geraten. Es war eine Verkettung unglücklicher Umstände gewesen – ihre Bezeichnung für die Kombination aus einem ungelösten Fall, zu viel trockenem Rieslingsekt und Sebastians Bergsee-Augen dicht vor ihr. Dazu hatte sie kurz vor diesem Treffen mit ihm erfahren, dass Jan, der Vater ihrer Tochter Josephine, eine neue Freundin hatte. Der Abend hatte geendet, wie er nicht hätte enden sollen: mit Sebastian in ihrer Wohnung, in ihrem Bett und, was am schlimmsten war, in ihrem Herzen.

Klara strich sich eine lange dunkle Haarsträhne hinters Ohr und schaltete ihren Computer an. Sie war eine berufstätige Mutter, und ihr Beruf war anstrengend und fordernd, zumindest in ihrem Privatleben brauchte sie eine schön gleichmäßige Beschaulichkeit, in der nichts ihren Puls nach oben trieb, in der es keine offenen Fragen gab und keine Ungewissheiten über die Zukunft. In der man planen konnte und die Dinge selbst in der Hand hatte.

Mit diesem – was war es überhaupt? – diesem Sebastian-Ding fühlte sich Klara zunehmend unwohl, etwas nagte an ihr, es schien ihr kompliziert zu werden. Sie hatte Angst, mehr von Sebastian zu wollen, als er geben konnte. Bevor sie zusammengekommen waren, hatte sie immer wieder seine Frauengeschichten mitbekommen – und es waren viele gewesen.

Es war ihr noch nie leichtgefallen, zu vertrauen, das brachte auch ihr Beruf mit sich. Und nun brannte immer wieder die Frage in ihr, ob Sebastian sich wirklich ändern konnte, ob er sich wirklich geändert hatte. Er war ja noch so jung. Sie war eine Frau in den besten Jahren und er ein junger Mann, der sich womöglich immer noch die Hörner abstoßen musste. So war es. Oder so ähnlich.

Genau genommen betrug ihr Altersunterschied nur zwei Jahre, aber Klara hatte in den letzten Wochen immer wieder versucht, ihrem rosa verblümten Gehirn Gründe gegen diese Beziehung abzuringen, wohl aus Selbstschutz. Sie hatte sich noch etwa ein Dutzend weitere gute, stichhaltige Argumente zurechtgelegt, und nach einigen hatte sie gar nicht so lange suchen müssen. Aber wenn Sebastian sie anlächelte und mit seiner warmen Stimme fragte: »Na, Klärchen, worüber grübelst du denn wieder?«, fiel ihr plötzlich keins mehr ein. Sie musste dringend an sich arbeiten.

Für einige Sekunden sah Klara aus dem Fenster ihres Büros im ersten Stock. Gegenüber dem Polizeirevier lag der Gebäudekomplex der Alten Glockengießerei, ziemlich neue Wohnungen in Innenstadtlage, wobei Glockengießerei an irgendetwas historisch Ansehnliches oder gar Romantisches denken ließ und die Wohngebäude weit von Derartigem entfernt waren. Aber es war endlich einmal ein sonniger Morgen, und bei blauem Himmel wirkte die Fassade mit ihren nach Plan gesetzten, aufrankenden Grünpflanzen gar nicht so übel. Die Markisen der Wohnungen hatten alle das gleiche Streifenmuster, es herrschte Ordnung.

Klara seufzte kaum hörbar, sie sollte ihrem Liebesleben auch einheitliche Markisen verpassen. Und dann Schotten dicht. Entschlossen riss sie ihren Blick los und wandte sich dem Computerbildschirm zu, der Bericht musste heute endlich fertig werden. Gerade hatte sie zwei Sätze getippt, als das Telefon klingelte.

Sebastian ging ran. »Hm, ja, okay … Ja, wo genau? … Ist gut, wir kommen.« Er legte auf und sah Klara an. »Leichenfund in Kirchheim. Eine junge Frau liegt erdrosselt in ihrer Badewanne. Vermutlich schon seit zwei oder drei Tagen.«

Klara spürte, wie sich ihr Rücken unwillkürlich straffte. Sie mussten zu einem Tatort, oder zumindest zu einem Fundort. Über die Jahre hatte sie eine professionelle Distanz zu dem entwickelt, was sie bei einem Leichenfund sehen musste, aber sie fühlte immer wieder eine Anspannung. Vieles hing von der Beobachtungsgabe, Wachheit und Erfahrung ab, die sie in den ersten Minuten am Ort des Geschehens zeigte. Wenn sie etwas übersah, ging der Täter oder die Täterin bereits eins zu null in Führung. Die Atmosphäre am Tatort und viele Details ließen sich nach dem Abtransport der Leiche in die Rechtsmedizin nicht mehr rekonstruieren. Die Hauptkommissarin schuldete dem Opfer ihre maximale Aufmerksamkeit.

Hastig griff Klara nach ihrer Tasche, verließ mit Sebastian zusammen das Büro und eilte die Treppen hinunter. Draußen angekommen, gingen sie ein paar Schritte entlang des Gebäudes und stiegen in einen der Dienstwagen, die auf dem Parkplatz seitlich des Polizeireviers standen. Sebastian startete den Motor und fädelte sich in den Verkehr auf der Römerstraße ein. Wie so oft sagte er erst einmal nichts.

Sie fuhren in Richtung Kirchheim. Klara stellte wieder einmal fest, dass selbst der morgendliche Berufsverkehr in Heidelberg noch etwas Beschauliches hatte. Die meisten Autofahrer kamen mit intakten Nerven ans Ziel oder waren ohnehin schon vor langer Zeit aufs Fahrrad umgestiegen.

Sebastian rieb sich über seinen Dreitagebart.

Klara mochte das leicht kratzende Geräusch. Außerdem folgte dieser Geste oft ein Kommentar. Sie wartete ab.

Schweigend beschleunigte Sebastian den Wagen auf der mehrspurigen Ausfahrtstraße, um nach kurzer Zeit von der ersten Ampel wieder ausgebremst zu werden. Dann schließlich murmelte er: »Tja … erdrosselt.«

Klara wusste, was er dachte. Es gab gewisse Abstufungen bei den Todesarten und dem Täterverhalten, aber es kam auf die Perspektive an. Für Laien und für junge Beamte frisch im Dienst war »erdrosselt« besser als »erstochen«, was wiederum besser war als »verstümmelt« oder »zerteilt«, was in etwa gleichauf lag mit »bereits vor Wochen verstorben«. Die eher seltenen und meist Täterinnen anheimgefallenen Opfer von Giftmorden hingegen waren fast ein Spaziergang, sah man von den mitunter entsetzten und schmerzverzerrten Gesichtern ab.

Für erfahrene Ermittler lag die Sache etwas anders. Die Tötungsart gab Hinweise auf den Täter, und eine besonders grausame Tötung konnte aufschlussreicher für die Erstellung eines Täterprofils sein. Beim Erdrosseln blieb der Körper des Getöteten einigermaßen unversehrt, keine blindwütige Raserei, die auf Zerstörung und Auslöschung des Opfers aus war, dennoch eine sichere Tötungsart, sicherer als Erwürgen, bei dem der Täter außerdem seine Hände zu Tatwerkzeugen macht.

»Aber Badewanne ist gut«, ergänzte Sebastian nach einer längeren Pause.

Mittlerweile kannte Klara ihn gut genug, um zu wissen, dass er im Kopf bereits sämtliche Möglichkeiten durchgespielt und Wahrscheinlichkeiten ausgelotet hatte. Als er vor einigen Jahren zur Heidelberger Kripo gekommen war, hatte sie ihn für einen grünen Jungen gehalten. Wie andere hatte sie sich von seiner freundlichen Art, seinem guten Aussehen und seinem bubenhaften Charme verleiten lassen, ihn in die Schublade der Harmlosigkeit zu stecken, und in einer leicht überheblichen Art gedacht: »Der muss noch viel lernen.«

Aber sie hatte sich getäuscht. Sebastian war ein ermittlungstaktisches Naturtalent, er war analytisch, genau und mit einer sicheren Intuition ausgestattet. Und er war schnell im Kopf. Klara mochte das, mit zerebralen Nacktschnecken an ihrer Seite konnte sie nicht arbeiten.

Sebastian fuhr nach Kirchheim ein, es war der älteste Stadtteil Heidelbergs und angeblich schon zur Bronzezeit besiedelt. Aber geläufiger als die Geschichte war Klara die politisch eher unkorrekte Aufteilung Kirchheims, die es in der Wahrnehmung gutbürgerlicher Familien so gab. Kirchheim hatte einen Teil, »in dem man wohnen konnte«, und einen anderen, »der gar nicht ging«.

Nach ein paar Minuten hielt der Wagen der Ermittler vor einem gepflegten weiß gestrichenen Einfamilienhaus in einer ruhigen Seitenstraße, wobei das Aufgebot an Polizeibeamten bereits die Ruhe zunichtegemacht hatte. Klara und Sebastian stiegen aus und gingen an einem Kollegen von der Streife vorbei durch die Absperrung im Vorgarten des Hauses. Hinter ihnen trafen gerade die Männer von der Spurensicherung ein.

Der Eingang zur Einliegerwohnung im Souterrain stand offen, vorsichtig traten die Hauptkommissare ein.

»Wer hat die Frau gefunden?« Klara wandte sich an einen der uniformierten Beamten.

»Sie war zwei Tage lang nicht zur Arbeit erschienen und nicht ans Telefon gegangen. Da sie als sehr zuverlässig galt, schien das äußerst ungewöhnlich. Eine Freundin und Kollegin hat die Polizei benachrichtigt, und wir haben die Tür öffnen lassen.«

»Ist diese Freundin hier?«

»Nein, sie musste zur Arbeit.«

Klara runzelte die Stirn. Hinter Sebastian ging sie weiter durch einen schmalen Flur mit weißen Bodenfliesen und hellgelben Wänden, eine offene Tür auf der linken Seite gab den Blick frei in eine kleine Küche mit dunkelroten Einbauschränken.

Auf einem Schneidebrett auf der Arbeitsfläche vor dem Fenster lagen runzelig gewordene Zucchini und Karotten, daneben ein kleines Gemüsemesser. Auf Anhieb war es schwer zu sagen, ob hier ein Gericht für ein oder zwei Personen zubereitet worden war.

»Das Bad ist dahinten, zweite Tür rechts.« Der Streifenbeamte gab sich dienstbeflissen. »Die Frau hieß Susanne Scheidt. Kein schöner Anblick.«

Unwillkürlich fragte sich Klara, wie oft sie diese hohle Floskel im Laufe der Jahre schon gehört hatte. Es war nie ein schöner Anblick. Und die Vergangenheitsform von »heißen« war auch nicht schön, ihren Namen durften die Toten auch nach ihrem Ableben behalten.

Sie ging hinter Sebastian her, vorbei an der geöffneten Tür zum Wohnzimmer, und wandte sich nach rechts. In der Luft lag ein süßlich-fauliger Geruch, der so dicht war, dass er fast greifbar schien, brechreizerregend und irgendwo in einem uralten Teil des menschlichen Gehirns abgespeichert als ein Auslöser für einen kaum zu unterdrückenden Fluchtimpuls. Schon vor langer Zeit hatte Klara diesen Reflex unter Kontrolle gebracht, sie war nicht hier, um wieder wegzulaufen. Aber ihr Geruchssinn war dabei über die Jahre immer empfindlicher geworden.

Hinter Sebastian betrat sie das Bad, dessen beigefarbene Wand- und Bodenfliesen den Leichengeruch merkwürdig zu verstärken schienen. Dann sah sie auf die tote Frau, die nackt in der fast bis zum Rand gefüllten Wanne lag.

Ihre Augen waren geschlossen, die Lider bläulich verfärbt und aufgequollen, das blonde schulterlange Haar klebte strähnig um ihr aufgedunsenes Gesicht, vermutlich war sie hübsch gewesen, aber das war Vergangenheit. Der linke Arm der Frau hing in einer fast obszön wirkenden Lässigkeit über den Badewannenrand, wahrscheinlich hatte dieser Arm, an dem sich violett-schwarze Totenflecken abzeichneten, die Leiche in der schräg sitzenden Position gehalten. Am Hals des Opfers zeigte sich eine deutliche Drosselmarke, die Zunge der Frau war dunkel verfärbt und versperrte den halb geöffneten Mund wie ein blaufleischiger Knebel, der sie für immer verstummen ließ. Das Wasser in der Wanne war bräunlich und undurchsichtig von den postmortalen Ausscheidungen.

Obwohl der Tod stets das Gleiche bei einem Körper bewirkt, sahen ermordete Menschen immer unterschiedlich aus, es gab kein Bild, das man zweimal antraf. Womöglich war es auch deshalb so schwierig, sich an den gewaltsamen Tod zu gewöhnen. Diese Toten erschienen viel unterschiedlicher als Lebendige, jedes Mordopfer sah aus, als käme es von einem anderen Stern.

Klara trat einen Schritt näher an die Badewanne heran und ging vorsichtig in die Hocke. Am Hinterkopf der Frau zeigten sich bei genauerem Hinsehen dunklere Strähnen im Haar, möglicherweise von einer Kopfwunde. An den Ohrläppchen hingen Ohrringe mit rosafarbenen Steinen, unechter Modeschmuck, der fast schmerzhaft grotesk wirkte neben dem zerstörten Gesicht.

Sebastian räusperte sich und fuhr sich durch das kurze dunkelblonde Haar. »Ich glaube, ich kannte die Frau.«

Klara zuckte zusammen. »Wie, kannte?« Ihre Stimme war ungewollt hoch und laut, sie hob ihren Blick von dem grauenvollen Bild der Toten.

Sebastian war grün im Gesicht. »Kannte eben.«

Klara wurde schlecht. Scheiße. Das hatte man nun davon, wenn man sich mit einem Frauenhelden oder ehemaligen Frauenhelden oder was auch immer einließ. Vor ein paar Monaten noch hatte sie Sebastian immer mit seinen Frauengeschichten aufgezogen und leicht genervt die Anrufe der wechselnden Jennys, Jacquelines und

Jessicas kommentiert: »Basti, such dir doch mal was Richtiges.« Und jetzt das.

Auf Sebastians krank wirkendem Gesicht lag ein jämmerlicher Ausdruck. »Klara, das ist lang her«, flüsterte er.

Es war zu spät. In Klaras Kopf hatte sich dieses unsägliche Bild der toten Frau, der Anblick von Gewalt, Entstellung und beginnender Verwesung, schon mit Sebastians Körper verknüpft, wie zwei Schablonen, die man übereinanderlegte, so wie die Körper übereinandergelegen hatten.

Der ekelerregende Geruch, der den Raum ausfüllte, durchdrang die Bilder, markierte sie unwiderruflich, nagelte sie fest im Unterbewusstsein. Etwas schnürte Klara den Hals zu. Und was genau heißt »lang her«?, fragte sie sich. Lang genug?

Wie durch einen Schleier nahm sie Bewegungen in dem schmalen Flur der Wohnung wahr, draußen vor der Tür dieses gekachelten Raums, in dem man glaubte zu ersticken. Kurz darauf standen drei Kollegen von der Spurensicherung in ihren weißen Ganzkörperanzügen am Türrahmen.

In Windeseile versuchte Klara, ihr Gesicht aufzuräumen. Sebastian und sie boten in ihrer Verstörtheit vermutlich ein äußerst merkwürdiges Bild. Sebastian schien dankbar, das Bad verlassen zu können, um den Kollegen Platz zu machen. Klara richtete sich aus der Hocke auf, ihre Beine fühlten sich kraftlos an. Sie trat ein paar Schritte zur Seite und blieb dann bei der Tür stehen.

Die Männer von der Spurensicherung begannen mit ihrer Arbeit. Höchstwahrscheinlich gab es Spuren des Täters in dem bräunlichen Badewasser, in der heutigen Zeit war es kaum möglich, einen Mord zu begehen, ohne verwertbares Material zu hinterlassen, Fasern, Haare, Hautschuppen, Körperflüssigkeiten.

Wasserproben wurden gesichert, Ablagerungen vom Wannenboden präpariert, die Umgebung der Badewanne abgeklebt, auf der Suche nach Fingerabdrücken oder anderen Spuren. Zahlreiche Fotos dokumentierten die Szenerie.

Einer der Männer zog eine steril verpackte Schere aus einem Koffer und nahm vorsichtig Susanne Scheidts linke Hand auf. Er betrachtete die Fingernägel, rot lackierte Ovale, die einen absurden Kontrast auf der wachsgelben Leichenhand bildeten. Dann schnitt er die Nägel, schmale rote Halbmonde fielen in einen kleinen Plastikbeutel, die Auswertung von möglichem Fremdmaterial war so einfacher.

Für Klara dauerte das alles eine Ewigkeit. Sie stand an der Tür und hatte das Gefühl, sich nicht bewegen zu können. Eigentlich hätte sie sich in der kleinen Wohnung umsehen wollen, so lange, bis der Pathologe eintraf, aber dort wäre sie auf Sebastian gestoßen, der wahrscheinlich gerade die Küche oder das Wohnzimmer in Augenschein nahm. Oder das Schlafzimmer.

»Morgen.« Klara vernahm die kräftige Stimme von Dr. Klaus Lohmeyer, einen Moment später stand der Rechtsmediziner neben ihr am Türrahmen. In wenigen Sätzen gab sie dem groß gewachsenen Mann mit der randlosen Brille und dem schütteren Haar die wenigen Informationen weiter, die sie bislang hatte.

Lohmeyer trat an die Tote heran und begann mit der Untersuchung. »Deutlich ausgeprägte Drosselmarken«, er sah über seine Brille hinweg nach oben, »habt ihr das Drosselwerkzeug schon?«

Klara verneinte, während der Pathologe mit Klebestreifen Spuren von der Halsoberfläche des Opfers sicherte. »Keine auffälligen Faserspuren, eventuell wurde ein Kunststoffband benutzt, Kabelbinder oder so etwas. Kann aber auch sein, dass Fasern vom Wasser abgespült wurden.«

Vorsichtig schob Lohmeyer ein paar Haarsträhnen des Opfers zur Seite. »Es erfolgte ein Schlag mit einem stumpfen Gegenstand auf den Hinterkopf, großflächiges Hämatom, die Schädeldecke ist aber nicht gebrochen, ich würde sagen, der Schlag war nicht tödlich.« Fragend sah er zu einem der Kollegen von der Spurensicherung. »Könnt ihr das Wasser ablassen?«

»Klar.« Der Mann betätigte den Regler für den Ablauf an der Armatur. Langsam senkte sich der Wasserspiegel mit einem leisen Glucksen, aber schon nach kurzer Zeit bewegte sich der bräunliche Rand am weißen Email der Wanne nicht mehr weiter nach unten. Der Abfluss war verstopft.

»Okay, dann heben wir sie vorsichtig heraus.« Dr. Lohmeyer wandte sich an den Beamten, der am dichtesten neben ihm stand.

Bislang war unklar, welche Verletzungen sich unter der trüben Wasseroberfläche verbargen, offenbar keine stark blutenden Wunden, aber der Täter oder die Täterin konnte andere Visitenkarten hinterlassen haben.

Die beiden Männer hoben Susanne Scheidt aus dem Wasser und legten den Leichnam auf den mit Plastikfolie bedeckten Boden. Der Körper war nicht mehr steif, die Totenstarre hatte sich bereits wieder gelöst. Die Haut war runzelig und verquollen – sogenannte Waschhaut, wie sie auch typisch für Wasserleichen ist. Sie umgab den Körper wie ein schlecht sitzendes Kleid.

Dr. Lohmeyer setzte die Untersuchung fort, er nahm die Körperkerntemperatur, dann die Wassertemperatur. »Ziemlich gleich, dazu die Totenflecken, die sich kaum noch wegdrücken lassen, und vor allem die bereits gelöste Leichenstarre und die beginnende Zersetzung … Als erstes Zeitfenster für den Eintritt des Todes würde ich sagen, vor achtundvierzig bis zweiundsiebzig Stunden.«

»Also irgendwann zwischen Montagmorgen und Dienstagmorgen, wobei die Frau am Montag wohl noch auf der Arbeit war.«

»Dann eher Montagabend als Dienstagmorgen«, meinte Lohmeyer. »Siehst du die gelbgrünen Verfärbungen hier am Unterbauch? Erste Fäulnisanzeichen.« Er untersuchte weiter den Leichnam und murmelte: »Körperöffnungen frei …«

Klara kämpfte mit inneren Bildern.

Vorsichtig bog Lohmeyer die Oberschenkel der Toten ein wenig auseinander und schickte sich an, Abstriche zu nehmen. »Na ja, nach der ganzen Zeit im Wasser wird da im vorderen Bereich nicht mehr viel zu sichern sein.«

Klara verschränkte die Arme vor der Brust und dachte an einen Sonnenuntergang auf ihrer karibischen Insel. An eine warme Brise klarer salziger Luft.

»Die Kollegen in der Rechtsmedizin finden unter Umständen tiefer in der Gebärmutter oder im Darm noch was.«

Klaras Sonne fiel abrupt ins Wasser, ihre Kiefer krampften sich aufeinander. »Hm …«

»Aber auf den ersten Blick gibt es im Vaginal- und Analbereich keine auffallenden Verletzungen.«

»Hm …« Klara vergrub die Hände in den Taschen ihrer ausgeblichenen Jeans, ihr Hals fühlte sich rau und trocken an. »Klaus, denkst du, die Frau wurde erdrosselt, während sie ein Bad nahm, oder wurde sie nach dem Tod in der Wanne abgelegt?«

Wenn sich keine Einbruchspuren fanden, war es im ersten Fall wahrscheinlich, dass der Täter oder die Täterin gut mit dem Opfer bekannt gewesen war, immerhin hatte die Frau in Anwesenheit dieser Person ein Bad genommen. Im zweiten Fall hatte man es mit einem auffälligen Nachtatverhalten zu tun, das eine bestimmte Bedeutung gehabt hätte.

»Kann ich so nicht sagen, es dürfte auch schwierig sein, das genau zu bestimmen. Wenn Frau Scheidt unmittelbar nach dem Tod in der Wanne platziert wurde, finden wir kaum anatomische Unterschiede gegenüber dem Tod in der Wanne. Die Schlagwunde am Hinterkopf blutete leicht und trieb ein deutliches Hämatom auf. Dass sie post mortem noch zugefügt wurde, ist unwahrscheinlich. Vermutlich erfolgte also erst der Schlag auf den Kopf, dann das Drosseln.«

Einen Moment zögerte Dr. Lohmeyer und fuhr dann fort. »Wenn die Frau in der Wanne gedrosselt wurde, wäre es logischer, wenn auch der Schlag erfolgte, während sie in der Wanne saß. Dann säße die Wunde aber möglicherweise höher am Kopf, eher auf der Schädeldecke. Habt ihr Anzeichen eines Todeskampfes gefunden … Wasserlachen vor der Wanne, umgefallene Shampoo-Flaschen am Wannenrand, etwas in der Art?«

Klara verneinte. Auffällige Spuren eines Kampfes waren nicht zu erkennen, möglicherweise hatte der Täter aber auch alles wieder aufgeräumt.

»Kannst du anhand der Drosselmarke sehen, ob das Kabel oder was auch immer von schräg oben geführt wurde oder waagerecht?«

Auch das konnte einen Hinweis darauf geben, ob das Opfer gesessen oder gestanden hatte, ob die Badewanne der Tatort oder der Ablageort war.

Lohmeyer legte den Kopf leicht schräg. »Es kann zu ansteigenden Drosselmarken kommen, wenn eine sitzende oder liegende Person gedrosselt wurde, das muss aber nicht sein. In diesem Fall hier sehe ich eine gleichmäßig horizontale Marke.«

»Verstehe.« Klara trat an den Spiegelschrank heran, der über dem Waschbecken hing, öffnete ihn vorsichtig und ließ ihren Blick über die Utensilien schweifen: Make-up, Deo, Nagellack, Wattepads, Körperlotion – Dinge einer jungen Frau, ohne Hinweise auf einen männlichen Mitbewohner.

Klara fragte sich, wo die Kleidung von Susanne Scheidt war, wo hatte sie sich ausgezogen, oder war sie ausgezogen worden?

Nachdem sie den Hängeschrank wieder geschlossen hatte, sah Klara für einen Moment auf ihr eigenes Spiegelbild. Sie war blass, unter ihren blauen Augen lagen Schatten, das Rot war aus den geschwungenen Lippen gewichen, als habe die Anwesenheit des Todes den Raum in Beschlag genommen und mit feinen Fingern in den Gesichtern der noch Lebenden gemalt.

Sie wandte sich ab und verließ das Bad, um sich in der Wohnung umzusehen. Sie wollte sich nicht mehr anmerken lassen, welchen Teil von ihr diese Tote erschüttert hatte, und Sebastian ging es genauso, das wusste sie. Wahrscheinlich war seine eigenartig sachliche, unpersönliche Sprache, sein formalisierter Polizeijargon, in den er immer verfiel, wenn ihm etwas naheging, nun besonders stark ausgeprägt. Wahrscheinlich redete er gleich in druckreifen Lehrbuchsätzen, in entpersönlichter Terminologie, aber das wären auch die einzigen wahrnehmbaren Anzeichen seiner Betroffenheit.

Noch immer mit Übelkeit kämpfend, betrat Klara das kleine Wohnzimmer, das hübsch, aber belanglos eingerichtet war, eine helle Couch mit bunten Kissen, ein Kiefernholzschrank, ein Flachbildfernseher, ein Bücherregal, auf dem ein paar Fotos von Susanne und anderen jungen Frauen, die in die Kamera lachten, angeordnet waren. Die Ähnlichkeit zwischen der blonden, attraktiven Frau auf den Bildern und der Toten im Bad war kaum noch herzustellen.

Auf dem Couchtisch lagen einige Zeitschriften, eine angebrochene Packung Kekse und das obligatorische Smartphone, in dessen kleinem Gehäuse sich ein noch kleinerer Speicherchip mit all den Kontakten und Nachrichten verbarg, deren Überprüfung der Mordkommission wochenlange Arbeit bescheren konnte.

Klara bemerkte graue Plüschpantoffel links neben dem Sofa, die aussahen wie Mäuse. Ihre Tochter Josephine hatte mit drei Jahren die gleichen getragen, fünfzehn Nummern kleiner. Was junge Frauen zu diesen Rudimenten aus der Kindheit bewegte, wusste Klara nicht. Was sollte es bedeuten, wenn sie in Spitzenunterwäsche, engem T-Shirt und Mäusepantoffeln auf der Couch saßen?

Aufmerksam sah Klara sich weiter um. Auch im Wohnzimmer waren keine Anzeichen eines Kampfes erkennbar, es gab keine auffallende Unordnung. Für den Tatort eines Gewaltverbrechens war dies eher ungewöhnlich, oder die Wohnung war gar nicht der Tatort.

Nachdenklich verließ sie das Wohnzimmer, ein weiß beanzugter Kollege klebte gerade den Türrahmen ab, auf dem das dunkle Spurensicherungspulver zahlreiche Fingerabdrücke abgebildet hatte. Klara hoffte, dass ein bestimmter Abdruck nicht dabei war.

Im Schlafzimmer traf sie auf Sebastian.

»Offenbar hat das Opfer seine Kleidung hier hinterlassen.« Es ging schon los. »Ober- und Unterbekleidung hängen über einem Stuhl, entweder das Opfer hat sich in diesem Raum entkleidet, oder der Täter hat die Kleidung hierher verbracht, um es so aussehen zu lassen.« Sebastians Stimme klang sachlich und emotionslos.

Klara deutete ein Nicken an. Auf dem breiten französischen Bett lag Bettwäsche mit lilafarbenem Blumenmuster, die Decke war ordentlich aufgeklappt, das Kissen gefaltet. Aber das Laken fehlte. Vielleicht war Susanne Scheidt selbst im Begriff gewesen, die Bettwäsche zu wechseln, oder der Täter hatte das Laken mitgenommen, um möglichst wenige Spuren zu hinterlassen.

Auf dem Beistelltisch lagen eine Cremedose, eine Brille und eine Packung Papiertaschentücher, vor dem Bett stand eine halb volle Flasche Mineralwasser.

»Gibt es hier Anzeichen eines Kampfes?« Klaras Stimme klang immer noch rau.

»Keine ersichtlichen.«

»Anzeichen für … sexuellen Kontakt vor der Tat?«, setzte sie nach.

»Keine ersichtlichen.« Sebastian blieb bei seiner Strategie.

Hörbar atmete Klara aus. Bei diesem Geruch versuchte man unwillkürlich, mehr aus- als einzuatmen, was aber schon nach wenigen Atemzügen dazu führte, dass man umso tiefer Luft holen musste. Ein Nullsummenspiel – wie so vieles im Leben. »Haben die Kollegen Einbruchspuren gesichert?«, fragte sie gepresst.

»Nein. Das Opfer hat somit entweder den Täter in die Wohnung gelassen, oder der Täter verfügte über einen Schlüssel.«

Klara runzelte die Stirn. »Es gibt an der Wohnungstür keine Gegensprechanlage und keinen Spion, das heißt, auch Unbekannten wird wahrscheinlich geöffnet. Oder das Fenster stand bei den Temperaturen offen, und der Täter drang ein?«

»Auch möglich.« Sebastian sah Klara für einen Moment an, über sein Gesicht flog etwas anderes als Emotionslosigkeit. »Aber wie wahrscheinlich ist es, dass Täter und Opfer einander nicht kannten?«

»Allein statistisch schon unwahrscheinlich.« Klara sah zu Boden, die überwiegende Mehrzahl der Morde waren Beziehungstaten. Gleichzeitig war hier die Aufklärungsrate sehr hoch, während Taten, bei denen Täter und Opfer zufällig aufeinandertrafen, häufiger ungeklärt blieben. In den letzten Bereich fielen allerdings auch die »Zufallsbekanntschaften«, im Fall von Susanne Scheidt möglicherweise ein weites Feld. Klaras Gedanken fingen erneut an zu kreisen. »Angenommen, die Frau wurde hier in ihrer Wohnung getötet, angenommen, von einem Bekannten. Wer räumt nach der Tat so sorgfältig auf, dass nirgendwo Unordnung, Hinweise auf einen Todeskampf oder Ähnliches zu sehen sind? Welche Täter machen Ordnung nach dem Mord?«

»Frauen?« Sebastians Blick ging an Klara vorbei aus dem Schlafzimmerfenster.

»Oder Muttersöhnchen«, murmelte sie mehr zu sich selbst und sah auf den rosafarbenen Flokati-Teppich vor dem Bett.

Im selben Moment klang Lohmeyers Stimme aus dem Bad: »Klara, Sebastian, kommt ihr mal bitte?«

Zusammen mit ihrem Kollegen ging Klara zurück zum Fundort der Leiche. Der Pathologe kniete in Höhe des Kopfes von Susanne Scheidt und beugte sich ein Stück hinunter. »Seht mal hier. Es gibt leichte Würgemale unterhalb der Drosselung, möglicherweise auch oberhalb, da sieht man sie aber nicht wegen der Verfärbung des Halses durch die Blutstauung. Das bedeutet, dass der Täter zunächst gewürgt hat.«

»Oder die Täterin«, ergänzte Sebastian.

»In welcher Reihenfolge wurden die Verletzungen zugefügt?« Klara ging in die Hocke und sah zu Lohmeyer.

»Tödlich war wie gesagt vermutlich die Drosselung, der Schlag auf den Kopf erfolgte vorher, eventuell führte er zur Bewusstlosigkeit. Dann könnte der Täter versucht haben, das Opfer zu erwürgen, um schließlich aber doch zu einem Kabel oder Ähnlichem zu greifen. Allerdings …«, Lohmeyer zögerte einen Augenblick, Klara sah ihn fragend an, »allerdings sind die Würgemale ziemlich schwach ausgeprägt. Täter, die eine Tötungsabsicht haben, drücken fester zu.«

»Die Täterin könnte schnell bemerkt haben, dass sie nicht kräftig genug ist?« Sebastian wollte die Dinge offenhalten, das war ermittlungstaktisch richtig und wirkte auf Klara dennoch irgendwie hilflos. Sie erinnerte sich an eine Fortbildung vor einigen Jahren, in der ein bekannter Fallanalytiker vorgetragen hatte. Er hatte von Tätern berichtet, die die Frau während des sexuellen Missbrauchs würgen, sie üben eine Atemkontrolle aus, die ihr Machtgefühl steigert. Aber sie wollen ihr Opfer damit nicht töten. Das kommt später.

Klara drängte den Gedanken erst einmal zur Seite. Der Anblick von Susanne Scheidt, dazu der unmenschliche Gestank in der Wohnung und immer wieder die chimärenhaft aufflammenden Erinnerungen an die vergangene Nacht mit Sebastian, sein keuchender Atem an ihrem Ohr, das alles war zu viel.

»Wir machen im Schlafzimmer weiter, okay?«, rief ein Beamter von der Spurensicherung herüber.

Sie würden die geblümte Bettwäsche nach Spuren absuchen und sie anschließend in die Kriminaltechnik mitnehmen, Fingerabdrücke auf dem Nachttisch, der Einfassung des Bettes, dem Kleiderschrank sichern, die Matratze untersuchen, den Boden absaugen ... Dass es nichts Verwertbares gab, gab es nicht.

Hinter Sebastian verließ Klara das Bad wieder und traf im Flur auf zwei Bestatter, die die Leiche abtransportieren sollten. Die Polizei benachrichtigte wechselnde Unternehmen. Im Laufe der Zeit hatte Klara die unterschiedlichsten Männer in schwarzen Anzügen und weißen Hemden an Leichenfundorten wahrgenommen, womöglich gab die Kleiderordnung der Szenerie ja tatsächlich einen Hauch von Würde zurück. Einen dieser Männer hatte Klara vor ein paar Jahren einmal nachts in einem Heidelberger Club wiedergesehen, er hatte Gesichtspiercings und ein »Fuck You«-T-Shirt getragen. Der Anzug war besser.

Die beiden Männer manövrierten den Zinksarg gerade gekonnt durch den engen Flur ins Bad, als Klara ein vertrautes Husten wahrnahm. Kriminalhauptkommissar Harald Bender war eingetroffen, ein kettenrauchendes Schlachtschiff, ein Kriminaler vom alten Schlag, der schon alles gesehen hatte und dem man nur schwer etwas vormachen konnte. Seine Flüche waren legendär, sein Instinkt und seine Erfahrung ebenfalls.

»Jou.« Harald begrüßte die anwesenden Beamten ortstypisch.

Klara versuchte ein Lächeln und gab dem Kollegen eine kurze Zusammenfassung der bisherigen Erkenntnisse.

Ohne eine erkennbare Regung im Gesicht betrachtete Harald die Leiche. »Also, Betäuben, Würgen, Drosseln ... und Sex gab's möglicherweise auch noch?«

»Mein Gott, Harald, geht's noch platter?« Sebastian rieb sich mit beiden Händen gequält über Stirn und Augen.

Klara wusste, dass es wenig Sinn hatte, Geheimnisse vor Harald zu haben. »Sebastian kannte die Frau«, sagte sie leise und sah in das von zu vielen Zigaretten fahl gewordene Gesicht ihres älteren Kollegen.

»Wie, kannte?«

Sie beschrieb mit der rechten Hand eine kleine Kreisbewegung, eine Geste, die sie häufiger ihrer Tochter gegenüber gebrauchte, wenn sie sagen wollte: Denk mal scharf nach.

»Oh.« Harald verstand. Dann sagte er erst einmal nichts mehr.

Nach ein paar Sekunden betretener Stille klärte er seine Raucherstimme mit einem kräftigen Räuspern und meinte an Sebastian gewandt: »Soll ich mit Klara in die Rechtsmedizin, und du fährst zurück aufs Revier und gibst dem Chef einen ersten Lagebericht?«

»Spinnst du jetzt? Denkst du, ich kann meinen Job nicht mehr machen, nur weil ich einmal …«

»Jaja, schon gut«, murmelte Harald beschwichtigend vor sich hin.

Klara ertrug derzeit keine weitere Vertiefung dieses Themas. »Hat schon jemand mit den Nachbarn gesprochen?«, fragte sie eilig. Die Aussicht, Susanne Scheidts Wohnung verlassen zu können, erschien ihr mittlerweile wie ein Lichtstreif am Horizont.

»Frank und Nicole sind dabei.« Harald hustete sich durch den Satz.

»Was ist mit den Leuten, die hier im Haus wohnen?«

»Die Hauseigentümer. Ein älteres Ehepaar, sie sind seit dem letzten Wochenende im Urlaub. Der Sohn ist Anwalt in Stuttgart, er benachrichtigt seine Eltern.«

»Anwalt? Das passt ja.« Klara klang müde. Sie ging Richtung Wohnungstür, wandte sich kurz vor dem Ausgang nach rechts und betrat die kleine Küche. Hier mischte sich noch ein anderer Geruch in den Verwesungsgestank – der von verdorbenen Lebensmitteln.

Klaras Augen suchten die hellgraue Arbeitsfläche der Einbauküche ab, ihr Blick blieb an dem runzeligen Gemüse auf dem Schneidebrett hängen und wandte sich dann dem Herd zu. Auf einer der Platten stand eine Pfanne mit einem schräg gestellten Deckel. Klara trat heran und hob den Deckel vorsichtig auf. Der ölige Pfannenboden war mit dunklen Krusten bedeckt, wie sie scharf gebratenes Fleisch hinterlässt. Es roch muffig.

Im Spülbecken stand ein abgewaschener Teller mit Messer und Gabel darauf. Klara stutzte und schob den Teller ein wenig zur

Seite. Auf dem Abflusssieb lag ein kleiner Rest Fleisch, außen fast schwarz, innen hell. Hatte Susanne Scheidt erst das Fleisch gegessen und wollte sich dann noch Gemüse zubereiten?, fragte sich Klara. Oder hatte die junge Frau ihrem Besuch ein Stück Fleisch gebraten, während sie für sich selbst Karotten und Zucchini schnitt?

Es gab weitere Möglichkeiten, der Fleischrest konnte auch einfach von einer früheren Mahlzeit stammen, es war nur ein Detail, eines, das auch nichts bedeuten konnte.

Klara wandte sich um. Sie hatte plötzlich das Gefühl, als streife sie ein kalter Hauch. Hatte sich der Mörder nach der Tat noch etwas zu essen gemacht? Die Wohnung geordnet, die Tote in der Wanne abgelegt und ein Stück Fleisch verzehrt? Es schauderte sie. Irgendetwas war anders an diesem Leichenfundort.

Klara hatte bereits einige Opfer von Morden im Affekt gesehen, Zeichen blindwütiger Raserei an gemarterten Körpern, und sie hatte Tote gesehen, die einer kühl geplanten und ausgeführten Tat zum Opfer gefallen waren, ein gezielter Schuss, ein tödliches Gift, ein fingierter Unfall. Susanne Scheidt war einer anderen Art von Täter begegnet. Es schien Klara, als habe er ein Konzept gehabt, als ginge es ihm weniger darum, dass Susanne tot war, sondern um die Tat selbst, um einen Ablauf, eine Choreografie. Hierzu passte auch der Ablageort. Warum lag die Leiche in der Badewanne? Aus rein taktischen Gründen, weil das Wasser zusätzlich Spuren verwischte, oder gab es hier eine Symbolik, eine tiefere Bedeutung?

Ein junger Streifenbeamter trat von außen an die geöffnete Wohnungstür. »Kommt ihr mal, die Nachbarin von gegenüber, eine Frau Edeltraut Rothschenk, will etwas beobachtet haben.«

Klara sah auf. »Ja gut, wir gehen gleich zu ihr.«

Mit Sebastian zusammen verließ sie kurze Zeit später die Wohnung. Das helle Tageslicht blendete sie, die klare Luft und das Vogelgezwitscher waren unendlich wohltuend und zugleich unpassend. Die Ermittler überquerten die Straße und stiegen zwei sauber geputzte Treppen in einem Mietshaus aus den fünfziger oder sechziger Jahren hinauf.

Im ersten Stock stand eine Wohnungstür offen, sie traten ein.

Aus dem Wohnzimmer kam ihnen eine etwa fünfundsiebzigjährige drahtige Frau mit kurzem hellgrauem Haar entgegen, ihr fester Blick aus wasserblauen Augen musterte die Kommissare genau.

Klara und Sebastian grüßten und stellten sich vor, doch statt die Begrüßung zu erwidern, knarzte die Frau: »Ach, haben Sie ihn schon?« Kühl sah sie in Klaras Gesicht.

»Wen sollen wir haben, Frau Rothschenk?« Erstaunt gab Klara die Frage zurück.

»Na, der junge Mann da sieht so aus wie der, der Fräulein Scheidt immer besuchte.« Die Alte bewegte ihre sehnige Hand in Sebastians Richtung.

Klara schluckte. Dann hörte sie ein Räuspern neben sich und anschließend Sebastians sachliche Stimme. »Sie haben also beobachtet, dass Frau Scheidt regelmäßig Herrenbesuch empfing?«

Vielleicht war es eine Flucht nach vorn, oder es wurde ihm einfach zu dumm.

»Leiden Sie an retrograder Amnesie? Sie müssen doch wissen, was Sie tun, junger Mann. In Ihrem Alter …«

Sebastian zögerte einen Moment. »Frau Rothschenk«, meinte er schließlich, »ich kann Ihnen versichern, dass ich Frau Scheidt nicht besucht habe. Sie müssen also jemand anderen beobachtet haben. Eventuell jemanden, der mir ähnlich sieht?«

»Papperlapapp. Ich bin vielleicht alt, aber nicht blind.« Die Frau stand mit unwirschem Gesichtsausdruck kerzengerade in ihrem aufgeräumten Wohnzimmer. »Und ich sage Ihnen noch etwas, junger Mann. Ich war in den siebziger Jahren eine der ersten Frauen, die einem Finanzgericht vorstand. Ich kann beobachten.«

Klara stöhnte innerlich auf. Aber Sebastian blieb offenbar ruhig. Widerstand motivierte ihn, das wusste Klara, je härter die Nuss, desto besser. Auf manche Nüsse konnte sie allerdings gut verzichten.

»Frau Rothschenk, wann haben Sie mich oder meinen Doppelgänger denn zuletzt bei Frau Scheidt gesehen?«

»Am Sonntagnachmittag.« Die Antwort kam wie aus der Pistole geschossen.

»Sehen Sie«, Sebastian lächelte milde, »am Sonntagnachmittag war ich mit anderen Dingen befasst und konnte gar nicht hier sein.«

Klara versuchte, eine aufsteigende Röte zu unterdrücken. Am Wochenende war Josephine bei ihrem Vater gewesen, und sie hatte den Sonntag mit Sebastian verbracht.

»Was wird die junge Frau da denn so rot?« Der Feldwebel zeigte mit einem altersfleckigen Finger auf Klara. »Haben Sie etwa was mit der?«

Beobachten konnte sie in der Tat.

Souverän überhörte Sebastian die Frage und fuhr ungebrochen freundlich fort. »Haben Sie am Montag auch jemanden beobachtet? Am Montagabend?«

Edeltraut Rothschenk schien einen Moment nachzudenken. »Wie ist das arme Ding denn gestorben? Na ja, wissen Sie, sie war einfach zu hübsch und zu sorglos, da lebt man gefährlich.«

Beides Eigenschaften, mit denen sich die Frau in ihrem Leben nicht herumschlagen muss, dachte Klara. Sie setzte nach: »Der Montagabend, haben Sie da jemanden beobachtet?«

»Denken Sie, ich habe nichts Besseres zu tun, als den ganzen Tag am Fenster zu stehen und aufzupassen, wer bei den Nachbarn ein und aus geht?«

Klara hätte gern »Ja« gesagt, aber sie wiederholte einfach ihre Frage.

»Nein, am Montag habe ich niemanden gesehen«, antwortete Edeltraut Rothschenk schließlich mit ihrer knarrenden Stimme.

»Kennen Sie den Namen des Mannes, der Frau Scheidt des Öfteren besuchte und meinem Kollegen ähnlich sieht?«

»Nein. Aber ich kann ihn genau beschreiben.«

»Ist Ihnen sonst irgendetwas aufgefallen, das wir wissen sollten? Kannten Sie Frau Scheidt persönlich, haben Sie hin und wieder mit ihr gesprochen?«

»Ach, gesprochen … Sie hat immer freundlich gegrüßt und war ja auch sonst ein rechter Sonnenschein.«

Der eine so, der andere so, dachte Klara.

»War Frau Scheidt in den letzten Tagen oder Wochen verändert?« Sebastian übernahm wieder. »Gab es Streitigkeiten, oder hatte sie andere Gewohnheiten, andere Zeiten, zu denen sie aus dem Haus ging oder wiederkam?«

»Mir ist nichts dergleichen aufgefallen.«

Also im Prinzip ist ihr gar nichts aufgefallen, dachte Klara und sah, wie Sebastian ihr kaum sichtbar zunickte. Das Zeichen zum Aufbruch.

»Ja, Frau Rothschenk, dann danken wir Ihnen erst einmal für Ihre Mühe und Ihre Aufmerksamkeit.«

»Äh, nun ja, möglicherweise sollte ich noch erwähnen, dass Oliver Lebenstedt das Fräulein Scheidt auch hin und wieder besuchte.«

Klara sah fragend in das Gesicht der alten Dame, in dem plötzlich eine Spur Herausforderung und Belustigung lag. »Oliver Lebenstedt?«

»Der Sohn der Hauseigentümer. Eigentlich ist er ja verheiratet und hat zwei kleine Kinder, aber na ja, Sie wissen ja selbst, wie die Männer sind ...« Die knochentrockene Frau Rothschenk machte eine wegwerfende Handbewegung, gleichzeitig schien ihr ein kleiner boshafter Schalk im Nacken zu sitzen.

Klara verstand. Die Frau war Volljuristin, pensionierte Richterin, sie wusste genau, was von Bedeutung war und was nicht, und jetzt machte sie sich einen Spaß daraus, junges Gemüse wie die beiden Hauptkommissare auflaufen zu lassen.

Gegen ihren Willen fand Klara Gefallen an dem Spiel, unter Umständen konnte man von der Alten noch etwas lernen. Aber nicht, wenn man nach dem klassischen Frage-und-Antwort-Muster vorging.

Sebastian schien ebenfalls zu begreifen, Kooperation statt Befragung. »Sie haben eben gefragt, wie Frau Scheidt umgebracht wurde«, sagte er. »Sie wurde erdrosselt, und die Leiche fand sich in der Badewanne. Wie Sie wissen, haben die meisten Mörder irgendeine Beziehung zu ihrem Opfer.«

Edeltraut Rothschenk hielt den Kopf ein wenig schräg, er wackelte leicht. »Und die meisten Täter sind männlich, über neunzig Prozent«, ergänzte sie.

»Ausnahmen bestätigen die Regel«, sagte Sebastian.

»Sie denken zum Beispiel an die Frau von Oliver Lebenstedt?«

»Zum Beispiel.«

Erstmals huschte ein Lächeln über Frau Rothschenks faltiges Gesicht, ihre Zähne waren gerade und ungewöhnlich hell. »Vergessen Sie's. Frau Lebenstedt ist eine auffallend zierliche Person, fast wie ein Püppchen.« Ihre Mundwinkel hoben sich erneut in feiner Amüsiertheit. »Manche Männer mögen so etwas ja.«

»Sie könnte jemanden beauftragt haben.« Sebastian gab noch nicht auf.

»Sicher, junger Mann. Aber das Wahrscheinliche ist wahrscheinlich, und das Unwahrscheinliche ist unwahrscheinlich.«

Klara überlegte kurz, ob dieser Satz die Dame durch ihre Richterkarriere getragen hatte. Dann fragte sie: »Was ist Ihrer Meinung nach wahrscheinlich?«

»Ich würde sagen, Sie suchen einen Mann, und zwar einen aktuellen, abgelegten oder verschmähten Liebhaber.«

»Sind Sie denn sicher, dass Herr Lebenstedt ein Verhältnis mit Frau Scheidt hatte?«, hakte Sebastian nach. »Er könnte sie ja auch aus einem anderen Grund besucht haben.«

»Um die Wassergeld-Abrechnung mit ihr zu besprechen, oder wie?« Die Alte zeigte erneut ihre hellen Zähne. »Junger Mann, sie hat ihn am späten Abend mit leidenschaftlichen Küssen an der Eingangstür verabschiedet, das muss dann eine sehr erfreuliche Abrechnung gewesen sein.«

»Wie lange ging denn dieses Verhältnis schon?« Klaras Frage war die einer routinierten Ermittlerin, aber weit hinten in ihrem Kopf drehte noch ein anderer Gedanke die Runde: War Sebastian bei Susanne Scheidt nur einer von vielen gewesen? Aber machte es das besser?

»Zum ersten Mal bemerkt habe ich es vor etwa anderthalb Jahren. Die Lebenstedts waren gerade zum zweiten Mal Eltern geworden, die Großeltern platzten vor Stolz, sie haben ein Gartenfest ausgerichtet. Ich hielt dieses Getue für etwas übertrieben. Nun ja, und schon kurz darauf fand der junge Herr Lebenstedt zu Hause wohl nicht mehr genügend Beachtung.«

»Er ist Anwalt, oder?«

Edeltraut Rothschenk lächelte erneut ihr süffisantes Lächeln. »Familienrecht. Gut, nicht wahr? Aber nun kann er ja wieder in den trauten Schoß seiner Familie zurückkehren, manche Dinge erledigen sich von selbst.«

So ganz von selbst auch nicht, dachte Klara. Sie sah hinüber zu Sebastian, der seine über der Brust verschränkten Arme löste.

»Gut, Frau Rothschenk, danke nochmals. Wir müssen jetzt los, es gibt noch viel zu erledigen …«

»Jaja, in die Rechtsmedizin, ich verstehe.« Die Alte kicherte fast. »Sehen Sie mal nach, ob das Fräulein Scheidt schwanger war. Die Lebenstedts sind nicht ganz unvermögend.« Sie rieb Daumen und Zeigefinger aneinander. »Es gibt sicher Besseres, als in einem Lebensmittelgeschäft zu arbeiten.«

In Klara stieg erneut das Bild der toten Susanne auf. Nicht auch noch schwanger, flehte sie innerlich. Aus den Augenwinkeln nahm sie wahr, wie Sebastian die Lippen aufeinanderpresste und wieder blass wurde. Sie atmete tief ein und streckte Frau Rothschenk zum Abschied die Hand entgegen, eine im Dienst eher ungewöhnliche Geste. »Dürfen wir Sie wieder aufsuchen, wenn wir noch Fragen haben?«

»Sicher, gern, junge Frau. Ich bin alt und allein, und ein bisschen Konversation hält meine zerstreuten Gedanken zusammen.«

Klara verließ mit Sebastian die Wohnung.

»Zerstreut sieht anders aus«, murmelte er, als sie gemeinsam die Treppe hinuntergingen.

Es kam häufiger vor, dass er Klaras Gedanken aussprach. Am Anfang hatte sie das unheimlich gefunden, mittlerweile hatte sie sich fast daran gewöhnt. Aber einige ihrer Gedanken wollte sie gerade jetzt nicht ausgesprochen wissen.

Schweigend fuhren sie zurück aufs Polizeirevier. Kriminaldirektor Klaus Conrad erwartete einen ersten Bericht.

***

In dem schmucklosen Besprechungsraum auf dem Revier in der Römerstraße hatten sich bereits einige Kollegen versammelt, dazu Conrad und sein Stellvertreter, Kriminaloberrat Horst Maybaum, Harald fehlte noch. Klara und Sebastian grüßten kurz in die Runde und setzten sich, Sebastian legte seine Hände auf die weiße Tischplatte und begann, seine Finger zu kneten. Als er bemerkte, dass Klara es sah, hörte er damit auf und richtete seinen Blick angestrengt nach vorn.

Die vordere Wand des Raums war zu fast zwei Dritteln mit einer großen weißen Magnettafel bedeckt, auf der sich bereits einige Stichpunkte fanden. Daneben hingen Fotos von der Leiche, in der Wanne und davor liegend, jeweils umrahmt von den obligatorischen, mit Zahlen versehenen kleinen Aufstellern.

Conrad stand neben der Tafel, die Ärmel seines dezent gestreiften Hemds waren akkurat nach oben gekrempelt. Er bat Sebastian, weitere Details zum Leichenfund und zur Wohnsituation von Frau Scheidt zu ergänzen. Der lieferte die Informationen in druckreifen Lehrbuchsätzen, und Conrad trug mehrere Stichpunkte in die Gedankenkarte an der Tafel ein.

Anschließend fasste Klara in knappen Worten das Gespräch mit der Nachbarin Edeltraut Rothschenk zusammen, das ebenfalls in die großformatige Skizze einging. Conrad markierte »verheirateter Liebhaber« mit einem Fragezeichen, bei »schwanger« hob er die Augenbrauen und setzte drei Fragezeichen dahinter. Dann wandte er sich wieder seinen Mitarbeitern zu.

»Okay, derzeit können wir davon ausgehen, dass kein Einbruch vorliegt. Ob Frau Scheidt in der Badewanne getötet oder nur dort abgelegt wurde, ist unklar, Letzteres erscheint wahrscheinlicher. Die Spurensicherung ist vermutlich noch bis zum späten Nachmittag in der Wohnung beschäftigt, und Konkreteres zu dem Verletzungsmuster erfahren wir auch erst aus der Rechtsmedizin.«

Er sah in die Runde, ein paar der Kollegen machten sich Notizen. »Wir müssen mehr über das Opfer und sein Umfeld wissen, Familie, Freunde, Kollegen … Immerhin kommen die Täter oft aus dem Bekanntenkreis«, ergänzte er mit fester Stimme. Dann stutzte er. »Wo bleibt eigentlich Harald?«

Als er nur Achselzucken sah, wandte er sich an zwei jüngere Beamte: »Frank, Nicole, ihr stellt über das Smartphone von Frau Scheidt Kontakte fest und sucht die Personen aus dem vermutlich engeren Umfeld auf. Wir brauchen den Namen von Susanne Scheidts mutmaßlichem Freund, also dem Mann, der sie öfter besuchte. Ihre Arbeitskollegin, die die Polizei angerufen hat, muss ebenfalls befragt werden. Was ist mit der Familie des Opfers?«

»Die Eltern leben in der Pfalz, sie wurden von den dortigen Kollegen benachrichtigt. Susanne Scheidt hat einen Bruder, Simon, der studiert zurzeit im Ausland.«

»Aha.« Conrad ergänzte die Skizze an der Tafel. »Herr Maybaum und ich suchen den Chef von Susanne Scheidt auf und hören uns bei den anderen Mitarbeitern des Lebensmittelmarktes um.«

In dem Moment wurde die Tür des Besprechungsraums geöffnet, mit pfeifenden Atemgeräuschen kam Harald herein, er hatte sich offenbar beeilt. Seine Raucherlunge ließ grüßen.

»'tschuldigung«, nuschelte er und setzte sich auf den noch freien Stuhl neben Klara. Eine Wolke aus kaltem Rauch und Haralds immer gleichem Rasierwasser, dem vermutlich ebenfalls Tabakessenzen beigemischt waren, umwehte ihre Nase.

Conrad sah Harald fragend an, der begann kurzatmig zu berichten.

»Grad als Sebastian un Klara weg worre, kam die Freundin von dere Frau Scheidt aahn. Se hott sich bei de Erwäd für en Stund freiholle könne und wollt gucke, was los wor.« Der regionale Dialekt wogte durch seine Sätze wie die Wellen des Neckars. Als Harald Conrads skeptischen Blick auffing, glättete er mit der rechten Hand sein dünn gewordenes Haar und räusperte sich kräftig. »Ausgerechnet da wurde gerade der Zinksarg mit dem Opfer aus der Wohnung getragen«, fuhr er in leidlichem Hochdeutsch fort. »Die Freundin, Tanja Wagner heißt sie, ist im Vorgarten zusammengeklappt. Na ja, es dauerte bissel, bis Lohmeyer sie wieder so weit aufgepäppelt hatte, dass sie mir ein paar Fragen beantworten konnte.«

Harald hustete, und es klang, als könne der erste Nachtfrost im kommenden Oktober sein Ende bedeuten. »Arsch, Sack, ich sag euch, es ist eine echte Sauerei, einen jungen Menschen so mitten aus dem Leben zu reißen.«

Kriminaldirektor Conrad sah zu Boden. Haralds Ausdrucksweise war ihm nach wie vor unangenehm, an einige Dinge konnte er sich nur schwer gewöhnen. Aber Harald Bender war einer seiner besten Männer, und am Ende kam es nicht auf die Sprache an.

»Ja sicher, Harald«, brummte er schließlich zustimmend, »das ist es. Welche Informationen konnte Tanja Wagner beisteuern?«

»Also, Frau Wagner war seit etwa zwei Jahren mit Susanne Scheidt befreundet, sie arbeiteten zusammen in dem großen Lebensmittelgeschäft. Susanne war offenbar eine auffallend hübsche, offene, freundliche Frau, die sich mit allen gut verstand.«

Jetzt sah Klara zu Boden.

»Seit einem halben Jahr hatte sie eine lockere Beziehung mit einem jungen Mann namens Dennis Scharf.«

In Klaras Kopf stiegen zotige Wortspiele auf, Sebastian Langer und Dennis Scharf … Sie sah angestrengt auf die Wandtafel und verbot sich weitere unreife Gedanken.

Harald musste erneut husten, scheinbar hatte der rasche Treppenaufstieg bis in den ersten Stock des Reviers Staub in seiner Lunge aufgewirbelt.

»Na ja, *nomen est omen*, wie der alte Lateiner sagt.« Er entblößte in einem schiefen Grinsen seine gelben Zähne. »Dennis Scharf war Susanne wohl nicht treu, aber die jungen Leute sehen das ja ohnehin nicht mehr so eng …«

Tun sie nicht?, dachte Klara.

»Er traf sich wohl auch mit anderen Frauen. Susanne war nicht begeistert davon, aber sie sah offenbar nicht so genau hin. Und einmal soll sie zu ihrer Freundin gesagt haben: ›Tanja, eigentlich liebt er nur mich, das weiß ich.‹ Irgendwie ein bisschen naiv, oder?« Harald sah in die Runde. »Aber so war Susanne Scheidt wohl.«

»Fühlte sich Frau Scheidt in der letzten Zeit bedroht, gab es Ärger mit Dennis oder mit jemand anderem? Wie lief es bei der Arbeit?«, fragte Conrad.

»Das habe ich Tanja Wagner auch gefragt, aber sie hat nichts in der Richtung bemerkt. Bei der Arbeit lief es wie immer, Susanne war eine beliebte Mitarbeiterin, und einen sonstigen Konflikt gab es wohl auch nicht, zumindest laut Frau Wagner.«

»Dieser angebliche Liebhaber von Frau Scheidt, dieser Anwalt …«, Conrad sah suchend auf die verschiedenen Namen an der Wandtafel, »… Oliver Lebenstedt. Hat Frau Wagner etwas von ihm erzählt?«

Harald verneinte. »Also entweder wusste Tanja Wagner gar nichts von ihm, oder sie hat ihn bewusst oder unbewusst nicht erwähnt.«

»Aha.« Conrad kreiste den Namen »Oliver Lebenstedt« an der Tafel ein, was auch immer das bedeuten sollte. Dann blickte er wieder zu Harald. »Kommt Frau Wagner für dich als Verdächtige in Frage? Welchen Eindruck hattest du?«

Skeptisch zog Harald die buschigen Brauen zusammen. »Die ist wirklich weggeklappt, als sie den Sarg sah, Lohmeyer hat einen massiven Blutdruckabfall gemessen. Könnte sie so reagieren, wenn sie die Täterin wäre?«

Conrad zögerte. »Hm, das ist eher unwahrscheinlich, aber ausgeschlossen ist es auch wieder nicht. Hast du sie gefragt, was sie am Montagabend gemacht hat?«

»Sie war angeblich bei ihrem Freund, das ist aber noch nicht überprüft.«

»Dann prüft das bitte. Und mit Herrn Lebenstedt sprechen Klara und Sebastian.« Conrad machte eine Handbewegung in Richtung seiner beiden Ermittler. »Ihr bekommt bestimmt etwas aus ihm heraus. Apropos herausbekommen … Zuerst fahrt ihr bitte rüber in die Rechtsmedizin. Mittlerweile müsste die Obduktion ja im Gange sein«, er hüstelte, »es ist ja nicht so, dass sich in unserer Stadt die Mordopfer in eine Warteschlange einreihen müssten.« Aufmunternd sah er in die Runde und erntete ein pflichtschuldiges Lachen von ein paar Kollegen.

»Die haben ja nicht nur Morde auf dem Tisch«, murmelte Harald.

»Ich weiß. Aber Mord geht vor.« Conrad schien ein ungeschriebenes Gesetz zu zitieren, und Klara hatte ein sehr unpassendes Bild einer Supermarktkasse vor Augen, Unfälle und Kunstfehler mussten sich hinten anstellen.

»Harald, du machst bitte diesen Dennis Scharf ausfindig und sprichst mit ihm. Auch mit den Eltern des Opfers muss jemand reden, Martin und Nadine, ihr fahrt zu ihnen in die Pfalz.«

Mit Vorliebe verteilte Conrad diese Art von Aufgaben an die jüngeren Kollegen, es war belastend und oft schwierig, mit Angehörigen zu sprechen, aber es war die harte Schule des Polizeidienstes.

Conrad klatschte in die Hände, das Signal, dass jeder an seine Arbeit gehen sollte. »Heute um achtzehn Uhr treffen wir uns zur nächsten Besprechung.«

***

Klara ging mit Sebastian die Treppen hinunter, verließ das Gebäude der Wache und klemmte sich kurz darauf hinter das Steuer des Dienstwagens. Mit einem lauten Knall zog Sebastian die Beifahrertür zu und angelte einen Kaugummi aus der Tasche seiner Jeans.

»Auch einen?« Er streckte Klara den Streifen entgegen, sie verneinte. In ein paar Minuten würde sie in der Rechtsmedizin am Seziertisch stehen, sie konnte nichts kauen.

Vor einer Weile hatte sie in einem Artikel gelesen, dass Medizinstudenten der Universität Heidelberg nun an interaktiven Seziertischen mit virtuellen Leichen üben konnten. Durch Berühren des Bildschirms, der das Format einer Tischplatte hatte, konnten sie mit einem Finger die dreidimensional dargestellten Demonstrationsleichen drehen, aufschneiden und sich alles genau ansehen. Sauber und geruchsneutral. Aber die reale Welt war eine andere.

Das Rechtsmedizinische Institut lag nur wenige hundert Meter vom Polizeirevier entfernt auf dem Gelände des Altklinikums. Sebastian nutzte die kurze Fahrt, um in der Kanzlei von Oliver Lebenstedt anzurufen, und erhielt die Auskunft, der Herr sei momentan nicht zu sprechen.

»Dann richten Sie ihm bitte aus, er solle zurückrufen, es ist dringend.« Sebastian hinterließ die Nummer seines Diensthandys und legte auf, während Klara den Wagen auf einem der ausgewiesenen Stellplätze parkte.

Das Gebäude der Rechtsmedizin stammte aus dem vorigen Jahrhundert und hatte schon viele Tote und Lebendige kommen und gehen sehen. Es lag abgelegen von den Hauptverkehrsstraßen, umgeben von alten Platanen, und glich im vorderen Teil einer alten Kapelle. Die gotischen Fensterbögen waren mit rotbraunem Sandstein eingefasst, auf dem Dachfirst über dem Holztor, das zur Bibliothek führte, thronte ein Kreuz aus dem gleichen Sandstein.

Im hinteren Teil des Gebäudes ragte aus dem Kellergeschoss der Lüftungsschacht der nachträglich eingebauten Klimaanlage wie ein waagerecht verlaufender Schornstein, der sich schließlich nach oben bog und dessen chromfarbene Oberfläche bereits Zeichen der Verwitterung zeigte. Das moderne Schild neben dem Haupteingang, »Institut für Rechts- und Verkehrsmedizin Forensische Medizin – Prosektur«, schien wie ein Stilbruch, aber andererseits auch wie ein tröstliches Stück Neuzeit. Das Schild daneben »Wer hier parkt wird angezeigt und Kostenpflichtig abgeschleppt« hielt seine Rechtschreibfehler schon seit vielen Jahren den Besuchern entgegen – im Angesicht des Todes sollte man nicht so kleinlich sein.

Verglich man den Bau der Rechtsmedizin mit den hoch modernen Kliniken auf der anderen Neckarseite, so schienen weit mehr als hundert Jahre dazwischenzuliegen. Und mitunter drängte sich der Gedanke auf, dass es bei den Toten ja sowieso egal sei.

In einem der oberen Stockwerke hing einer der alten hölzernen Rollläden schief nach unten wie ein versehrtes Augenlid, die Fensterrahmen waren verwittert. Das alte Gebäude wirkte immer ein wenig unheimlich, wie ein morbides Schlösschen oder eine Anstalt. Es erzählte Geschichten vom Leben und vom Tod, aber die meisten Besucher konnten sich darum nicht mehr kümmern.

Professor Monika Hansen, die Leiterin des Instituts, war eine alte Bekannte von Klara und Sebastian, das brachte der Beruf mit sich. Aber darüber hinaus mochte Klara die kluge, wache Frau mit den hellgrauen Augen und dem energischen Kinn. Wie sie selbst war auch Monika Hansen getrieben vom Wissenwollen und der Suche nach der Wahrheit. Tote konnten nicht mehr sprechen, aber in ihren Körpern fanden sich Spuren, die einen Übersetzer brauchten, sodass auch Gerichte sie verstanden und Täter verurteilt werden konnten. Es war der Wunsch nach Gerechtigkeit, aber auch eine Passion für die Wissenschaft, die Monika Hansen antrieben.

Über die Sprechanlage, die neben dem Haupteingang in den Sandstein eingelassen war, meldeten sich Klara und Sebastian an. Die schlichte, fast schäbig wirkende braune Holztür wurde mit einem Summen aufgedrückt.

Nacheinander betraten sie einen kühlen Flur und begrüßten eine Mitarbeiterin, die sie in einen der Obduktionsräume im Kellergeschoss verwies. Sie gingen die alte Treppe hinunter, einige der Stufen gaben ein leises Knarren von sich. Die Särge wurden über einen nachträglich eingebauten Aufzug in den Keller transportiert.

Die Eingangstür zum Sektionssaal ließ sich von außen mit einem Druck auf einen rechteckigen Schalter öffnen. Klara trat ein, Sebastian folgte ihr. In dem steril wirkenden, weiß gekachelten Raum roch es nach Formaldehyd und Desinfektionsmittel.

Monika Hansen stand in kobaltblauer Schutzkleidung am Tisch, neben ihr ein weiterer Arzt – gerichtsmedizinische Sektionen waren grundsätzlich von zwei Ärzten durchzuführen. Außerdem war neben der Bauch- und der Brusthöhle auch die Schädelhöhle zu öffnen.

Der Anblick eines geöffneten Kopfes, dem das Gehirn entnommen worden war, um es auf einer benachbarten Waage zu wiegen und weiter zu zerteilen, war für Klara immer noch schwer zu ertragen.

Monika Hansen war vertieft in die Untersuchung der durch den Y-förmigen Schnitt geöffneten Brusthöhle. Als sie die beiden Ermittler sah, trat sie ein paar Schritte vom Tisch weg, zog den hellgrünen Mundschutz herunter und begrüßte sie mit ihrer kräftigen Altstimme. Dann kam sie direkt zur Sache: »Also, mit einer Selbststrangulation habt ihr es hier nicht zu tun.«

»Davon sind wir auch nicht ausgegangen«, murmelte Sebastian, der sich sichtlich unwohl fühlte.

»Es finden sich beträchtliche Verletzungen der Halsweichteile sowie ein Bruch des Kehlkopfes und des Zungenbeins, das heißt massive Gewalteinwirkung von außen. Gedrosselt wurde mit einem einmalig angelegten schmalen Band, vermutlich Kunststoff. Wir haben Stauungsblutungen oberhalb der Drosselmarke, Einblutungen in den Augenbindehäuten und der Mundschleimhaut, dazu im Bauch- und Brustraum die üblichen Erstickungsbefunde.«

»Kannst du sehen, ob die Frau erdrosselt wurde, während sie stand oder saß?«, fragte Klara.

»Du meinst, ob sitzend in der Badewanne oder bereits vorher?«

»Genau.«

»Meiner Meinung nach vorher. Zum einen, weil die Drosselmarke ganz deutlich nur horizontal ausgeprägt ist und nicht schräg oder auslaufend nach oben. Zum anderen, weil die beträchtliche Gewalteinwirkung schwieriger oder kaum auszuüben gewesen wäre, wenn das Opfer saß und der Täter stand. Die Position ist ungünstig, und im Knien oder in der Hocke hat ein Täter nicht die optimale Stabilität.«

»Was ist mit den Würgemalen, die sich zusätzlich zur Drosselung finden?«

»Ja, in der Tat, leichte Einblutungen unterhalb der Drosselmarke. Da hat die Frau noch gelebt, das kann man anhand der Zellveränderungen im Wundbereich ganz gut nachvollziehen. Auffällig ist, dass offenbar nur mit einer Hand gewürgt wurde. Würgen mit Tötungsabsicht erfolgt allerdings in der Regel mit beiden Händen«, Monika Hansen deutete ein Lächeln an, »aber das wisst ihr ja besser als ich.« Dann sah sie wieder auf die Leiche. »Die Kopfwunde müssen wir noch aufpräparieren, Serologie und Histologie bekommt ihr auch später. Aber eines konnten wir schon feststellen: Die Frau war schwanger.«

Klara hörte neben sich ein merkwürdiges Geräusch, wie ein kurzes, dumpfes Stöhnen.

Monika Hansen sah Sebastian an. »Ja, das ist wirklich nicht schön.« Ihre grauen Augen zeigten einen Ausdruck von Bedauern. »Es war noch relativ früh, ich würde sagen, zehnte bis elfte Woche.«

»Junge oder Mädchen?«, kam es gepresst aus Sebastians Richtung.

Klaras Atem setzte für einen Moment aus, sie hätte ihn am liebsten angebrüllt. Musste das jetzt auch noch sein? Wie weit ging die persönliche Betroffenheit? Hätte er sich noch als netter Patenonkel einbringen wollen?

»So, wie es aussieht, ein Junge. Aber warum interessiert dich das?«, fragte Monika Hansen verwundert.

»Nur so … eigentlich gar nicht.« Sebastian fixierte irgendeine der weißen Wandfliesen und schien nun selbst unangenehm berührt zu sein.

Plötzlich spürte Klara einen unbändigen Zorn in sich aufsteigen, sie wusste nicht, warum, es überkam sie einfach. Und sie hatte keine Lust mehr, sich vornehm mit Fragen zurückzuhalten, sie hatte hier einen Job zu erledigen, und dieser Job war ihr schon seit deutlich längerer Zeit wichtig, als es Sebastian war.

»Gibt es Anzeichen für Geschlechtsverkehr vor der Tat?« Klara sah Monika Hansen an.

»Ja, die gibt es, wir haben Abstriche genommen. Durch die Lagerung der Leiche im Wasser wurden natürlich auch Spuren ausgewaschen, aber innerhalb der Gebärmutter fanden sich Spermafäden.« Die Pathologin machte eine kurze Pause und ergänzte: »Abgestorbene natürlich.«

»Natürlich«, bestätigte Klara. Es starb überhaupt so einiges ab zurzeit.

»Wir untersuchen die Abstriche noch auf chemische Rückstände und Ähnliches, kann sein, dass wir weitere Spuren finden. Aber auffällige Verletzungsmuster im Genitalbereich konnten wir nicht feststellen.« Monika Hansen zögerte einen Moment. »Wobei man bedenken muss, dass das Opfer vor der Tötung möglicherweise schon bewusstlos war, also nicht mehr fähig zur Gegenwehr.«

»Ein dem Mord vorangegangener Missbrauch ist also nicht auszuschließen?«

Die Rechtsmedizinerin nickte, und Klara setzte nach. »Es gibt möglicherweise zwei Anwärter auf die Vaterschaft.« Sie dehnte das Wort »zwei«. »Wir versuchen, dir baldmöglichst die Herren für eine DNA-Analyse zuzuführen.«

»Kein Problem, der Fötus wird konserviert, die Spermareste natürlich auch. Wollt ihr sonst noch etwas wissen?«

Klara dachte einen Moment nach. Dann fragte sie unvermittelt: »Wie sieht der Mageninhalt der Frau aus? Hat sie vor ihrem Tod Fleisch gegessen?«

»Der Magen war weitgehend leer, die wenigen Speisereste, die er enthielt, müssen wir noch chemisch untersuchen, aber Fleischfasern fielen mir nicht auf.«

Erneut überlief Klara ein Schauer. Im Sektionssaal war es kühl, aber das Frösteln kam von innen. »Okay, danke, dann ruf uns bitte an, wenn du Näheres aus der histologischen Untersuchung weißt.«

»Mache ich.« Monika Hansen streifte den Mundschutz wieder nach oben. In dem Moment klingelte Sebastians Handy, er nahm das Gespräch an und verließ den Raum.

Die Pathologin zwinkerte Klara noch einmal zu. »Meld dich mal, wir könnten mal wieder was trinken gehen oder eine Runde joggen.«

»Gern«, sagte Klara lächelnd. Seit einigen Jahren verband die beiden Frauen eine lockere Freundschaft, und hin und wieder trafen sie sich auch privat. Klara erinnerte sich an die große Party zu Monika Hansens fünfzigstem Geburtstag. An dem Abend hatte sie die Neue von Josephines Vater kennengelernt, Sybille Fuchs, genannt Billie. Billie war jung, blond, nahezu ansteckend fröhlich und Monika Hansens Physiotherapeutin. Ausgerechnet. Heidelberg war ein Dorf. Jan war natürlich auch da gewesen, leicht irritiert angesichts des unvermuteten Treffens der Ex und der Neuen. Aber Sebastian hatte Klara mit einem Glas Sekt zur Beruhigung versorgt, demonstrativ den Arm um sie gelegt und Jans dämlichen Bemerkungen Paroli geboten. Diese aufmerksame, fast fürsorgliche Seite an Sebastian hatte ihr gefallen, und obwohl ihre Beziehung noch ganz frisch gewesen war, hatte sie sich sehr zusammengehörig gefühlt.

Und nun stand sie im alten Treppenhaus der Rechtsmedizin, und ein paar Meter entfernt lag eine schwangere Ex-Geliebte von Sebastian mit geöffnetem Torso. Obwohl Klara versuchte, es zu ignorieren, nagte die Frage in ihr, wann er Kontakt zu dieser Frau gehabt hatte. Doch musste Sebastian sich rechtfertigen? Oder musste seine Bemerkung, dass die Begegnung schon lange zurücklag, einfach genügen?

Klara merkte, dass sie die Bilder der Toten nicht loswurde, und sie fürchtete, mit Sebastian über diesen Fall nicht so vorbehaltlos sprechen zu können wie über andere Fälle. Sie ging die letzten Treppenstufen nach oben.

Sebastian stand im Eingangsbereich des Erdgeschosses und telefonierte noch, offenbar war Oliver Lebenstedt am Apparat. Klara kam näher heran, nach ein paar weiteren Sätzen beendete Sebastian das Gespräch.

»Lebenstedt ist schon in Heidelberg. Sein Hauptproblem scheint zu sein, dass eine Ermordete im Haus seiner Eltern lag … Tja …«, er steckte das Handy zurück in die Tasche seiner Jeans, »ob er darüber hinaus noch irgendwie persönlich berührt ist, können wir in einem Gespräch herausfinden. Er würde uns in der Wohnung seiner Eltern ›empfangen‹, wie er sich ausgedrückt hat.«

»Dann lass uns zu dem Empfang fahren.« Klara verzog die Mundwinkel und trat mit Sebastian aus dem Gebäude hinaus in den Tag.

Ein leichter Wind wehte durch die dichten Laubkronen der alten Platanen. Nur zweihundert Meter entfernt lag der Bismarckplatz, einer der belebtesten Plätze der Stadt, aber dies hier war ein Ort merkwürdiger Abgeschiedenheit.

Sie stiegen in den Wagen, Klara startete den Motor und parkte aus, während Sebastian auf dem Beifahrersitz ein Stück nach oben rutschte und versuchte, seine Beine auszustrecken – bei seiner Körpergröße gelang ihm das kaum.

»Woher wusste die alte Frau Rothschenk von Susannes Schwangerschaft?«, fragte er.

»Sie kann es auch nur vermutet haben. Oder Susanne hat es ihr einfach erzählt? Viele Schwangere tun so etwas gern …«

»Hm … Aber dann hätte sie ihr ja offenbar auch erzählt, dass Oliver Lebenstedt der Vater ist, sonst würde die Bemerkung der Alten zum sozialen Aufstieg durch ein Kind nicht passen.«

Klara überlegte. »Hatte Susanne die Hoffnung, dass Lebenstedt sie heiraten würde?«, fragte sie schließlich. »Allein vom Kindesunterhalt und dem für die Mutter in den ersten drei Jahren wird man nicht reich.«

»Oder sollte es andere Vereinbarungen zwischen den beiden gegeben haben? Schweigegeld sozusagen, damit bei Lebenstedts zu Hause alles so bleiben konnte, wie es war?«

»Oder Erpressung statt Vereinbarung«, gab Klara zurück.

Sebastian rieb sich über seine Bartstoppeln. »Möglich. Dann hätte Oliver Lebenstedt allerdings ein Motiv.« Er zögerte einen Moment, ließ das Seitenfenster hinunter und spuckte seinen Kaugummi aus, fast so, als empfände er Abscheu allein bei dem Gedanken. Dann fragte er: »Was ist mit Dennis Scharf? Warum war er es nicht, der seine Freundin als vermisst meldete?«

Klara bog auf die zweispurige Straße Richtung Kirchheim ein und beschleunigte den Wagen. Auch ihr Seitenfenster war ein Stück hinuntergelassen, der Fahrtwind nahm ihr dunkles Haar auf und wehte es ihr ins Gesicht.

»Das habe ich mich auch gefragt. Entweder die Beziehung war so locker, dass ein paar Tage Funkstille nicht auffielen, oder es gab am Sonntagnachmittag einen Streit zwischen den beiden, woraufhin sich keiner mehr beim anderen meldete. Vielleicht hat Susanne ja auch Schluss gemacht?«

»Und Dennis war so in Rage, dass er am Montagabend zu ihr kam und sie umbrachte?«

»Kann sein.« Klara hob die Schultern. »Harald wird uns bei der nächsten Besprechung bestimmt Näheres zu Dennis erzählen können.«

Sie lenkte den Wagen weiter über die Ausfahrtstraße, um

diese Zeit herrschte nicht viel Verkehr. Jenseits des Ortsschildes von Heidelberg war man direkt im Grünen, hier und da eine Tankstelle, ein Hotel oder vereinzelte Gebäude, ansonsten weitläufige Felder. Wenn man nicht unbedingt in einer Weltstadt leben wollte, konnte man es hier durchaus nett haben. Und in der Regel blieb man ja auch am Leben.

Nach ein paar Minuten bog Klara nach Kirchheim ein. »Ich muss Jan noch fragen, ob er Josi vom Kindergarten abholen kann«, sagte sie. »Die Besprechung heute um achtzehn Uhr wird sich vermutlich hinziehen, wahrscheinlich muss sie bei ihm übernachten.«

In den letzten Satz hatte sich ein Seufzen gemischt. Im Großen und Ganzen ließen sich ihr Beruf und das Leben mit ihrer Tochter gut vereinbaren, sie liebte beides, Josephine war mit Abstand das Beste, was ihr bislang passiert war, und die Prioritäten waren immer klar. Aber ohne ihren Job hätte sie auch nicht leben mögen. Jan hatte ihr oft Vorhaltungen gemacht, an erster Stelle stünde ihre Arbeit. Das war absurd, aber es war richtig, dass er nicht an erster Stelle gestanden hatte. So hatte eins zum anderen geführt, und letztendlich hatten beide das Gefühl gehabt, dass eine Trennung das Beste wäre. Sie hatten es einigermaßen hinbekommen. Josephine war gern bei ihrem Papa, aber Klara vermisste sie jeden Tag und jede Nacht, die sie nicht bei ihr war. Vielleicht würde das immer so bleiben.

Klara angelte ihr Handy aus der Tasche und rief Jan an, das Gespräch war knapp und sachlich, er konnte Josephine abholen. Früher hatte Klara häufiger Spitzen gehört in der Art von »Schon klar, deine Mörder gehen vor«, aber seit Jan mit Billie zusammen war, schien das Bedürfnis geringer, Seitenhiebe zu verteilen. Vielleicht verpasste ihm seine Freundin jeden Abend eine Entspannungsmassage – die Details musste Klara allerdings nicht wissen.

Sie bog in die ruhige Seitenstraße ein, in der sie bereits am Morgen gewesen waren. Die Spurensicherung arbeitete noch immer in der Wohnung von Susanne Scheidt, Streifenbeamte hielten Neugierige vom Eingang fern, und die Presse war vermutlich auch schon da gewesen.

Klara und Sebastian stiegen aus. Im Vorgarten gegenüber

stand ein groß gewachsener Mann Ende dreißig mit weißem Hemd und dunkler Anzughose, der mit einem der Polizeibeamten sprach. Die Hauptkommissare überquerten die Straße und gingen auf das Haus zu.

Der Mann drehte den Kopf und sah zu ihnen hinüber. Dann trat er ihnen ein paar Schritte entgegen und streckte seine Hand zur Begrüßung aus. In seinem gebräunten Gesicht standen zwei dunkle Augen, eingerahmt von ein paar Lachfältchen und flankiert von hohen Wangenknochen. Das braune Haar war dicht und leicht gewellt, der Mann sah gut aus, und er wusste es.

»Lebenstedt, ich grüße Sie.« Er sah Sebastian an. »Wir hatten telefoniert, nicht wahr?«

»Ganz recht. Das ist meine Kollegin, Hauptkommissarin Klara Haag.«

Lebenstedt gab Klara seine gepflegte Hand, an deren Ringfinger ein schlichter Goldring steckte. »Sehr erfreut. Nun ja, wenn man das unter den gegebenen Umständen sagen kann …«

Wieder so ein Alpha-Männchen, das glaubt, alles unter Kontrolle zu haben, dachte Klara. Aber womöglich hatte er es ja.

»Schrecklicher Vorfall, nicht wahr?« Lebenstedt sah wieder Sebastian an. »Meine Mutter ist außer sich. Ich habe meine Eltern vor ein paar Stunden telefonisch informiert. Ein Mord im eigenen Haus. Können Sie sich so etwas vorstellen? Meine Eltern sind keine zwanzig mehr, so etwas nimmt sie sehr mit, mein Vater hat dieses Haus mit seinen eigenen Händen erbaut.«

Was genau redet der da?, fragte sich Klara. Es ging um einen Mord und nicht um den ruhigen Schlaf zweier Rentner. Sie nahm ein angedeutetes Kopfschütteln bei Sebastian wahr und ahnte, dass Geduld und Nachsicht heute nicht an der Tagesordnung waren. Die beiden Männer hatten eine Gemeinsamkeit, von der der eine nichts wusste. Aber der andere. Und mit derselben Frau im Bett gewesen zu sein ist mitunter keine geeignete Grundlage für spontane Sympathie.

»Möchten Sie das Gespräch lieber in der Wohnung Ihrer Eltern führen statt hier im Vorgarten?«, fragte Sebastian. Ein Blick in die Wohnung der Lebenstedts stand ohnehin an.

Oliver Lebenstedt stutzte kurz. »Oh ja, natürlich. Entschuldigen Sie bitte meine Unhöflichkeit, ich hätte Sie direkt hereinbitten sollen.« Er ging voran zur Haustür, die an der Vorderseite des Gebäudes lag.

Auf einem Messingschild prangte in geschwungenen Lettern der Familienname, darunter stand ein sorgfältig bepflanzter Blumenkübel. Lebenstedt schloss auf und trat ein, die Ermittler folgten.

Der mit rötlichem Marmor geflieste Flur öffnete sich in ein helles Wohnzimmer mit brauner Ledercouch, dicken Teppichen und zahlreichen Zierpflanzen auf der Fensterbank. An der linken Wand stand ein schwarzes Klavier, auf dem Familienfotos aufgestellt waren, an der Wand gegenüber befand sich ein massiver Wohnzimmerschrank in Eiche rustikal. Gediegene Bürgerlichkeit der gehobenen Mittelschicht. Ein Mord im Haus war hier wirklich unpassend.

»Nehmen Sie doch bitte Platz. Möchten Sie einen Kaffee? Ein Wasser?«

»Nein, danke.« Klara ging davon aus, dass Sebastian direkt zur Sache käme. Vor ihrem geistigen Auge standen zwei staubbedeckte Cowboys am Tresen eines heruntergekommenen Saloons. Der eine stellte gerade sein Whiskeyglas ab und holte zum Schlag aus.

»Zeugen haben uns berichtet, dass Sie ein Verhältnis mit Frau Scheidt hatten.«

Peng.

Lebenstedts Gesichtsausdruck entglitt für einen Moment, er rang sichtlich nach Fassung und setzte sich merkwürdig langsam auf einen der beiden Ledersessel. »So? Hatte ich?«

»Ja.«

Nun griff der Anwalt auf sein routiniertes überlegenes Lächeln zurück, die Geste gelang ihm allerdings nur mäßig. »Wissen Sie, die Leute erzählen so viel …«

Erst einmal weder bestätigen noch dementieren, eine typische Strategie, der man am besten mit Schweigen begegnete. Irgendwann fangen sie an, weiterzureden.

Es herrschte Stille, die nur durch das Ticken der geschnitzten

Wanduhr durchbrochen wurde. Lebenstedt begann, seinen Ehering zu drehen, seine Fingernägel waren perfekt geformt, seine gebräunten Unterarme muskulös. Schließlich stützte er seine ineinandergefalteten Hände auf dem rechten Oberschenkel ab, sah die Ermittler an und meinte in einem geschäftsmäßigen Ton: »Mir wäre es wichtiger, Sie fänden den Täter. Schließlich leben meine Eltern weiterhin in diesem Haus.«

Der Themawechsel. Ebenfalls gut bekannt. Spätestens jetzt konnte man davon ausgehen, dass das mit der Affäre stimmte.

»Wann haben Sie Susanne Scheidt zuletzt besucht?« Klaras Stimme klang freundlich, sie strich sich das dunkle Haar aus dem Gesicht, ihre blauen Augen sahen ihr Gegenüber fast charmant an. Harmlose Weiblichkeit.

»Was heißt ›besucht‹?« Lebenstedt gab ein kurzes Lachen von sich, er quittierte die unpassende Formulierung mit Heiterkeit. »Es gab immer einmal etwas zu besprechen wegen der Wohnung oder der Nebenkostenabrechnung. Ich bin Jurist, wie Sie vielleicht wissen. Einmal bat mich Frau Scheidt auch um einen Rat bezüglich ihres Arbeitsvertrags.«

»Ist sie davon schwanger geworden?«

Der zweite Fausthieb, man konnte förmlich sehen, wie sich Sebastian die Fingerknöchel rieb.

»Wie? Susanne war schwanger?« Lebenstedt kam ins Schlingern, das aufgesetzte Lächeln gefror in seinem Gesicht zu einer unsicheren Grimasse. »Aber ich bitte Sie, doch nicht von mir.«

»Nein?«

»Sie war doch mit diesem jungen Mann zusammen, wie hieß der doch gleich?«

»Dennis Scharf?«

»Ja, genau. Dennis. Scharf. Der wird der Erzeuger sein.«

Klara schlug ein Bein über das andere, der Ledergeruch der Couch erinnerte sie an Haralds Rasierwasser. »Herr Lebenstedt, Sie sind Anwalt, wir können uns gewisse Umwege in der Kommunikation ersparen. Geben Sie freiwillig eine Probe für den DNA-Abgleich ab, oder brauchen wir einen richterlichen Beschluss?«

Oliver Lebenstedt versuchte es noch einmal. »Ich verstehe

nicht, warum Sie nicht einfach Herrn Scharf aufsuchen und seine DNA nehmen. Was habe ich mit der ganzen Sache zu tun? Das ist ja schon fast Verleumdung, Sie wissen ebenso gut wie ich ...«

»Herr Lebenstedt, geben Sie die Probe ab oder nicht?«, fiel ihm Klara ins Wort.

»Nein.«

»In Ordnung. Wo waren Sie zwischen Montagnachmittag und Dienstagmorgen?«

»Ist das jetzt ein Verhör? Ich bin nicht verpflichtet, Ihnen Auskünfte zu geben.«

»Das ist richtig. Aber womöglich *möchten* Sie uns ja Auskunft geben, schließlich haben Sie doch nichts zu verbergen.« Klara hielt ihre Augen fest auf die ihres Gegenübers gerichtet, sie verfolgte aufmerksam jede Regung in dessen Gesicht.

Der Anwalt schien wieder etwas Terrain zu gewinnen, die Frage nach dem Alibi bedeutete offenbar kein Umherirren auf Treibeis. »Ich war bis etwa achtzehn Uhr in der Kanzlei und danach zu Hause bei meiner Familie.«

»Ihre Mitarbeiter und Ihre Frau können das sicher bestätigen?«

»Natürlich.«

Klara hörte, wie Sebastian neben ihr einatmete. Sie befürchtete, dass er seine Faust in Gedanken etwas gekühlt hatte, ein Schlag ging noch. Einen Moment später nestelte er in der linken Seitentasche seiner Jeansjacke und förderte ein Foto von der toten Susanne Scheidt zutage, das er Lebenstedt direkt unter die Nase hielt. Männerfreundschaft. Und etwas in Klara war erschrocken, dass Sebastian dieses Foto mit sich herumtrug.

Lebenstedt sah hin und registrierte, dass er es nicht hätte tun sollen. Sein Gesicht wechselte die Farbe. Die Bemerkung des Streifenbeamten am Morgen fiel Klara ein, »kein schöner Anblick«.

Oliver Lebenstedt rang nach Fassung, er schnappte nach Luft, seine Hände begannen zu zittern. »Tun Sie das weg, ich möchte das nicht sehen.«

Sebastian wusste nur zu gut, was er meinte. In Lebenstedts Straucheln hinein platzierte er die direkte Frage: »Haben Sie sie umgebracht?«

»Nein.« Die Stimme des Anwalts klang schrill. »Sie sind doch völlig verrückt geworden. Ich werde mich über Sie beschweren.«

Mit einer kurzen Handbewegung warf Sebastian das Foto vor sich auf den gläsernen Couchtisch, es blieb dort liegen wie ein Schandfleck in der heilen bürgerlichen Welt. Er stand auf. »Gut, in den nächsten Tagen wird Ihnen die richterliche Anordnung zur Erlangung der DNA-Probe zugehen.«

Klara erhob sich ebenfalls. »Dann wünschen wir Ihnen noch einen angenehmen Tag.«

Lebenstedt sagte nichts mehr. Vor ihm lag das Foto der aufgedunsenen Leiche in ihrer ganzen Entstelltheit, monströs und anklagend. Wenn er es vom Tisch aufheben musste, um es wegzuwerfen und loszuwerden, hätte es in seinen Händen gebrannt wie Salzsäure.

Klara und Sebastian verließen die Wohnung. Als die Haustür hinter ihnen ins Schloss fiel, holte Sebastian tief Luft. »Arroganter Widerling.«

»Mörder?«, fragte Klara. Es war das alte Frage-und-Antwort-Spiel zwischen ihnen. Manchmal war es wie ein langer, kunstvoller Ballwechsel beim Tennis, wie ein schneller Schlagabtausch beim Squash oder wie ein gut parierter Schmetterball beim Pingpong. Manchmal war es aber auch nur ein Wort und eine knappe, lapidare Antwort:

»Das weißt du ebenso gut wie ich.«

Klara überquerte die Straße und ging zum Wagen. Während sie die Fahrertür öffnete, hob sie ihren Blick nach oben und sah, wie sich am Fenster der Wohnung von Edeltraut Rothschenk die Gardine bewegte. Die Alte war auf dem Posten.

Sebastian stieg auf der Beifahrerseite ein und schwieg, bis sie beim Polizeirevier angekommen waren. Auch das war nicht ungewöhnlich. Die Gedanken mussten manchmal eine Weile in Ruhe gelassen werden.

***

Im Besprechungsraum im ersten Stock des Präsidiums herrschte schlechte Luft. Klara ging zu einem der Fenster und öffnete es. Eine leichte Brise wehte herein, dazu kamen die Geräusche des Feierabendverkehrs. Die meisten fuhren nach Hause, ein paar noch zu dem nahe gelegenen beliebten Thermalbad. Mit Kind und Kegel zu einer Erfrischung, obwohl die Temperaturen nur mäßig sommerlich waren.

Die weißen Tische im Raum bildeten ein Rechteck, an dessen Kopfende Kriminaldirektor Klaus Conrad saß, neben ihm sein Stellvertreter Maybaum. Es galt, die Skizze an der Wandtafel zu ergänzen und die Ermittlungen weiter zu planen.

Conrad stand auf und trat nach vorn, sein Hemd sah noch wie frisch gebügelt aus. Klara hatte sich schon öfter gefragt, wie er das machte. Hatte er stets zwei identische Hemden dabei und nahm in der zweiten Tageshälfte das frische aus seinem Büroschrank?

Der Kriminaldirektor begann mit der Zusammenfassung seines Besuchs bei Susanne Scheidts Arbeitsstelle.

»Frau Scheidt war den Angaben ihres Chefs zufolge am Montag wie gewohnt bis zwanzig Uhr bei der Arbeit, hierdurch lässt sich also die Tatzeit weiter eingrenzen.« Conrad machte einen Vermerk in der Gedankenkarte. »Der Marktleiter, Herr Fritsch, beschrieb Susanne Scheidt als freundlich und zuverlässig, sie arbeitete seit etwa zweieinhalb Jahren in diesem Lebensmittelmarkt und war beliebt bei den Kollegen. Herr Fritsch zeigte sich tief betroffen, ebenso wie die Mitarbeiter, die wir befragen konnten. Bislang gibt es keine Anhaltspunkte für ein Motiv in diesem Personenkreis. Jeder der Befragten konnte außerdem spontan angeben, wo er sich am Montagabend und in der Nacht aufgehalten hatte, die einzelnen Alibis müssen natürlich noch geprüft werden.«

Conrad sah zu seinem Stellvertreter Horst Maybaum, der sich räusperte und ergänzte: »Ich habe mit einer Mitarbeiterin gesprochen, die erzählte, in letzter Zeit hätte es wohl zwischen Frau Scheidt und ihrem Freund öfter Streit gegeben. Susanne hätte angedeutet, dass Dennis sich seiner Sache nicht zu sicher sein solle, er sei ja nicht der einzige Mann auf der Welt, und die Dinge könnten sich auch ganz anders entwickeln.«

»Was kann sie damit gemeint haben?« Harald Bender wandte sich an Klara und Sebastian. »Habt ihr was von dem angeblichen Geliebten, dem Lebenstedt, erfahren?«

Am liebsten hätte Klara das Gespräch als drittklassigen Western zusammengefasst, eins in die Visage und noch eins und noch eins, während sie als Saloondame versucht hatte, die Form zu wahren. Sie lehnte sich auf ihrem Stuhl zurück und verschränkte die Arme vor der Brust.

»Na ja, Lebenstedt ist Anwalt, natürlich hat er nichts gesagt, was ihn selbst belasten könnte. Die Art seiner Reaktion deutete allerdings darauf hin, dass er eine Affäre mit Susanne Scheidt hatte. Zur Abgabe einer DNA-Probe müssen wir ihn per Beschluss zwingen, aber ein Alibi für die mutmaßliche Tatzeit konnte er angeben, das müssen wir natürlich auch noch prüfen.«

»Hm«, brummte Conrad. »Und was habt ihr in der Rechtsmedizin erfahren?«

Klara sah kurz auf die weiße Tischplatte vor sich. »Die drei Fragezeichen hinter ›schwanger‹ können Sie löschen«, antwortete sie an ihren Chef gewandt. »Susanne Scheidt war in der zehnten oder elften Woche.«

»Aha.« Conrad wischte mit einem kleinen Schwamm in der Skizze an der Wandtafel herum, und Klara berichtete weiter, was sie von Monika Hansen erfahren hatten.

Währenddessen machte ihr Chef Notizen und wiederholte anschließend ein paar Stichpunkte. »Massive Gewalteinwirkung, Täter oder Täterin relativ kräftig, Badewanne eher Ablageort als Tatort, Würgemale von einer Hand, vermutlich prämortale Bewusstlosigkeit durch den Schlag auf den Kopf … Wann liegen die weiteren Analyseergebnisse vor?«

»Morgen im Laufe des Tages«, gab Klara zurück.

»Wissen die Eltern von Susanne Scheidt, dass ihre Tochter schwanger war? Wissen sie, von wem? Was habt ihr erfahren?« Conrad sah Martin und Nadine an, jeder im Raum wusste, dass die beiden jungen Kollegen den bislang schwersten Job erledigt hatten.

Martin ergriff das Wort, es war offensichtlich, dass er noch immer mitgenommen war. »Mit der Mutter konnten wir gar nicht sprechen, der Hausarzt hatte ihr eine Beruhigungsspritze gegeben, sie war praktisch nicht ansprechbar. Der Vater hat immer nur gefragt: ›Warum? Warum ausgerechnet die Susi?‹ Er konnte uns kein mögliches Motiv nennen, keine Konflikte, keine Streitigkeiten. Ein paar Freunde und Freundinnen seiner Tochter kannte er mit Namen, aber die ›Freunde aus der Stadt‹, wie er sie nannte, kannte er nicht. Außer Dennis, von dem hatte Susanne wohl erzählt, aber vorgestellt hatte sie ihn ihren Eltern nicht. Der Vater wusste auch nicht viel über ihn.«

Conrad ergänzte die Gedankenkarte an der Tafel, Martin fuhr fort. »Bevor Susanne nach Heidelberg zog, war sie ein paar Jahre mit einem jungen Mann aus ihrem Heimatort in der Pfalz zusammen gewesen, Tobias Ranft. Mit dem haben wir auch noch gesprochen, er ist mittlerweile verheiratet und hat einen kleinen Sohn. Er schien sehr betroffen von Susannes Tod, hat von ihr geschwärmt, was für eine tolle Frau sie war. Ein Motiv für einen Mord haben wir bei ihm nicht erkennen können.«

Martin hob die Schultern und ließ sie wieder fallen, die Bedrückung war ihm anzumerken.

»Susannes Vater hat übrigens von einer Schwangerschaft nichts erwähnt, vermutlich wusste er nichts davon, sonst wäre hierzu sicher eine Bemerkung gefallen. Immerhin haben die Eltern irgendwie ja auch ein Enkelkind verloren.«

Kriminaldirektor Conrad vervollständigte weiter das Schaubild an der Tafel. »Ist Frau Scheidts Smartphone offen? Frank, Nicole?«, fragte er, noch während er schrieb.

»Jep.« Nicole Neubert gab sich gern dynamisch. »Wir haben es unserem EDV-Spezi gegeben. Aber es war noch einfacher als gedacht, der Zugangscode war Frau Scheidts Geburtstag.« Sie deutete ein Grinsen an, kaute ein paarmal auf ihrem Kaugummi und blickte zu ihrem Kollegen Frank. Der übernahm.

»Den Kontakt mit einem Oliver können wir bestätigen, offenbar war es ein intimer Kontakt. Daneben gibt es zahlreiche Kurznachrichten an und von Dennis Scharf sowie vier bis fünf Freundinnen, mit denen Frau Scheidt häufig Kontakt hatte, darunter Tanja Wagner. Die Vielzahl der Nachrichten müssen wir noch auswerten.«

E-Mails, Kurznachrichten und Beiträge in sozialen Netzwerken waren eine derart umfangreiche Informationsquelle, dass einem die Ermittler früherer Generationen, die sich mit spärlichen Adressbüchern begnügen mussten, fast leidtun konnten. Aber auch nur fast. Es war das Problem mit dem Wald vor lauter Bäumen.

»Natürlich haben wir uns die Nachrichten der Tage vor Susanne Scheidts Tod schon angesehen.« Nicole sah auf die Notizen vor ihr auf dem Tisch. »Frau Scheidt hat die letzte Nachricht am Montag, kurz nach zwanzig Uhr, gesendet, danach nichts mehr, auch keine Anrufe getätigt. Es war eine SMS an Oliver. ›Bis Mittwoch dann, ich freu mich.‹ Der wiederum hat am Dienstag geantwortet und dann am Mittwoch gegen zweiundzwanzig Uhr eine Nachricht geschickt: ›Wo warst du? Hab eine Stunde lang gewartet.‹ Susannes Freundin Tanja Wagner hat ihr Dienstag und Mittwoch mehrere Nachrichten geschickt, Dennis Scharf zuletzt am Dienstagabend.« Nicole Neubert blickte erwartungsvoll in die Runde. »Diese SMS ist allerdings seltsam. Also, ich kenn mich da ja nicht so gut aus …«

»Mach's nicht so spannend«, grummelte Harald ungeduldig vor sich hin.

»Aber das ist wohl ein Gedicht oder so was.« Nicole sah erneut auf die Zettel vor ihr. Dann begann sie vorzulesen:

»Auf deine Lider senk ich Schlummer,
auf deine Lippen send ich Kuß,
indessen ich die Nacht, den Kummer,
den Traum alleine tragen muß.«

Klara horchte auf. Sie kannte das Gedicht, es war von Gottfried Benn, und sie wusste, wie es weiterging.

»Wir haben das im Internet nachgeschaut, es geht noch weiter«, sagte Nicole und fuhr fort:

»Um deine Züge leg ich Trauer,
um deine Züge leg ich Lust,
indes die Nacht, die Todesschauer
weben allein durch meine Brust.
Du, die zu schwach, um tief zu geben,
du, die nicht trüge, wie ich bin –
drum muß ich abends mich erheben
und sende Kuß und Schlummer hin.«

Aus Nicoles Mund klangen die Zeilen seltsam hölzern. Als sie geendet hatte, lag eine Stille im Raum wie Blei.

Schließlich räusperte sich Conrad. »Harald, was, hast du gesagt, ist Dennis Scharf von Beruf?«

»Ich habe noch gar nichts gesagt. Er ist Lagerist bei einer größeren Spedition hier im Ort.«

»Soso. Lagerist. Hast du mit ihm gesprochen?«

Harald drehte einen Kuli zwischen seinen nikotingelben Fingerspitzen. »Wollt ihr die kurze oder die lange Version?«

»Die angemessene.« Conrad setzte ein mildes Lächeln auf.

»Ei guud.« Harald sah in die Runde. Nachdem er sich der Aufmerksamkeit aller Kollegen vergewissert hatte, begann er gewohnt unangemessen: »Ähj, leck mich.« Er machte eine Kunstpause. »Dennis Scharf ist verschwunden. Der Bursche hat sich vom Acker gemacht.«

Conrad blickte seinen Hauptkommissar fragend an, der berichtete mit seiner belegten Stimme weiter.

»Zuerst bin ich zu ihm nach Hause gefahren und habe mich bei den Nachbarn durchgefragt, wo er arbeitet. Da habe ich das mit der Spedition erfahren, also bin ich dorthin gefahren … Und was soll ich euch sagen, Herr Scharf ist gestern und heute nicht zur Arbeit erschienen, kein Anruf, keine Krankmeldung, nichts. Sein Chef war stinksauer, die Kollegen wussten auch nichts Näheres. Also bin ich noch mal in die Personenabfrage rein, laut Einwohnermelderegister ist er in Grimma in Sachsen geboren. Ich habe versucht, seine Eltern ausfindig zu machen, was mir auch gelungen ist.« Harald gab ein kurzes Husten von sich und legte den Kuli auf die Tischplatte. »Die Mutter war ganz aufgeregt, ob ihr Junge was ausgefressen habe und so weiter. Aber sie hatte auch schon seit ein paar Tagen nichts mehr von ihm gehört.«

Nachdenklich kratzte sich Conrad am Kinn. »Das heißt also Wohnungsdurchsuchung. Wo wohnt Dennis Scharf?«

»In einer Einzimmerwohnung in Rohrbach.«

»In Ordnung, wir gehen heute noch rein.«

»Kein richterlicher Beschluss?«, fragte Harald.

»Gefahr im Verzug.« Conrad war der Boss. »Klara, Sebastian, ihr verständigt den Schlüsseldienst, Harald fährt mit mir, wir treffen uns vor der Wohnung. Adresse?«

Harald nannte Straße und Hausnummer, Conrad gab das Zeichen zum Aufbruch. »Die anderen machen weiter bei der Überprüfung von Frau Scheidts Kontakten.«

Noch einmal gab Harald Bender ein kräftiges Räuspern von sich, eines mit Schmackes, wie man im Rheinland sagte. »Was glaubt ihr, warum der Täter oder die Täterin das Smartphone nicht mitgenommen hat?«

»Weil er oder sie wusste, dass darauf keine Spuren sind, die den Verdacht auf ihn oder sie lenken würden.« Sebastian griff nach dem Notizblock, der vor ihm auf dem Tisch lag, und steckte den danebenliegenden Stift in die Brusttasche seiner Jacke.

Frank und Nicole sahen wenig begeistert aus, denn das bedeutete, dass ihre Arbeit wohl kaum zur Ermittlung des Täters führte.

»Und was ist mit diesem Gedicht?«, fragte Frank.

»Wenn Dennis Scharf der Mörder ist, hat er es an eine Frau geschickt, von der er bereits wusste, dass sie tot war. Mit so etwas würde er uns ja regelrecht auf seine Fährte führen«, gab Sebastian zurück und stand auf.

»Nun ja, manche Täter wollen gefasst werden. Manche stellen sich, und manche lassen sich stellen. Dennis Scharf kam mit seinem Gewissen nicht klar.« Kriminaldirektor Conrad schien ganz offensichtlich auf einen schnellen Ermittlungserfolg zu hoffen. »Dazu passt auch das Ablegen der Leiche in der Badewanne. Er wollte seine Schuld abwaschen.«

Die Ermittler verließen den Besprechungsraum, Klara ging mit Harald als Letzte durch die Tür.

»Toll. Rosi wartet zu Hause mit Kasseler«, hörte sie ihn grummeln und war einmal mehr erstaunt, wie ihr älterer Kollege von Mord und Totschlag zu den einfachen Genüssen dieser Welt wechseln konnte. Brachte das die Berufsroutine mit sich?

»Kann man auch kalt essen.« Sie sah Harald aufmunternd an.

Der brummte: »Aber am Wochenende fahr ich nach Mannheim zum Eishockey. Und wenn Conrad sich auf den Kopf stellt und Weihnachtslieder furzt.«

»Hm. Ich gehe mit Josephine ins Schwimmbad«, murmelte Klara und dachte bei sich: Schön wär's. Dann schlug sie den Weg zu ihrem Büro ein, um ihr Handy zu holen und noch einen Schluck Wasser zu trinken.

Dreißig Minuten später standen die Ermittler in der Wohnung von Dennis Scharf.

Er war nicht da.

»Der Vogel ist ausgeflogen.« Conrad zückte sein Telefon und rief auf dem Revier an, um den Verdächtigen zur Fahndung ausschreiben zu lassen. Anschließend streifte er die mitgebrachten Einmalhandschuhe über. »Dann sehen wir uns mal um.«

Klara ließ ihren Blick durch die Wohnung schweifen, die unordentlich und muffig war. Kleidung lag auf dem Boden, in der kleinen Küche stapelte sich schmutziges Geschirr.

»Na dann«, seufzte sie und machte sich mit Sebastian, Harald und Conrad an die Arbeit.

***

Es waren dreieinhalbtausend Tonnen im Jahr, dreieinhalbtausend Tonnen schmutziger, keimverseuchter Wäsche, ein großer Teil davon blutig oder mit Wundflüssigkeit verschmiert, Tücher, über die sich Fruchtwasser ergossen hatte, OP-Abdeckungen, auf denen Krebsgeschwüre gelegen hatten, Bettlaken, auf denen gestorben worden war. Dreitausendfünfhundert Tonnen, die in der Zentralwäscherei der Universitätsklinik wieder sauber wurden und rein. Ohne die Wäscherei hätte der gesamte Klinikbetrieb mit seinen Milliardenumsätzen schließen können, die erlauchten Herren Chirurgen hätten sich einen neuen Job suchen müssen. Zum Beispiel als Metzger oder Ausbeiner in einer Fleischfabrik.

Die Wäscherei war unverzichtbar. *Er* war unverzichtbar. Hier erlebte er jeden Tag die Kraft des Wassers. Stärksten Schmutz, Eiter und Kot konnte es entfernen und mit sich hinwegtragen. Wasser, das schäumte und sprudelte, heiße Seifenlauge, die auch das Unsichtbare vernichtete, Bakterien und Viren, das Unsichtbare war das Gefährliche. Fred Hartung wusste das, er arbeitete lang genug hier.

Er fühlte sich besser. Es war, als ob nach langem, stechendem Schmerz endlich ein Medikament wirkte, ein pochender, fauliger Zahn, der einen viele Tage und Nächte lang gequält hatte, endlich Ruhe geben würde. Als würde man wieder Luft bekommen, atmen können, Freiheit spüren. Es waren nur ein paar Augenblicke gewesen, aber sie waren so kostbar, dass er davon zehren konnte, Wochen und Monate.

Er hatte es genossen. Es kam darauf an, dass die Frau keine Angst hatte, er konnte es nicht genießen mit einer schreienden, kämpfenden Frau, mit einer, die sich wehrte.

Susanne hatte dagelegen wie schlafend. Er hatte sich währenddessen vorgestellt, dass sie gleich aufwachen und ihn anlächeln würde, so als sei sie seine Frau, als würden sie zueinandergehören. Endlich einmal kein Kampf. Sie schlief, und er hätte sie wach küssen können. Vielleicht konnte er auch Tote wieder zum Leben erwecken. Vielleicht konnte er alles.

Irgendwann atmete Susanne nicht mehr. Zuerst konnte er ihren Atem noch kontrollieren, er konnte bestimmen, wann Luft in ihre Lungen kam und wann sie wieder austrat. Aber irgendwann musste es ein Ende haben, auch wenn er es bedauerte. Susanne hätte geredet.

Dennoch war schließlich alles gut gewesen, Susanne hatte ein Bad genommen, Sauberkeit war wichtig, er hatte etwas gegessen und dann wieder gehen müssen. So war es nun einmal zwischen Mann und Frau. Er war ein Jäger, er musste raus.

Es war ein frischer Morgen, der versprach, zu einem angenehmen Tag zu werden. Er parkte seinen Wagen auf einem der Mitarbeiterparkplätze und stieg aus. Seit langer Zeit hörte er zum ersten Mal wieder die Vögel, als er in Richtung Klinikwäscherei ging. Sie war zusammen mit der Zentralapotheke und der Großküche in einem Gebäude des »Versorgungszentrums Medizin« untergebracht. Hier saß der Motor des Klinikbetriebs, die Versorgung mit Nahrung, Medikamenten und Wäsche, der Bauch des riesigen Organismus, in dem jeden Tag Tausende von Menschen herumwimmelten, Kranke und Gesunde, arme Schlucker und Halbgötter in Weiß.

Das ausgedehnte Areal des Neuenheimer Feldes bildete einen eigenen Stadtteil. Hier befanden sich die einzelnen Kliniken der Universität, modernste Hightech-Medizin in ansprechenden hellen Gebäuden.

Für Patienten und Besucher nicht zugänglich war das weitläufige unterirdische Tunnelsystem, das die einzelnen Klinikgebäude miteinander verband – mehr als fünfzehn Kilometer Gänge unter der Erde, die das gesamte Neuenheimer Feld durchzogen. Selbst unter dem Neckar hindurch verlief ein Tunnel, bis zum Altklinikum auf der anderen Seite des Flusses.

In den grau betonierten und mit Neonlicht ausgeleuchteten Gängen war eine automatische Warentransportanlage installiert, Roboterwagen, die wie von Geisterhand gelenkt von den Klinikgebäuden zur Versorgungseinheit und zurück fuhren. Begegnete man zum ersten Mal diesen herrenlosen Wagen mit unbekannter Fracht und unbekanntem Ziel, wie sie aus dem Nichts kamen und wieder in den Tiefen des Tunnelsystems verschwanden, erschien die Szenerie gespenstisch. Im Grunde war diese Art des Transports jedoch das einzig Vernünftige, und die Zentralwäscherei war ein wichtiger Dreh- und Angelpunkt. Täglich waren über tausend Container unterwegs, Rushhour unter der Erde, unbemerkt von Patienten und Besuchern, eine Parallelwelt im Verborgenen.

Fred Hartung war Herr über Millionen Liter Wasser, nicht im Sinne eines Wäschereileiters, sondern als ein Wissender. Es faszinierte ihn, wie das Wasser durch die Maschinen flutete, er zähmte dieses Element und nutzte es.

Das Wasser floss nicht da, wo Platz für es war, sondern da, wo er wollte, dass es floss – in den Stahltrommeln sich immerfort drehender Maschinen. Es floss im Winter anders als im Sommer, am Tag anders als in der Nacht. Manchmal hatte er das Gefühl, dass es mit ihm sprach, das Millionen Jahre alte Wasser, das immer neu war und doch immer das gleiche.

Wahrscheinlich war das die einzige Arbeit, die er überhaupt tun konnte, bei der er keinen unüberwindbaren Widerwillen empfand. Die Wäscherei war eine Art zweites Zuhause für ihn geworden, er gebrauchte den Begriff gern für sich in seinem Kopf. Dabei hatte er gar kein erstes Zuhause.

Er war mit der Mutter oft umgezogen. Einmal hatten sie bei einem Mann mit fremd klingendem Namen in einer großen Stadt gewohnt, für ein paar Monate oder Jahre, er konnte sich nicht genau erinnern. Er hatte den Mann nicht verstanden, seine Sprache nicht gekonnt. Wenn der Mann geschrien hatte, war er weggelaufen. Die Mutter hatte oft in dem kleinen türkis gekachelten Badezimmer gestanden und ihr Gesicht gekühlt. »Ich habe mich gestoßen, Fred. Wasser hilft.«

Wenn er sagte, dass er wegwollte, schimpfte sie mit ihm. »Sei still, du undankbares Balg, sorge ich etwa nicht gut für dich? Geh doch, wenn es dir woanders besser gefällt.«

Mit sechzehn war er gegangen, er hatte die Mutter seitdem nicht mehr gesehen.

Wenn es ihm besser ging, so wie heute, tauchten ein paar Bilder aus seiner Vergangenheit auf, die sonst nicht da waren, aber sie machten ihm nicht viel aus, er konnte sich die Dinge vor seinem geistigen Auge ansehen und empfand fast nichts dabei. Es war wie bei einem Film.

Es half einfach nichts. Wenn etwas im Kopf war und man immer daran dachte, immerzu, und das Verlangen danach und gleichzeitig die Furcht davor einen auf Schritt und Tritt begleiteten, Löcher ins Gehirn fraßen, keinen Platz mehr ließen für andere Gedanken, dann musste man es irgendwann tun.

In seinem Kopf war es ohnehin längst passiert, die Szenen hatten sich schon hundertmal abgespielt, es war bereits eine Art von Realität geworden, die Grenze zwischen dem gedachten und dem vollzogenen Tun war längst verwischt. Der Unterschied lag nur darin, dass die Gedanken nicht die Erlösung bringen konnten, nur das Handeln konnte das, nur die tatsächlichen Dinge, Fühlen, Riechen, Schmecken, das Spüren der eigenen Kraft, das Bestimmenkönnen, der Vollzug.

Fred Hartung betrat den Eingangsbereich des Versorgungszentrums und ging die Treppe hinunter. Hinter einer Brandschutztür betrat er die Umkleideräume der Mitarbeiter. Er nahm seine Arbeitskleidung aus dem grauen Metallspind und zog sich um, schlüpfte in eine Uniform, die des Herrn über das Wasser.

»Morgen, Freddy. Alles klar?«, begrüßte ihn ein Kollege, der in den Umkleideraum kam.

»Morgen, Dario. Ja, alles bestens. Endlich hat's mal aufgehört zu regnen …«

Der Kollege lachte. »Dann kann der Sommer ja doch noch kommen.«

»Allzeit bereit zu kommen.« Fred lachte mit.

»Aber viel zu tun im Moment, was? Ordentlich OP-Wäsche aus der Chirurgie …«

»Wie immer, die Motorradfahrer. Was will man machen, jedes Jahr das Gleiche.« Fred deutete ein Kopfschütteln an, sein Mitgefühl hielt sich in Grenzen. Er schloss seinen Spind ab und ging mit einem kurzen »Bis gleich« an seinem Kollegen vorbei, hinaus in den Gang, der zu dem großen Arbeitsraum der Wäscherei führte. Heute wird das Wasser schön fließen, kraftvoll und rund, dachte er.

Er öffnete die Brandschutztür und betrat den Raum. Hier war es feucht und warm, er nahm den vertrauten Geruch von Sauberkeit wahr, auch wenn die Luft ein wenig dumpf erschien, gesättigt mit Wasserdampf und angereichert mit Wasch- und Desinfektionsmittel.

Das Brummen der Waschmaschinen war ein beruhigendes Geräusch, es wurde gearbeitet, es ging voran, die Trommeln drehten sich, die Welt drehte sich. Die helle Neonbeleuchtung an der Decke sorgte sommers wie winters für das gleiche Licht, von den grauen Bodenfliesen ragten karminrot gestrichene Stützpfeiler auf, ein wenig wie Soldaten oder übergroße Aufseher. Die Wäsche wurde auf nahezu meerblauen fließbandartigen Maschinen gemangelt, gefaltet, transportiert, Förderbänder der Sauberkeit, unrein kam sie an, und rein verließ sie den Raum wieder.

Fred Hartung ging an den Mitarbeiterinnen vorbei, die für das Vorsortieren und Kennzeichnen zuständig waren, Verwechslungen mussten vermieden werden, außerdem musste eine Eingangskontrolle der Wäsche erfolgen. Das waren Vorarbeiten, mit denen er nichts mehr zu tun hatte, er musste nicht mehr blutige Laken kennzeichnen, nach vergessenen Gegenständen in Kitteltaschen tasten oder festgeklebte Fleischreste aus OP-Tüchern entfernen. Seiner Verantwortung oblag der eigentliche Waschgang: vorwaschen, klarwaschen, spülen, schleudern. Er übernahm den wichtigsten Arbeitsschritt, während die anderen Kollegen ihm entweder zuarbeiteten oder er seine Wäsche an sie weiterdelegierte zum Mangeln, Pressen oder Bügeln. Dann kam der Ausgabebereich, von wo aus die sauberen Wäschestücke auf ihre unterirdische Reise durch die kilometerlangen Tunnel geschickt wurden.

Hin und wieder kam es vor, dass bei der Ausgangskontrolle Stücke beanstandet wurden und zu ihm zurückkamen. Die Wichtigtuerin bei der Qualitätskontrolle war ihm unsympathisch, was konnte er dafür, wenn das Blut übers Wochenende eintrocknete und braune Ränder blieben? Er konnte die Fett- und Eiweißlöser nicht zu hoch dosieren, immerhin gab es Vorschriften. Aber davon hatte diese Kuh vermutlich noch nichts gehört.

Fred Hartung machte sich an die Arbeit, vierzehntausend Kilo pro Tag … das Wasser und er hatten viel zu tun.

***

Es sah aus wie Salvador Dalís »Brennende Giraffe«. Wie er da hing, an diesem Baum, surreal, die Proportionen verzerrt. Die

Zunge quoll aus seinem Mund wie eine der aufgezogenen Schubladen, die auf Dalís Gemälde aus Brust und Bein der Figur ragten, die er »Steißbeinfrau« genannt hatte. Sie symbolisierten das Unterbewusstsein, aus jeder unserer Schubladen steigen fremdartige, narzisstische Gerüche auf.

Die bläuliche Zunge aber bedeutete etwas anderes: das Ende jeglichen Schaffens, Wollens und Tuns.

Der Kopf war leicht zur Seite geneigt, wie häufig bei Erhängten, der Rest des Körpers war gerade, die Arme hingen seitlich links und rechts des Torsos, die Hände in einer scheinbar natürlichen, entspannten Form, die Beine parallel nebeneinander. Es sah aus, als stünde der Mann in der Luft, als könne er etwas, das alle anderen nicht konnten, etwas Überirdisches.

Dieses Schweben in aufrechter Körperhaltung, das Klara schon ein paarmal gesehen hatte, rief bei ihr eine merkwürdige Traurigkeit hervor. Diese Toten erinnerten sie an Engel, sie schienen nicht richtig tot zu sein, bis man sie abschnitt und sie am Boden lagen.

Klara war kalt, es war sieben Uhr am Morgen, sie hatte ohnehin schlecht geschlafen, die Durchsuchung der Wohnung von Dennis Scharf hatte bis zehn Uhr abends gedauert und wenig Neues gebracht. Keine konkreten Anhaltspunkte, wo er sich gerade aufhielt, nichts, was als das gesuchte Drosselwerkzeug in Frage kam, keine auffälligen Notizen oder Nachrichten, keine Indizien für den Mord an Susanne Scheidt.

Nach der Durchsuchung waren alle ihres Weges gegangen, Harald zu Rosi und dem kalten Kasseler, Conrad nach Hause zu Frau und drei halbwüchsigen Kindern, Klara in ihre verlassene Wohnung, in der sie ihre Tochter noch mehr vermisst hatte als sonst, und Sebastian irgendwohin. Sein Angebot, noch zusammen ein Bier trinken zu gehen, um diesen sonderbaren Tag abtropfen zu lassen, hatte Klara abgelehnt. Vielleicht wollte er nicht allein sein, aber sie wollte es. Außer Josephine hatte sie niemanden mehr sehen wollen.

Und dann hatte heute Morgen um zwanzig nach sechs das Telefon geklingelt und sie aus einem wirren Traum gerissen, wie man ihn frühmorgens an der Grenze zwischen Tag und Nacht träumt. Die unangenehm laute Stimme eines Kollegen in einem breiten Mannheimer Dialekt hatte sie vom Halbschlaf ins Wachsein katapultiert. Ein Toter hing am Baum, irgendwo im Heidelberger Forst, zwischen dem Bierhelderhofweg und dem Gaiberger Weg, südöstlich des Bergfriedhofs. Ein Orthopäde, der hier noch vor seinem arbeitsreichen Tag eine Joggingrunde gedreht hatte, hatte einen auffälligen Geruch wahrgenommen und sich abseits des Waldweges begeben. Seine Nase hatte ihn nicht getäuscht. Er hatte die Polizei alarmiert und jegliche Wiederbelebungsversuche aus nachvollziehbaren Gründen unterlassen.

Nun stand Klara hier, zusammen mit zwei jungen Streifenpolizisten, denen dieser Anblick am Ende ihrer Nachtschicht vermutlich den wohlverdienten Schlaf ruinieren würde, den sie jetzt eigentlich nachholen wollten. Klaras Wohnung in der Heidelberger Weststadt lag nicht allzu weit vom Fundort der Leiche entfernt, sie war schnell da gewesen.

Sebastian brauchte von der anderen Neckarseite aus länger – sofern man ihn überhaupt erreicht hatte. Die Spurensicherung und jemand aus der Rechtsmedizin mussten gleich eintreffen.

Der Orthopäde stand immer noch mit verschränkten Armen an einem Baumstamm, er hatte bereits seine Kontaktdaten hinterlassen und eine Aussage bei einem der Beamten gemacht. Nun wollte er offenbar endlich nach Hause.

»Entschuldigen Sie, ab halb acht habe ich das Wartezimmer voller Patienten. Sie können mich jederzeit erreichen, wenn Sie noch Fragen haben, aber ich muss jetzt wirklich los.«

»In Ordnung«, meinte Klara. »Aber eventuell benötigen wir Faserproben der Kleidung, die Sie gerade tragen, um sie mit gefundenen Spuren abzugleichen. Bitte bewahren Sie die Sachen in einem Plastikbeutel auf, wir melden uns bei Ihnen.«

»Ja, natürlich.« Der Mann schüttelte seine klamm gewordenen Beine aus. »Wenn ich sonst noch etwas für Sie tun kann, jederzeit gern.« Er lächelte Klara erwartungsvoll an. Als sich auf dem Gesicht der Ermittlerin nichts regte, trabte er schließlich davon.

Klara spürte den weichen Waldboden unter ihren Turnschuhen, das Gezwitscher der Vögel wirkte so laut an diesem Morgen, die Bäume waren so grün und frisch, die Natur war so unbeeindruckt von der Tatsache, dass da ein Toter hing. Hier lag ein toter Hase, dort eine tote Maus, und drüben war eben ein toter Mensch, was machte es für einen Unterschied? Die Natur nahm alles in ihren großen Kreislauf auf und beseitigte es. Erde zu Erde.

Der Tote war noch jung, er trug Jeans und T-Shirt, der rechte Unterarm war auffallend tätowiert, ein stilisierter Panther mit gelben Augen, darüber eine Rose. Der Mann hatte einen sportlichen Körper, hellbraunes Haar und einen Dreitagebart – die Ähnlichkeit mit Sebastian war unverkennbar. Aber vielleicht gab es ja Zufälle.

Das Hanfseil, das sich um seinen Hals zog, hatte eine deutliche Strangfurche hinterlassen, der Knoten befand sich oberhalb des Nackens. Es schien ein klassisch gewickelter Henkersknoten zu sein, fünf, sechs Mal gewickelt. Das Seil verlief durch die Astgabelung einer Buche, die gleichgültig den menschlichen Ballast trug.

Etwa einen halben Meter von den in der Luft baumelnden Füßen des Toten entfernt lag eine umgekippte Weinkiste auf dem Waldboden. Auf der oberen der beiden Holzlatten stand in schwarzer Schrift: »Wein schenkt Freude«.

Klara kannte diese Holzkisten, in denen fünfzehn Flaschen Platz fanden, fünfzehn Flaschen guter trockener Riesling. Auf anderen dieser Kisten stand »Wein vergoldet jeden Tag« oder »Wein aus deutschen Landen«, wobei man sich fragen konnte, was »deutsche Lande« waren.

Der Mann war also mit Strick und Kiste in den Wald gegangen, um sich umzubringen. Warum? Hinter sich vernahm Klara das Geräusch von knackenden Ästen.

»Morgen, Klara.« Die vertraute Altstimme von Monika Hansen klang zu ihr herüber. »Wer hätte gedacht, dass wir uns so bald schon wiedersehen?«

»Hallo, Monika.« Klara nickte der Rechtsmedizinerin zu, die bereits mit einem weißen Schutzanzug bekleidet war und zu dem Erhängten aufblickte.

»Habt ihr schon Hinweise auf seine Identität?«

Klara zuckte mit den Achseln. »Nichts Konkretes. Aber der Freund von Susanne Scheidt ist zur Fahndung ausgeschrieben, und optisch scheint es da Parallelen zu dem Toten zu geben.«

»Selbstmord nach Mord?« Monika Hansen hob fragend die Augenbrauen.

»Möglich.«

»Conrad wird sich freuen. Ein schnelles Ermittlungsergebnis.« Die Pathologin nahm ein Diktiergerät aus der Seitentasche ihres Overalls und begann, erste Stichpunkte über die Fundstelle des Toten daraufzusprechen.

Die Kollegen von der Spurensicherung waren ebenfalls eingetroffen, plötzlich interessierten sich so viele Menschen für das vormals ruhige Waldstück. Aber nach nicht allzu langer Zeit wären alle wieder fort, hätten auch den Hängenden mitgenommen und alles wäre wieder still. Eine kleine Episode, für die hundert Jahre alten Bäume kaum mehr als ein Blätterrauschen.

Die Kriminaltechniker begannen mit der Arbeit: die akribische Suche nach Fußspuren, nach Fasern an Zweigen, nach Fundstücken wie Zigarettenstummeln oder Ähnlichem. Abgeknickte Äste oder gedrückter Pflanzenbewuchs konnten die Richtung anzeigen, aus der eine Person gekommen war, und dabei galt es herauszufinden, ob nur eine Person gekommen war.

Die weiß beanzugten Männer bewegten sich vorsichtig um den Fundort herum. Klara kam die Szenerie in diesem Moment wie ein groteskes Schauspiel vor, merkwürdig bekleidete Stammesangehörige tanzten in langsamen rituellen Bewegungen um eine engelsgleich schwebende Leiche. Dazu der Tatortfotograf, der fast erschien wie ein Tourist, der das Ganze auf Bildern festhalten wollte.

Klara musste sich abwenden und sah hinauf zu den Baumkronen des Mischwaldes, durch die Stücke des Himmels schienen wie kleine Mosaiksteine. Dann wandte sie sich wieder an Monika Hansen. »Was denkst du, wie lange ist er schon tot?«

»Kann ich erst sagen, wenn ich ihn untersucht habe, aber ich schätze, zwei bis drei Tage.«

Die Kriminaltechniker signalisierten, dass die Leiche nun abgenommen werden konnte. Einer der beiden Streifenbeamten stieg auf einen mitgebrachten Metallkoffer der Spurensicherung und durchtrennte den Strick. Gerade kam es Klara vor wie das Gegenteil zum Durchtrennen der Nabelschnur. Der Anfang und das Ende.

Der Körper des Toten sackte dumpf auf die unter ihm ausgebreitete Folie. Er war nicht mehr steif, die Leichenstarre hatte sich bereits wieder gelöst.

Monika Hansen trat heran, ging in die Hocke und begann mit der Leichenschau.

»Männliche Person, circa fünfundzwanzig bis dreißig Jahre alt, circa einen Meter fünfundachtzig groß, schlank. Deutlich ausgeprägte Totenflecke, kaum verschiebbar, ausgeprägte Strangmarke mit Rötungen oberhalb und unterhalb der Furche, Totenstarre gelöst, Autolyse weit fortgeschritten …«

Die äußere Untersuchung des Toten folgte einem bestimmten Schema, ebenso wie die Obduktion, auf die man in diesem Fall wohl kaum verzichten konnte. Monika Hansen diktierte ihre ersten Befunde in das kleine schwarze Gerät in ihrer linken Hand. Dann wandte sie sich an Klara.

»Kannst du mir helfen, ihn ein Stück zu drehen, eventuell finden wir was in den Hosentaschen, das ihn identifizieren kann.«

Klara kam ein Stück näher heran, der Verwesungsgeruch schnitt in ihre Nase, schon wieder. Sie drückte die eine Seite des Toten etwas nach oben, Monika Hansen tastete in den hinteren Taschen seiner Jeans und förderte ein Portemonnaie und ein Handy zutage.

»Wer sagt's denn …«

Das Telefon wanderte in einen Plastikbeutel, den ein Kriminaltechniker mitnahm, die Geldbörse reichte sie Klara. »Schau mal, ob er einen Ausweis dabeihat.«

Klara klappte das Etui aus braunem abgegriffenem Leder auf. In einem Sichtfach waren Führerschein, Fahrzeugschein und Personalausweis hintereinander einsortiert. Sie nahm die Dokumente heraus und sah sie sich an – alle waren ausgestellt auf den Namen Dennis Scharf. Es gab also doch keine Zufälle.

»Offenbar ist es der Freund von Susanne Scheidt«, sagte Klara.

In ihrem herben Charme deutete Monika Hansen ein Lächeln an. »Na, dann fehlen nur noch ein Geständnis und ein Abschiedsbrief, und euer Wochenende ist gerettet.«

»Hm. Wir waren gestern Abend in seiner Wohnung. Dort lag jedenfalls nichts.«

»Schade. In seinen Taschen ist auch nichts mehr.« Die Pathologin setzte ihre Arbeit fort und begann, die Leiche auf äußere Verletzungen hin zu untersuchen.

Klara beobachtete sie dabei, trat noch ein Stück näher an den Baum heran und befühlte den glatten Stamm, strich mit den Fingerspitzen über die Borke. Und plötzlich sah sie vor ihrem geistigen Auge einen kleinen Jungen, wie in einem Filmausschnitt, er lief durch den Wald, trug Jeans und T-Shirt, sein Gesicht war ängstlich, ein Gewitter zog auf. Die Buchen musst du suchen.

»Morgen.« Eine vertraute Stimme holte Klara in die Realität zurück. Sie drehte sich zur Seite und sah Sebastian, der sich bis auf wenige Meter dem Leichenfundort genähert hatte.

»Ah, Morgen, Sebastian, ausgeschlafen?« Monika Hansen konnte sich den Seitenhieb nicht verkneifen.

Unbeeindruckt stapfte Sebastian durch das Laub und die kleineren Zweige auf dem Waldboden näher heran. »Entschuldige, liebe Monika, ich komme aus Neuenheim, das dauert ein paar Minuten länger.«

Monika Hansen verzog einen Mundwinkel. »Echt?« Sie lebte ebenfalls in dem beliebten Stadtteil auf der anderen Neckarseite.

Sebastians Blick ging zu dem Toten, Klara hörte ihren Kollegen tiefer einatmen.

»Wer ist es?«

»Offenbar Dennis Scharf.«

Noch einmal atmete Sebastian hörbar ein. »Selbstmord?«

»Sieht im Moment danach aus.« Monika Hansen bewegte Arme und Beine des Toten, um mögliche Brüche festzustellen. »Aber nach der Obduktion wissen wir es konkret.«

Auf dem schmalen Waldweg unterhalb der Fundstelle kam ein

weiterer Wagen angefahren, der lange dunkle Kombi der Bestattungsfirma. Klara sah, wie zwei junge Männer ausstiegen, um das Auto herumgingen und einen Zinksarg aus dem Kofferraum zogen. Es waren dieselben Männer wie gestern.

Jetzt kommt eine blöde Bemerkung, dachte Klara. Und das alles vor dem ersten Kaffee.

Die Bestatter kamen mit dem Sarg heran, einer vorn, einer hinten. In schwarzen Anzügen, weißen Hemden und feinen Schuhen lavierten sie sich durch das Geäst.

»Morgen.« Der vordere Mann sah zu Klara. Dann verzog sich sein Mund zu einem breiten Grinsen. »Ach. Beim dritten Mal geben Sie aber einen aus, wa?«

Klara verschränkte die Arme vor der Brust und drehte sich weg. Die Weinkiste stand ja schon da.

***

Mehrere Stunden später wärmte Klara ihre Hände an ihrem mittlerweile dritten Kaffee, sie mochte das Gefühl, etwas Warmes in der Hand zu halten, auch im Sommer. Das Fenster des Büros im Polizeirevier stand offen, und draußen begann der Wochenendverkehr, aber auch der fiel in Heidelberg gemächlicher aus als in anderen Städten. Es war fast unschicklich, wenn jemand hupte.

Klara saß am Schreibtisch, sah wieder auf die gestreiften Markisen der Alten Glockengießerei gegenüber und fühlte sich erschöpft. Außerdem hatte sie Sehnsucht nach ihrer Tochter. Heute würde sie sie vom Kindergarten abholen, und wenn sich eine dritte Leiche quer über ihren Weg legte.

Es hatte sie berührt, Dennis Scharf an diesem Baum hängen zu sehen, einen jungen Mann, noch am Anfang seines Lebens. Es hatte sie berührt, Sebastians Ebenbild dort hängen zu sehen, so als habe sie eine Vorschau bekommen auf etwas, das sie nicht wissen wollte: wie der Mann, in den sie sich verliebt hatte, tot aussah, entstellt, mit blau verquollener Zunge, die Augen gebrochen.

Der noch lebende Sebastian saß ihr nun gegenüber, tippte einen Bericht in seinen Computer und blickte hin und wieder zu ihr, um Formulierungen abzustimmen. Wenn er sie ansah, konnte sie die aufsteigenden Bilder nicht zurückhalten, erst seine verwesende Ex-Geliebte und dann sein erhängtes Ebenbild, es war wie ein Todespaar. Es war zu viel Tod, und er hatte ihr Innerstes berührt.

Das Telefon klingelte, Klara sah Monika Hansens Namen auf dem Display und hob ab. Gleichzeitig stellte sie das Gerät auf laut. »Hallo, Monika, seid ihr weitergekommen?«

»Sind wir. Was wollt ihr zuerst, Dennis Scharf oder die Analyseergebnisse für Susanne Scheidt?«

»Susanne Scheidt.«

»Okay. Also, wir haben keine Rückstände von Medikamenten oder Drogen gefunden. Der Inhalt von Magen und Dünndarm war nicht umfangreich, Kohlehydrate, Fruktose, denkbar ist zum Beispiel ein Stück Obstkuchen zwei, drei Stunden vor ihrem Tod. Kein Fleisch, keine relevanten Mengen an tierischem Eiweiß.«

Klara sah zu Sebastian hinüber, sie hatte ihm von dem Fleischrest unter dem Teller in der Spüle erzählt.

»Was euch noch interessieren wird«, sprach Monika Hansen weiter, »die histologische Untersuchung hat Latexspuren feststellen können. Es fand also offenbar relativ kurz vor Frau Scheidts Tod Geschlechtsverkehr mit Kondom statt.«

»Ah.« Klara malte kleine Kreise auf den Notizblock vor ihr, eine Angewohnheit. Manchmal bekamen die Kreise Strahlen und wurden zu Sonnen.

»Also ohne Kondom etwas weiter zurückliegend, daher die Spermien in der Gebärmutter, und dann zu einem späteren Zeitpunkt mit Kondom?«

»So ungefähr.«

»Hm.« Klara nahm aus den Augenwinkeln wahr, wie sich Sebastian am Ohrläppchen rieb. Mit einer gewissen Wahrscheinlichkeit waren also mindestens zwei Männer im Spiel. »Und was gibt's zu Dennis Scharf?«, fragte sie.

»Den Todeszeitpunkt würde ich auf Dienstagabend eingrenzen«, antwortete Monika Hansen, »also etwa einen Tag nach dem Mord an Susanne Scheidt. Bei Herrn Scharf gibt es keine Zeichen äußerer Gewalteinwirkung, bislang nichts, was gegen eine Selbsttötung spricht. Wie ihr wisst, kann man anhand der Einblutungen, vor allem um die Strangmarke am Hals herum, ganz gut unterscheiden, ob ein lebender oder ein bereits toter Mensch erhängt wurde. Auch wenn das je nach Zustand der Leiche nicht immer hundert Prozent eindeutig ist.«

Monika Hansen machte eine Pause und ergänzte dann: »Dennis Scharf scheint vor der Strangulation noch gelebt zu haben.«

»Verstehe.« Klara malte ein paar Kreise zu Sonnen. »Und die Toxikologie?«

»Wir sind dran. Wir überprüfen Drogen, Medikamente, Gifte …«

»Alkohol?«, fragte Klara.

»Den haben wir ja durch die einsetzenden Fäulnisprozesse in jeder Leiche, die so lange hängt. Das ist wie bei überreifem Obst.«

Klara zog die Mundwinkel ein Stück nach unten, und Monika Hansen fuhr fort. »Wir analysieren auch, ob Dennis Scharf der Vater von Susanne Scheidts Kind war und ob die bei ihr gesicherten Spermien von ihm stammen. Ich gebe euch baldmöglichst Bescheid.«

»Okay, danke, Monika.« Klara legte auf und sah nachdenklich zu Sebastian. »Wenn die bei der Toxikologie nichts finden, gibt es keinen Anhaltspunkt für ein Verbrechen.«

»Wobei wir dann immer noch nicht notwendigerweise den Mörder haben. Selbstmord ist kein Geständnis, und ein übers Handy verschicktes Gedicht auch nicht.«

»So ist es.« Fast alle Kreise waren schon zu kleinen Sonnen geworden, jetzt verband Klara sie miteinander, geschlängelte Linien durchzogen ein Sonnenuniversum.

»Was war sie für ein Mensch?« Die Frage kam aus ihrem Mund, noch bevor sie richtig darüber nachgedacht hatte. Sie konnte nicht sagen, ob es ein berufliches oder ein privates Interesse war. Wahrscheinlich beides.

Sebastian sah vor sich auf die Schreibtischplatte, er schien ein paar Notizzettel zu fixieren oder den Locher schräg daneben. »Ich weiß es gar nicht. Ich habe sie ja nicht wirklich gekannt. Es war *ein* Abend …«, sagte er.

»Aber du musst dich doch mit ihr unterhalten haben.«

Sebastian hob die Schultern, er schwieg.

Noch nicht einmal unterhalten? Klara sah aus dem Fenster, irgendwie war das hier dünnes Eis.

»Na ja, sie war hübsch und ganz süß … und eben unkompliziert.«

Was soll das denn bedeuten?, fragte sich Klara. War sie etwa kompliziert?

»Wart ihr bei ihr zu Hause?«

»Nein.«

»Bei dir?«

Sebastian schüttelte den Kopf.

Kaum sichtbar hob Klara die linke Augenbraue. Im Auto, auf dem Parkplatz, im Freien? Doch hier endete mit Sicherheit das berufliche Interesse.

»Sie hat mir ihre Handynummer gegeben, aber ich habe nicht mehr angerufen.«

»Warum nicht?« Auch die Frage war schon jenseits dessen, was sie als Ermittlerin interessieren sollte.

»Weil ich es eigentlich gar nicht gewollt hatte. Es ist einfach so … passiert«, sagte Sebastian leise.

»Hat sie denn von anderen Männern gesprochen, unangenehmen Ex-Freunden, Affären?« Das wiederum konnte man unter beruflichem Interesse verbuchen.

Sebastian zuckte mit den Achseln. »Nein. Gesprochen haben wir ja nicht so viel.«

Ach ja, richtig, dachte Klara, Konversation war ja eher nebensächlich gewesen.

»Ich habe sie in einem Club kennengelernt, wir haben was getrunken, na ja, so was halt. Es war auch viel zu laut zum Reden.«

»Das ist natürlich ein Argument«, murmelte Klara vor sich hin und dachte: Später muss man dann damit auch nicht mehr anfangen.

»Wollte sie Kinder?« Klara erschrak, die Frage war nun wirklich daneben, sie war ihr einfach herausgerutscht.

Sebastian hob den Kopf. »Von mir jedenfalls nicht. Ich weiß wirklich nichts über ihre Lebenspläne.« Er sah direkt in Klaras Augen. »Und sie wusste über meine auch nichts. Falls ich überhaupt welche habe.«

Das war wahrscheinlich der Punkt. Lebenspläne. Vorhandene oder nicht vorhandene oder noch nicht vorhandene oder verschiedene. Oder was auch immer. Klara senkte den Blick und fragte sich, warum sich irgendwann immer der Wurm der Kompliziertheit einschlich. Die Sache mit der Verpuppung war in Wirklichkeit genau umgekehrt: Nicht die Raupe wurde zum freien, unbeschwerten Schmetterling, sondern der Schmetterling der ersten Verliebtheit verschwand irgendwann in einem Kokon.

Aber wenn sie jetzt schon mal dabei war, wollte sie es auch genau wissen. Wie lange war »lange her«?

»Wann hast du Susanne getroffen?«

Sebastian starrte wieder auf die Schreibtischplatte. Er schwieg. Eine Sekunde nach der anderen.

»Waren wir schon … zusammen?«, fragte Klara.

Ein paar dunkelgrüne Augen hoben sich, unsicher und traurig. Immer noch lag Schweigen im Raum. Dann hörte Klara ein gemurmeltes »Nicht so richtig«.

Für einen Moment vergaß sie zu atmen. »Nicht so richtig?«

Sebastian rieb sich mit der flachen Hand durchs Gesicht, in dem jetzt ein gequälter Ausdruck lag. »Es war ganz am Anfang, und wie du dich vielleicht erinnerst, warst du dir deiner Sache nicht sicher und hast mehr als einmal gemeint, dass das alles nicht ginge, im Dienst Kollegen und privat ein Paar. Es hat mich irgendwie verletzt, dass du dir so unsicher warst.«

Ach, und das ist dann ein Grund, mit einer anderen ins Bett zu steigen? Klara war empört. Sie hatte das Gefühl, als würde ihr der Boden unter den Füßen weggezogen.

»Aber *du* warst dir sicher, was?« Sie konnte den Vorwurf in ihrer Stimme nicht zurückhalten.

Erneut schwieg Sebastian. Dann sagte er: »Ja, war ich.«

Scheiße, dachte Klara. Sie fühlte sich, als sei etwas in ihr zersprungen.

Ein Klopfen am Türrahmen durchbrach die Stille. Die Bürotüren im Revier standen meist offen, und die Kollegen hatten es sich angewöhnt, an den Rahmen zu klopfen. Ein merkwürdiges Zwischending, das Büro war kein privater Raum, aber einfach unangekündigt hineinkommen wollte man auch nicht.

Es war Harald. In seiner sehnigen Hand hielt er eine blaue Kaffeetasse, auf der in weißer Schrift »Rosi« stand. Nachdem er jahrelang mit einer »Daniela«-Tasse unbekannter Herkunft herumgelaufen war, hatte ihm Klara diese vom letzten Heidelberger Weihnachtsmarkt mitgebracht.

Harald ließ seinen Blick zwischen Klara und Sebastian hin- und herwandern. »Ist was?«, fragte er. »Ihr seht aus wie begossene Pudel.«

»Nee, alles okay«, antwortete Sebastian schnell. »Gibt's was Neues?«

»Ich habe gerade mit einem Kollegen von der Kriminaltechnik gesprochen.« Harald trat heran, nahm auf einem dritten Bürostuhl Platz und stellte die Tasse mit schwarzem Kaffee ab. »Sieht so aus, als ob es was wird mit dem Eishockey am Wochenende. Und ihr könnt mit Josephine ins Schwimmbad.«

Klara sah auf den hellgrauen Bodenbelag, Harald hatte »ihr« und »du« verwechselt.

»Die Techniker haben das Handy von Dennis Scharf untersucht. Es war kein Zugangscode eingerichtet, insofern war es leicht, sich die gespeicherten Inhalte anzusehen.«

»Und?«

»Es gibt eine Notiz darauf, die lautet: ›Ich habe Susanne dorthin gebracht, wo ich immer mit ihr zusammen sein kann.‹«

»Was?«, fragte Klara ungläubig. »Ein Geständnis als Handynotiz?«

Harald zuckte mit den Achseln. »Sieht so aus. Die Jugend von heute. Selbst die Abschiedsbriefe gibt's nicht mehr auf Papier.«

»Aber wenn das Handy nicht durch einen Zugangscode gesichert war, kann jeder so etwas eintippen.«

»Theoretisch ja, aber praktisch …? Wenn alles auf Selbstmord hindeutet, ergibt es kaum einen Sinn, einen anderen Verfasser anzunehmen als Dennis Scharf.«

»Stimmt«, meinte Sebastian. »Und da Susanne offenbar noch etwas mit einem anderen Mann hatte und möglicherweise sogar von ihm schwanger war, gab es für Dennis auch ein Motiv. Was sagt Conrad?«

»Der freut sich. Wobei er sich noch zurückhält, bis wir aus der Rechtsmedizin wissen, dass man Dennis Scharf nicht betäubt oder bewusstlos an den Baum gehängt hat.« Harald drehte die »Rosi«-Tasse hin und her.

Also doch, dachte Klara. Selbstmord nach Mord. Zwei junge Menschen waren sinnlos gestorben. Als hätte es in ein paar Jahren noch eine große Rolle gespielt, wann welche Beziehung auseinandergegangen war. Der riesige Schwamm der Zeit verwischte jede Dramatik. Aber offenbar hatte Dennis Susanne sehr geliebt, für ihn war die Sache wohl wichtig gewesen. Lebenswichtig. Warum er selbst dann angeblich fremdgegangen war, blieb dahingestellt.

Klara sah auf ihre Uhr. »Ich muss los, Josi wartet. Ruft mich an, wenn ihr die Ergebnisse aus der Rechtsmedizin habt.« Sie griff nach ihrer Tasche und verließ mit einem »Tschüss dann« das Büro.

Draußen angekommen, war sie froh über die frische Luft. Sie hatte Sebastian nicht länger gegenübersitzen wollen, gerade wollte sie das am liebsten gar nicht mehr – und sie wollte auch nicht darüber nachdenken, wie es nun weiterging. Das, was sie eben über Susanne und ihn erfahren hatte, brannte in ihr wie Salz in einer Wunde. Doch womöglich war es auch das Brennen von Jod, ein heftiger Schmerz, aber einer, der klärte und desinfizierte, und danach konnte die Wunde heilen.

Klara stieg auf ihr Fahrrad. Sie hatte es ja die ganze Zeit schon geahnt. Sich in einen Frauenhelden wie Sebastian zu verlieben war emotionales Harakiri. Sie würde das alles erst einmal in den hintersten Winkel ihres Gehirns verbannen, jetzt wollte sie für ihre Tochter da sein. Durch ihre Verletztheit hindurch spürte sie die Freude auf ein Wochenende mit Josephine aufkommen. Außerdem schien ein Fall gelöst zu sein. Der Rest fand sich. So oder so.

***

Josephines Kindergarten lag nur etwa fünf Minuten von ihrer Dienststelle entfernt. Eilig fuhr Klara in Richtung Weststadt. Auf den Fahrradwegen herrschte ebenfalls Feierabendverkehr, und oft kam ihr Radfahren in dieser Stadt gefährlicher vor als Autofahren.

Zusammen mit einer Horde Fußgänger überquerte Klara an einer Ampel eine zweispurige Straße, die aus der Stadt hinausführte, dann zwei Straßenbahnschienen und wieder zwei Fahrbahnen, auf denen sich der Verkehr stadteinwärts bewegte. Danach wurde es ruhiger, die Weststadt begann. Sie bog noch einmal ab und hielt ein paar hundert Meter später vor der Kita.

Nachdem sie zwei Stockwerke hochgelaufen war, kam sie zu den Räumen der Tiger-Gruppe. Nahezu selbstverständlich hießen heutzutage Kindergartengruppen nach Tieren: Mäuse, Katzen, Bären, Schmetterlinge, Kängurus ... Solange Schweine, Kühe und Schafe ausgespart wurden, schienen alle damit zurechtzukommen.

Josephine saß an einem der kleinen Tische und malte. Als sie ihre Mutter sah, kam sie auf sie zugelaufen, ihre graugrünen Augen strahlten, ihr rotbraunes Haar war zu einem hohen Zopf gebunden, der hin- und herwippte. Sie war ein fröhliches, temperamentvolles Kind, und Klara wunderte sich manchmal, wie viele Dinge sie mit ihren fünf Jahren schon begriff.

Wie fast immer trug Josephine Jeans und ein bedrucktes T-Shirt, heute war »Nirvana« dran, ein leicht zerknitterter gelber Smiley mit heraushängender Zunge auf schwarzem Grund. Jan zog seiner Tochter mit Vorliebe T-Shirts von Bands an, den Ramones, AC/DC, The Police, den Rolling Stones ... Ob das irgendeinen tieferen Sinn hatte, hatte Klara bislang nicht herausgefunden. Aber Josephine gefiel es.

»Hallo, mein Schatz. Na, alles klar?«

»Jaaa«, machte Josi und begann zu erzählen. »Weißt du, dass wir jetzt die Schultüten basteln?«

»Nein, ist nicht wahr. Willst du etwa schon in die Schule?« Klaras Stimme nahm einen erstaunten Ton an.

»Klar«, Josephine kicherte, »das weißt du doch, ich werd doch schon sechs.«

»Ach wirklich?« Über Klaras Gesicht huschte ein Lächeln. »Da müssen wir wohl eine Party machen.«

Mit wippendem Pferdeschwanz nickte Josi und zählte auf, wen sie einladen wollte. Nach ihren Kindergartenfreunden kamen noch Papa, Billie und Sebastian …

»Ja, Schatz, komm, zieh deine Schuhe an …« Klaras Hand strich sanft über das Haar ihrer Tochter. Wenn die Sonne darauffiel, schimmerte es wie dunkles Kupfer. Es passte zu Josephine, manchmal war sie ein Feuerkopf, eines ihrer ersten Wörter war »Nein« gewesen, und wenn sie nicht wollte, wollte sie nicht. Woher sie das nur hat, dachte Klara.

Ein paar Minuten später verließen beide die Kita und gingen nach Hause, vorbei an hübsch bepflanzten Vorgärten und schmucken Häusern aus der Gründerzeit. Die Weststadt gehörte zu den beliebtesten Wohnvierteln Heidelbergs, und die Mieten waren nah an der Schmerzgrenze. Aber Klara wollte nicht umziehen. Die Wohnung, in der sie bis vor zwei Jahren noch mit Jan gelebt hatten, war Josis Zuhause. Nach dem Abitur war Klara eine ganze Zeit lang spätestens alle anderthalb Jahre umgezogen, jetzt machte sie eine Pause damit. Kinder mussten Wurzeln schlagen können, und berufstätige Mütter brauchten kurze Wege.

Sie kamen zu dem weiß gestrichenen Haus, vor dem eine Linde stand. Im September hatte Klara hin und wieder einen kleinen Propeller mit den Lindensamen im Haar gehabt und es oft erst bemerkt, wenn er von Sebastian schmunzelnd herausgefischt worden war.

Josephine ließ die Hand ihrer Mutter los und lief vor bis zur Haustür. In letzter Zeit las sie jedes Mal die Klingelschilder, die Namen waren schon seit Jahren dieselben. Klara stellte ihr

Fahrrad in den Ständer hinter dem Haus, kam zu ihrer Tochter zurück und ging mit ihr zusammen die Treppe hinauf in den ersten Stock.

Die Wohnungstür knarzte ein bisschen, als Klara sie öffnete. Josephine flitzte durch den hellen Flur der Altbauwohnung in ihr Zimmer, kam nach kurzer Zeit mit einem Kinderbuch wieder und setzte sich ins Wohnzimmer. Klara hörte aus der Küche, wie sie laut las, noch stockend, aber sie hatte die Tür zum Universum der Buchstaben schon geöffnet. Es schien sie zu fesseln, dass sich zwischen zwei Buchdeckeln eigene Welten verbargen, die man sich selbst erschließen konnte, ohne Mama oder Papa.

Der Rest des Nachmittags verging mit Lesen, Kakaotrinken und Geschichtenerzählen. Klara genoss diese Stunden, gemächlich dahinfließende Zeit, in der nichts Besonderes passierte und gleichzeitig vielleicht das Besonderste überhaupt.

Nach dem Abendessen brachte sie Josephine ins Bett. Tage, die so endeten, waren gute Tage, zusammen mit Josi hier in ihrer Wohnung, in einem geschützten Raum, in den die Abgründe des Verbrechens nicht hineindrangen.

Gegen zwanzig Uhr klingelte das Telefon. Klara ging ran, es war Sebastian.

»Monika hat vor einer halben Stunde angerufen. Die Eltern von Dennis Scharf waren da und haben ihn identifiziert.«

Klara presste Daumen und Zeigefinger in die Augenwinkel, der schwerste Gang der Welt.

»Es wurden keine Medikamente, Drogen oder Betäubungsmittel festgestellt«, sprach Sebastian weiter. »Damit scheint der Fall klar zu sein. Außerdem war Susanne Scheidt tatsächlich nicht von Dennis Scharf schwanger.«

»Tatsächlich«, murmelte Klara und setzte sich mit dem Telefon aufs Sofa. Wie die Dinge lagen, blieb das Rätsel um die Vaterschaft nun eines, das Susanne mit ins Grab nahm. Zu einer DNA-Probe würden sie Oliver Lebenstedt nicht mehr zwingen können, es gab keinen hinreichenden Tatverdacht mehr. Damit kam der werte Herr Anwalt vermutlich unbehelligt aus der Sache heraus.

Am anderen Ende der Leitung räusperte sich Sebastian. »Wohl aber war Dennis Scharf offenbar vor Susannes Tod noch einmal mit ihr im Bett.« Klara hörte, dass er in seiner Wohnung auf und ab lief, seine Schritte hallten auf dem Holzboden. »Die Spermien stammen von ihm. Monika meinte, zeitlich käme hierbei der Sonntagnachmittag hin, und da will ja auch die Nachbarin Frau Rothschenk Dennis gesehen haben.«

Klara strich sich eine Haarsträhne hinters Ohr und sah durch das Fenster auf den großen Kirschbaum im Nachbargarten hinter dem Haus. »Und die Latexspuren?« Sie wusste, dass sich Sebastian die Frage auch gestellt hatte.

»Keine Ahnung.« Seine Stimme klang sanft und ein bisschen müde. »Wahrscheinlich ist das nicht mehr wichtig.«

Höchstwahrscheinlich stammten die Spuren von jemandem, der Susanne kurz vor ihrem Tod noch gesehen hatte. Der Täter oder jemand anderes. Aber auch das würde ein Geheimnis bleiben, das die Polizei nicht mehr interessieren musste. Hatte noch ein anderer Mann Susanne besucht, so war es dessen Privatangelegenheit oder zumindest keine Straftat. Als Mörder kam allem Anschein nach nur Dennis Scharf in Frage.

»Die Kriminaltechniker haben außerdem schon ein paar Spuren aus Susannes Wohnung ausgewertet«, fuhr Sebastian fort. »Es findet sich DNA von Dennis Scharf im Bad, was ja auch nicht verwunderlich ist, im Schlafzimmer ebenfalls, daneben auch Fingerabdrücke, eigentlich überall in der Wohnung. An der Leiche selbst fanden die Kollegen keine DNA, da hat das Wasser wohl nachgeholfen.«

»Und Material von anderen Personen?«

»So einiges. Aber von niemandem, den wir bislang erkennungsdienstlich behandelt haben.«

»Verstehe.« Klara nickte, auch wenn Sebastian es nicht sehen konnte. Dabei wusste sie gar nicht, was genau sie verstand. Viel Besuch, aber keine Kriminellen? Sie dachte einen Moment nach, dann fragte sie: »Gibt es noch irgendwelche Unklarheiten?«

Es war eine Frage, die sie genauso an sich selbst richtete, sie konnte in den Gesprächen mit Sebastian gut ihre Gedanken ordnen, manche Ideen entstanden auch erst währenddessen, und manche wechselten plötzlich die Richtung wie ein Haken schlagender Hase.

»Wie, Unklarheiten?«, fragte Sebastian zurück, und es klang fast, als meinte er, sie beide betreffend.

»Ist es völlig ausgeschlossen, dass Dennis Scharf umgebracht wurde?«, beeilte sich Klara hinzuzufügen.

Am anderen Ende der Leitung war es ein paar Sekunden lang still. Dann erwiderte Sebastian: »Du denkst zum Beispiel von einem Nebenbuhler, der die untreue Susanne und deren Freund umbrachte?«

»Zum Beispiel.«

»Da käme ja eigentlich nur Oliver Lebenstedt in Frage, aber ob ihm diese Affäre überhaupt wichtig genug war?«

Klara sah förmlich Sebastians Stirnrunzeln vor sich. »Du hast recht«, stimmte sie zu. »Beim aktuellen Stand der Dinge unterschreibt uns ohnehin kein Ermittlungsrichter mehr irgendwelche Anträge, um Lebenstedt weiter unter die Lupe zu nehmen.« Sie schwieg einen Moment. »Wissen die Eltern von Dennis Scharf, dass er mutmaßlich seine Freundin umgebracht hat?«, fragte sie dann.

»Soweit ich weiß, bislang nicht. Aber wenn sie es erfahren, werden sie es sicher nicht fassen können.«

Klara stand vom Sofa auf und begann ebenfalls, in der Wohnung umherzugehen. Das Fischgrätparkett knarrte bei einigen Schritten. Sie öffnete die Balkontür im Esszimmer, die Luft war angenehm. Wie um sich die Dinge noch einmal zu vergegenwärtigen, fragte sie: »Dennis ging am Dienstag, also nach dem Mord, wie gewohnt zur Arbeit. Ein ganz normaler Tag … und abends bringt er sich um?«

»Sieht so aus. Womöglich stand er zuerst unter Schock, wollte seine Tat nicht wahrhaben … aber als ihm dann alles so richtig klar wurde, wusste er, dass er damit nicht weiterleben konnte.«

»Stimmt schon. Im Prinzip ist alles plausibel. Aber es bleibt ein merkwürdiges Gefühl.«

»Manchmal sind merkwürdige Gefühle unberechtigt.« Sebastians Stimme klang nun noch sanfter.

Es entstand eine Stille, die Klara nach einigen Momenten unangenehm verlegen machte. Sie drängte den Gedanken zur Seite, Sebastian in Fleisch und Blut vor sich sehen zu wollen. Das ging derzeit einfach nicht.

»Mag sein«, erwiderte sie eilig. »Aber vielleicht fahre ich nächste Woche doch noch einmal bei dieser Frau Rothschenk vorbei. Nur so.«

»Die alte Richterin hat es dir angetan, was?« Nun klang Sebastian amüsiert. »Aber da sie am Tatabend offenbar niemanden beobachtet hat, wird sie die Dinge auch nicht in eine andere Richtung drehen können.«

»Ich weiß.«

»Klara, ich glaube, der Fall ist abgeschlossen. Erledigt.«

Meint er das jetzt rein beruflich?, fragte sich Klara. Sie spürte, wie sich ihre Hand fester um das Telefon schloss. »Hm. Ist wohl so.«

»Also, dann schlaf gut. Und grüß Josi von mir.«

»Mache ich.« Klara legte auf.

Sie ging auf den Balkon und atmete die Sommerluft ein. In der Nachbarschaft grillte jemand, der Geruch stieg zu ihr hinauf. Sie mochte dieses Wohnviertel wirklich, es war belebt und trotzdem ruhig, es gab viele Kinder hier, aber sie hatten genug Platz und wahrscheinlich zum größten Teil nette Eltern und ein schönes Leben.

Klara setzte sich auf die schmale Gartenbank, die die Vormieter dagelassen hatten, und sah in den Himmel. Ja, der Fall war wohl erledigt. Der eine. Und der andere? War sie wirklich auch mit dem fertig? Es machte sie immer unruhig, wenn sie nicht wusste, woran sie war. Sie brauchte Klarheit, beruflich suchte sie fast jeden Tag danach, privat quälte sie jedes Gefühlswirrwarr. Die Frage, ob Sebastian sie also betrogen hatte, geisterte durch ihren Kopf. Irgendwie war es wohl so, aber das Wort »betrogen« passte trotzdem nicht recht. Sie erinnerte sich nur zu gut, dass sie selbst anfangs alles so unverbindlich wie möglich hatte halten wollen.

Klara stand wieder auf und ging durch das Esszimmer, dann

über den Flur in das Zimmer ihrer Tochter. Josephine schlief, Klara betrachtete sie lange. Wie wunderschön sie war, friedlich schlafend, die geschwungenen Lippen entspannt, die Lider mit den langen Wimpern gesenkt, das Gesicht zart wie Porzellan. Wie sehr sie dieses Kind liebte, wie sehr sie manchmal unter dem Gedanken litt, sie irgendwann in die Welt gehen lassen zu müssen.

Klaras Lippen berührten sanft die Stirn der Kleinen, ihr süßes Mädchen, gestern war sie doch noch ein lachender, zahnloser Säugling gewesen und jetzt bald schon ein Schulkind. Man wollte die Zeit festhalten, und doch wollte man, dass es weiterging. Am Ende lief es darauf hinaus, dass man immer nur den Augenblick hatte.

Leise ging Klara aus dem Kinderzimmer hinüber in die Küche. Sie nahm eine angebrochene Flasche Riesling aus dem Kühlschrank, angelte sich ein Weinglas und kehrte mit beidem zurück auf den Balkon. Ihre Gedanken wanderten in den Süden. Wäre es nicht schön, im Spätsommer mit Josi nach Griechenland zu fliegen und dort aufs Meer zu schauen? Kreta oder Rhodos?

Klara nahm einen Schluck, sie mochte diesen trockenen, klaren Wein von den Schieferhängen der Mosel, die Vielschichtigkeit und Dichte der Aromen.

Eigentlich wäre sie am liebsten mit Sebastian und Josi verreist, aber jetzt war alles anders. Aus dem »eigentlich« war eher ein »früher« geworden.

Klara trank noch einen Schluck Wein. Mit Josephine allein wäre es auch schön.

***

Er konnte sich noch an diesen wahnsinnigen Durst erinnern, er hatte getrunken und getrunken, aber der Durst hatte nicht aufgehört. Unendlich müde fühlte er sich, er wollte rausgehen aus der kleinen, stickigen Wohnung, konnte aber nicht aufstehen. Völlig ermattet lag er auf der zerschlissenen Couch, die nach einem dunklen Keller roch. Er konnte auch nicht mehr so gut sehen, die wenigen Möbel der Wohnung verschwammen vor seinen Augen. Die Mutter schalt ihn schon seit Tagen, er solle sich nicht so gehen lassen, er sei stinkend faul wie sein Vater. Er kannte seinen Vater nicht.

Abends war der Mann nach Hause gekommen, und er hatte immer noch auf der Couch gelegen, hatte die Bewegung gesehen, die der Mann mit seinem Kopf in Richtung Zimmertür gemacht hatte, und gewusst, was das bedeutete. Mit letzter Kraft stand er auf und schleppte sich in sein Zimmer, das eher eine Abstellkammer war. Nachts musste er wieder aufstehen, um zu trinken, der Durst brannte in seinem Hals. Im Halbschlaf träumte er wirr, er sei in der Wüste oder auf einer einsamen, unendlich langen Straße, auf die die Sonne hinunterbrannte.

Matt und abgeschlagen war er aus seiner Kammer geschlichen, aus dem Zimmer der Mutter drangen Stimmen. Der Mann fluchte, und das Bett quietschte in einem schnellen Rhythmus. Er hörte die unterdrückten Schreie der Mutter, wie bei einem Tier. Aber er durfte ihr nicht helfen. Außerdem musste er zum Wasser, die Gier danach war übermächtig. Er ging in die Küche, ihm war schwindelig, dann trank er, so viel er konnte, so viel in seinen Bauch hineinpasste. Fast musste er sich übergeben, aber er trank weiter.

Irgendwann war er zurück zu seinem Bett gewankt und hatte gehört, dass die Mutter und der Mann noch immer kämpften. Er versuchte, wieder einzuschlafen, seine Beine taten weh. Am nächsten Morgen fühlte er sich unverändert krank, aber die Mutter schickte ihn in die Schule.

Das Nächste, an das er sich erinnern konnte, waren die weißen Lampen direkt über ihm, helle Neonsonnen, die ihn geblendet hatten. Dann sah er das strenge Gesicht der Mutter. Neben ihr stand ein Arzt, der etwas sagte, das er nicht verstand. Anschließend lächelte er zu ihm hinunter. »Na, da ist er ja wieder. Wie geht es dir jetzt?« Die Mutter lächelte nicht.

Er hatte sich immer noch müde gefühlt, aber der Durst war weg, es war wie eine Erlösung gewesen. Später wusste er, dass er in ein diabetisches Koma gefallen war, eine häufige Komplikation bei einer nicht behandelten Zuckerkrankheit. Die Mutter nahm ihn aus der Klinik wieder mit nach Hause. »Nichts als Ärger«, sagte sie, als sie zusammen in der Straßenbahn saßen, scheinbar war es seine Schuld, dass er krank geworden war.

Von da an hatte er sich Spritzen setzen müssen. Er musste es schnell selbst lernen, die Mutter war tagsüber nicht da. Musste allein entscheiden, wie viel von dem Insulin er brauchte und wohin er die Spritze setzte. In den Bauch gestochen wirkte sie schneller, im Oberschenkel langsamer. Aber wenn er versehentlich einen Muskel traf, wirkte das Medikament besonders schnell, dann wurde ihm schlecht, er schwitzte und zitterte und musste versuchen, etwas Traubenzucker zu essen, das Täfelchen zwischen seine verkrampften Kiefer zu schieben.

Er war jetzt zuckerkrank, die Leute waren anders zu ihm. Seine Lehrer sahen ihn mitleidig an, die anderen Jungen in seiner Klasse waren ein paar Tage lang neugierig, dann grenzten sie ihn aus. Er war ein anderer. Ein Fremdwort, von dem er nicht recht wusste, was es bedeutete, hatte seinen Namen ersetzt, er war nicht mehr einfach Fred, er war »Diabetiker«.

An einem Abend, ein paar Wochen später, hatte er gehört, wie der Mann zur Mutter sagte: »Ihr könnt gehen, du und dein Bankert. Hier ist kein Krankenlager.«

Die Mutter hatte ihn angeschrien, einen versoffenen Mistkerl genannt, der Mann hatte zurückgeschrien, eine ganze Weile lang, und dann war es plötzlich still gewesen. Später hatte die Mutter im Bad gestanden und ihr Gesicht gekühlt.

Als sie aus der Wohnung des Mannes ausgezogen waren mit den wenigen Dingen, die ihnen gehörten, hatte die Mutter ihn angeraunzt: »Alles wegen dir.« Er hatte zu Boden gesehen.

Aber heute war es anders, heute sah er den Leuten direkt ins Gesicht, heute konnte ihm niemand mehr etwas.

Behaglich reckte er seine kräftigen Arme. Draußen war gutes Wetter, und er hatte frei, er würde sein Wochenende genießen. Die Zeiten, in denen es in seinem Kopf nicht bohrte, in denen er leicht war und ohne Fesseln, musste er nutzen.

Er lag noch im Bett, durch die kleinen Schlitze der Rollläden fiel der Sonnenschein und malte Muster an die Wände. Er war ein Glückspilz, dass er eine Frau wie Susanne gehabt hatte, leider konnten sie nicht lange zusammenbleiben, aber die kurze Zeit war mehr wert als das Leben, das seine Kollegen mit ihren belanglosen Frauen verbrachten, mit abgestandenem Wasser, mit dem er nicht in Berührung hätte kommen wollen. Er hatte sich noch ein Souvenir von Susanne mitgenommen, Wäsche, die immer noch ihren Duft trug und die er neben sein Kopfkissen gelegt hatte. So konnte er sie noch ein paar Tage länger bei sich behalten.

Noch einmal streckte er sich ausgiebig, heute war die Welt in Ordnung. Schließlich stand er auf und zog sich an. Seine Unterarme fühlten sich stachelig an, er rieb darüber, die Haare wuchsen nach.

In der Kochnische der kleinen Wohnung machte er sich einen Kaffee und ein Schinkenbrot, dann setzte er sich seine morgendliche Injektion, es war zu einer selbstverständlichen Routine geworden, so wie Zähneputzen.

Heute wollte er ein bisschen herumfahren, einfach so durch die Gegend, sich treiben lassen, sehen, was es so gab. Vielleicht den Neckar entlang, bei diesem Wetter sah man genug junge Frauen, die in knappen Bikinis auf den Liegewiesen herumlagen.

Ihm fiel ein, dass er auch eine Runde schwimmen gehen könnte, im Neckar oder in einem See, also packte er eines der verwaschenen Handtücher und seine Badehose ein. Er hielt sich gern im Wasser auf. Hin und wieder ging er auch in Freibäder, allerdings nur, um sich die Leute anzuschauen. Das Wasser dort mied er, es war zu armselig, es stank, und unzählige mit Sonnenöl verschmierte Körper verunreinigten es. Wenn er auf ein Schwimmbecken sah, hatte er das Bild eines in Ketten gelegten, räudigen Tanzbären vor sich, ein Trauerspiel.

Fred Hartung schluckte den letzten Bissen seines Brotes hinunter, trank den Kaffee aus und verließ die Wohnung. Die helle Sonne ließ ihn blinzeln, er kniff die Augen zusammen und ging zu seinem Wagen.

Als er eine Viertelstunde später die Uferstraße entlangfuhr und zu seiner Linken das funkelnde Band des Neckars sah, fühlte er sich wie ein Jäger auf Patrouille durch sein Revier. Er war frei, aus dem Autoradio klang Rock-'n'-Roll-Musik, er ließ das Seitenfenster hinunter und lehnte lässig seinen Arm auf den Rahmen. Am Rückspiegel baumelte ein Lufterfrischer, der künstlichen Tannenduft verströmte. Er mochte diesen Geruch, er erinnerte ihn an einen schattigen Wald, dunkel und friedlich.

Rechts von ihm sah er die ersten Häuser von Schlierbach, einem in das steile Schlierbachtal gebauten Stadtteil von Heidelberg. Aus Neugier hatte er sich einmal den Wolfsbrunnen, eine uralte Brunnenanlage oberhalb der Bebauung, angesehen. Angeblich war hier eine heidnische Seherin von Wölfen gerissen worden.

Was er vorgefunden hatte, war eine kleine Wolfsskulptur auf einem Stein in einem veralgten Fischteich, daneben eine lärmende Kindergartengruppe, die offenbar einen Ausflug machte. Enttäuscht war er wieder gegangen, das war nicht die Art von Wasser, die er suchte.

Er fuhr unter der Brücke hindurch, die Schlierbach mit dem auf der anderen Neckarseite gelegenen Ziegelhausen verband, und gab Gas. Die zweispurige Bundesstraße folgte wenig später der sanft geschwungenen Neckarschleife. Er genoss die Geschwindigkeit, mit der der Wagen durch die lang gezogene Kurve glitt, immer entlang des Wassers. Der Neckar gefiel ihm, er war milde, ruhig und unauffällig. Für ihn war es gut, hier zu leben.

Das Freibad in Neckargemünd kam ihm in den Sinn, dort wollte er sich ein wenig umschauen. Die Schwimmbecken wurden als Naturbad geführt, ohne Chlor, also nicht ganz so ekelerregend wie die anderen Freibäder.

Nach ein paar Kilometern fuhr er in die kleine Ortschaft ein. Links hinauf ging es in den Odenwald. Odenwald, Wind so kalt.

Er musste schmunzeln. Man hatte sie bis heute nicht gefunden.

Sie war damals in sein Auto geschwappt wie eine übermütige, vorwitzige Welle, hatte am Straßenrand gestanden und den Daumen herausgehalten. Eines von diesen Mädchen, jung und hübsch. Sie war eingestiegen, hatte ihn angelächelt und zu plappern begonnen, wie gut, dass endlich jemand angehalten habe, sie habe schon seit einer halben Stunde da gestanden, wolle noch nach Mosbach in die Disco, habe wirklich lange genug gearbeitet, dort drüben in einem Hotel, und so weiter und so weiter. Sie hatte buchstäblich wie ein Wasserfall geredet, wie ein Bach, der auf einer Waldlichtung einen Felsvorsprung hinabfällt.

Im Nachhinein wusste er gar nicht mehr genau, ob er sie wirklich anziehend gefunden oder nur gewollt hatte, dass sie aufhörte zu reden. Sie bemerkte zuerst gar nicht, dass er von der Straße abgebogen war. Als sie es merkte, war es für sie längst zu spät. Ihr Wortschwall verstummte für einen Moment, sie blickte fragend zu ihm und meinte in ihrem regionalen Dialekt: »Des is aber net der richtige Weg, oder?« Ein paar Momente später begriff sie, ihr Redeschwall setzte wieder ein, sie fing an, ihn zu beschimpfen. Als sie ihm ins Lenkrad griff, schlug er sie, endlich war sie still. Er hielt an. Der kleine Wasserfall war eingefroren, Eiszapfen aus Angst hatten in den grünlichen Augen gehangen. Dann hatte er dafür gesorgt, dass sie sich nicht mehr wehrte. Und dann hatten sie ein bisschen Spaß gehabt. Aber das war lange her, fünf, sechs Jahre, fast schon vergessen.

Aus dem hinuntergelassenen Seitenfenster sah er hinaus in den sonnigen Tag. Eine Brise Tannenduft wehte ihm in die Nase, der Wald, er konnte so viel verbergen, Jahre und Jahre.

Er fuhr ein Stück durch Neckargemünd und hielt sich dann rechts. Nach einer Weile erreichte er den Parkplatz des Freibads, der bereits gut belegt war. In eine Lücke am äußeren Rand parkte er ein.

Von hier aus sah man schon die Schlange vor der Kasse, er konnte sich nur wundern, welche Anziehungskraft ein paar tausend Liter eingekesseltes Wasser auf die Massen hatten. Kurz überlegte er, ob er doch weiterfahren sollte, entschied sich dann aber, auszusteigen.

Langsam ging er auf die Halbwüchsigen und die jungen Familien zu, die alle auf Einlass warteten. Zum Glück ging es einigermaßen zügig voran. Ein paar Minuten später betrat er blinzelnd das Schwimmbadgelände und sah sich um. Unter den wenigen Bäumen reihte sich bereits ein Handtuch an das nächste, die Schattenplätze waren begehrt.

Er mochte keine pralle Sonne auf seiner Haut und legte sein verwaschenes Badetuch in eine der letzten schattigen Ecken. Anschließend zog er sein Hemd aus, setzte sich und sondierte in aller Ruhe das Gelände.

Ein paar Jugendliche alberten drüben am Beckenrad herum, das Gebalze und Getue Heranwachsender, das er nie verstanden hatte. Wenn man etwas wollte, nahm man es sich, diese ganzen Umwege, dieses Gekicher und Präsentieren, erschienen ihm unnütz. Wie sie kreischend nebeneinander die breite Edelstahlrutsche hinunterrutschten, wie sich die jungen Dinger den Kerlen förmlich anboten. Was sollte das alles?

Er sah sich weiter das bunte Treiben an. Mütter mit Kindern, alleinstehende Frauen mittleren Alters, andere Männer, vermutlich waren sie aus dem gleichen Grund hier wie er. Oder doch nicht aus dem gleichen Grund.

Er konnte sich noch gut erinnern, als er zum ersten Mal dieses Wissen und diese Kraft in sich gespürt hatte. Er war vierzehn oder fünfzehn gewesen, und tatsächlich war er anders als die anderen, er hatte Fähigkeiten, von denen die anderen keine Ahnung hatten.

Der Mensch bestand zu über zwei Dritteln aus Wasser, es war naiv, anzunehmen, dass dieses Wasser bei jedem gleich war. Es war so unterschiedlich wie die Menschen selbst. Als er erstmalig diese klare Wahrnehmung von den Frauen gehabt hatte, dieses Wissen um ihren Charakter und ihre eigentliche Gestalt, war es gewesen, als hätte ihn der Blitz getroffen. Plötzlich war alles klar, plötzlich erkannte er die Dinge und wusste, woran er war.

Er war mit einem Mädchen im Kino gewesen, hatte extra das wenige Taschengeld dafür gespart. Sie ließ sich einladen, trank Cola und aß Popcorn, und nachdem der Film vorbei war, ließ sie ihn einfach stehen mit einem Lachen: »Danke für die Einladung.« Am nächsten Tag sah er sie mit einem seiner Mitschüler, die beiden gingen Arm in Arm. Sie trug ein blaues Kleid, hatte sich das dunkle Haar hochgesteckt und lächelte.

Doch dann, ganz plötzlich, verlor sie ihr Gesicht, es zerfloss von oben nach unten in eine braune Lache, löste sich auf in die Form einer Pfütze, ihm war, als würde ein fauliger Geruch zu ihm herüberwehen. Diese Frau war nichts wert, sie entstammte dieser Pfütze, ihre hübsche Hülle war wie eine Tarnung oder wie ein Versehen der Natur.

Es hatte ihn gegruselt, dass er dicht neben ihr im Kino gesessen hatte, zum Glück hatte er nichts mit ihr gehabt. Er wandte sich ab und ging auf den Pausenhof, zitternd und immer noch wie vom Donner gerührt, das Pfützengesicht, das er gesehen hatte, schien so real gewesen zu sein, er hatte sich gewundert, dass niemand anderes es sah, dass niemand vor Entsetzen aufschrie.

Es hatte noch eine Weile gedauert, bis er seine Gabe wirklich verstanden hatte. Aber dann begann er, sie auszubauen und zu trainieren. Er verabredete sich mit jungen Frauen und hatte jedes Mal ein ganz untrügliches Gespür, eine Vision, ob diese Frauen klar waren oder trüb, rein oder faulig, ruhig oder reißend, ob er sich neben ihnen aufhalten, ihnen nahekommen wollte oder nicht.

Wie sie aussahen, hatte dabei auch eine Rolle gespielt, aber nicht die entscheidende. Manche Frauen empfand er als erträgliche oder gar angenehme Gesellschaft, ein Glas Leitungswasser, das vor einem stand, ein warmes Bad an einem kühlen Herbsttag, aber das reichte bei Weitem nicht aus, um sie wirklich zu begehren. Da musste schon eine Frau wie Susanne kommen.

Versonnen sah er über das weitläufige Schwimmbadgelände. Eine Stechmücke landete auf seinem Arm zwischen den Haarstoppeln. Er spürte das leichte Krabbeln, sah hinunter und erschlug das Insekt mit der flachen Hand. Fast gleichzeitig traf ihn etwas am Rücken. Er drehte sich um.

Ein etwa fünfjähriges Mädchen in einem roten Badeanzug mit weißen Punkten darauf kam auf ihn zugelaufen, ihr Ball hatte ihn getroffen und lag nun hinter ihm auf dem verwaschenen Handtuch. Das Mädchen kam bis auf ein paar Schritte heran, stoppte und sah ihn unsicher an. Ihr rotbraunes Haar war zu einem hohen Zopf gebunden, die graugrünen Augen blickten fragend in seine Richtung.

Er fixierte das herzförmige Gesicht der Kleinen – die meisten Erwachsenen lächeln milde in einer solchen Situation, er sah keinen Grund zu lächeln. Aber die Kinderaugen hielten seinem Blick stand, schienen sein Gesicht einordnen zu wollen, schienen wissen zu wollen, wer er war.

Nach ein paar Sekunden fragte das Mädchen: »Darf ich bitte meinen Ball wiederhaben?«

Ihre Stimme klang älter und tiefer, als er erwartet hatte.

Aber so leicht wollte er es dem Ding nicht machen, sollte sie besser aufpassen, wohin sie ihre Bälle warf.

»Was, wenn nicht?«, fragte er streng zurück.

Das Mädchen zuckte mit den Schultern. »Dann nicht.«

Ach so, eine Neunmalkluge. Er hatte große Lust, das Spiel ein wenig weiterzuspielen, aber er registrierte, wie eine dunkelhaarige schlanke Frau in seine Richtung kam, vermutlich die Mutter. Er griff nach dem Ball und warf ihn dem Mädchen zu, das eilig ein paar Schritte zurücklief zu der Frau. Die schob ihre Sonnenbrille hoch auf die Stirn, warf ihm einen kurzen Blick zu, strich dem Mädchen übers Haar und ging mit ihr zurück zu ihrem Liegeplatz, der nur wenige Meter entfernt schräg hinter dem Baum lag. Er sah den beiden nach, dann drehte er sich zurück und blickte wieder zum Schwimmbecken.

Eigentlich hatte ihm die Antwort der Kleinen ja gefallen. Zumindest war sie nicht gleich heulend zu ihrer Mutter gerannt. Sie schien nicht so leicht zu beeindrucken zu sein.

Er fragte sich, wie er in dem Alter gewesen war, aber er wusste es nicht, er hatte wenige Erinnerungen an die Zeit. Doch er wusste, dass er Instinkte gehabt hatte, ein Wissen, von dem die Erwachsenen nicht mehr viel übrig hatten, Instinkte wie die eines Tieres, eine schnelle Einordnung von Gut und Böse, gefährlich und ungefährlich. Meistens war er auf der Hut gewesen und bedacht darauf, nicht aufzufallen. »Fred, du musst sein wie Wasser …«

Einem Impuls folgend, drehte er sich ein Stück nach rechts, langsam, etwa eine Vierteldrehung, jetzt reichte sein Blickwinkel bis zu der Mutter und ihrer Tochter. Er setzte seine Sonnenbrille auf und begann, die beiden zu beobachten.

Sie waren allein, kein dazugehöriger Mann in Sicht. Vielleicht saß er zu Hause oder war auf Geschäftsreise. Oder die Frau war alleinstehend. So wie seine Mutter damals. Aber die beiden wirkten froh und innig, die Mutter hatte dieses sanfte Strahlen, wenn sie ihr Kind ansah, berührte die Kleine oft, strich ihr über die Schulter, gab ihr einen Kuss. Das Mädchen lachte, erzählte, knabberte an einem Apfel, stand auf, lief ein Stück umher, spielte mit dem Ball, setzte sich wieder, ein Wirbelwind, ein kleiner Geysir. Die Mutter, scheinbar im Einklang mit sich und der Welt, hatte Zeit für ihr Kind, schien ganz verliebt in ihre Tochter zu sein, schien den Tag mit ihr zu genießen.

Er sah den beiden zu, fünf, zehn Minuten lang. Und plötzlich packte ihn ein unbändiger Groll, er spürte, wie sich in seinem Kopf etwas zusammenzog, wie sich sein Herzschlag beschleunigte.

So etwas hatte er nie gehabt, dieses kleine Gör sonnte sich in der Liebe seiner Mutter, die ihrer Tochter vermutlich alles hinterhertrug, sich von morgens bis abends um sie kümmerte, ihr ein schönes Zuhause bot. Er hatte so etwas nie erfahren, für ihn war damals nichts übrig gewesen, er war in einer dunklen Enge aufgewachsen, mit einer gleichgültigen Mutter, die er auch noch mit fremden Männern teilen musste. Und er konnte die Zeit nicht zurückdrehen und alles noch einmal anders erleben, der Zug war abgefahren, der Zug seiner Kindheit war weg, er war in einem dunklen Tunnel entgleist, irgendwo im Niemandsland, wo sich keiner dafür interessierte.

Er sah, wie Mutter und Tochter aufstanden und Richtung Schwimmbecken gingen. Sie kamen in etwa zwei Metern Entfernung an ihm vorbei, und er hörte, wie die Mutter mit einem Lachen sagte: »Okay, Josi, dann will ich sehen, wie du schwimmen kannst.«

Das Mädchen kicherte. »Klar kann ich schwimmen. Wie ein Fisch.«

Er selbst hatte in der dritten oder vierten Klasse schwimmen gelernt, ihm hatte es niemand beigebracht, man hatte ihm das Wasser vorenthalten, so als gehöre er dort nicht hinein. Die Mutter hatte sich einen Dreck darum geschert, dass es eigentlich sein Element war, dass es ihm außerdem gutgetan hätte, etwas zu können, was alle anderen Kinder schon längst konnten.

Es machte ihn regelrecht krank, hier diese Mutter-Kind-Idylle vorgeführt zu bekommen, wahrscheinlich gab es nach dem Schwimmen ein Eis und Unmengen an Lob für dieses Kind. Widerliches Heile-Welt-Getue. Aber die Welt war nicht heil, die beiden wussten das nur noch nicht. Er wusste es.

Er stand auf, raffte sein Handtuch und sein Hemd zusammen und ging rüber zu dem gemauerten Sprungturm. Hier gab es unter ein paar Bäumen auch noch eine schattige Ecke. Er setzte sich hin, seine blassen kräftigen Hände zitterten vor Wut, er lehnte sich zurück und stützte sich mit den Unterarmen auf. Vor dem Sprungturm stand eine Schlange von Jugendlichen, die darauf warteten, sich hinunterstürzen zu können wie die Lemminge. Im Akkord fielen Körper vom Drei-Meter- und Fünf-Meter-Turm in das Becken hinunter. Er stellte sich vor, es sei kein Wasser darin. Ein letztes Kreischen beim Absprung, scheinbar aus Spaß, aber eigentlich aus Entsetzen, und dann war es zu Ende. Unten auf dem Boden des Beckens türmten sich bereits die Körper auf. Und einer nach dem anderen sprang. Was hatte ihnen da eine schöne Kindheit genützt?

Langsam beruhigte er sich wieder, die Vorstellung des wasserlosen Beckens beruhigte ihn, das Wasser war sein Verbündeter, es hatte sich verflüchtigt oder sich geteilt. Vielleicht hatte *er* es geteilt, sodass unter dem Sprungturm nur noch der Betonboden klaffte.

Mit der rechten Hand rieb er über seine nackte Brust. Auch hier wuchsen die Haare langsam nach, es juckte, und kleine rote Pickel hatten sich gebildet. Er kratzte daran herum. An ein paar Stellen traten Blutstropfen hervor, die er mit der Hand wegwischte. Rote Schlieren zogen sich über seine weiße Haut, fast wie eine Kriegsbemalung.

Sein Blick wanderte zu einem kleinen künstlichen Felsen, der Ein-Meter-Sprungturm. Er sah, wie das Mädchen in dem roten Badeanzug hinaufstieg und mit einem Lachen ohne zu zögern hinuntersprang. Prustend tauchte sie nach ein paar Sekunden wieder an der Wasseroberfläche auf. Die dunkelhaarige Frau, die im Wasser gewartet hatte, nahm sie in die Arme und wirbelte sie herum.

Es ekelte ihn. Er erhob sich, zog sein Hemd über, schüttelte die Grashalme von seinem Handtuch und ging zum Ausgang.

Als er kurz darauf im Wagen saß, zitterte er wieder. Es war Zeit für eine kleine Mahlzeit. Er hatte vor, bei einem Imbiss anzuhalten, hier in der Nähe bei einem Einkaufszentrum.

Und dann wollte er einen Abstecher in den Odenwald machen. Der Wald hatte etwas Beruhigendes.

***

Kriminaldirektor Conrad war bester Laune. Er hatte die Besprechung für zehn Uhr angesetzt und als »Abschlussbesprechung« bezeichnet. Ein höchst erfreulicher Montagmorgen, ein glänzender Start in die Woche.

Über das Wochenende, das für Klara ruhig noch ein paar Tage länger hätte dauern können, waren weitere Analyseergebnisse der Kriminaltechnik zusammengekommen. Nun saßen die Ermittler wieder in dem Besprechungsraum auf der Wache, und Conrad eröffnete die Sitzung, indem er den Sachstand vom vergangenen Freitag kurz wiederholte. Dabei bestand wohl bei keinem der Ermittler die Gefahr, diesen bereits vergessen zu haben.

Dann gab Conrad dem anwesenden Kollegen aus der Kriminaltechnik das Wort. Michael Knaub. Klara erinnerte sich nur zu gut. Als sie frisch im Dienst gewesen war, hatte er sie unverhohlen angemacht. Er war nicht der Einzige gewesen, aber er hatte sich durch eine besondere Hartnäckigkeit hervorgetan. Zwischenzeitlich war sein Haar dünner geworden, sein Bauch dicker und seine damalige Freundin seine Ehefrau.

Knaub stand auf, ging nach vorn und griff nach einem der Stifte, die auf der Ablage unterhalb der Wandtafel lagen.

»Punkt eins: Strangmaterial an Dennis Scharfs Händen.« Er schrieb die Wörter an die Tafel, der Stift quietschte. »Bei Suiziden durch Erhängen geht die Kriminaltechnik gemeinhin davon aus, dass sich Strangmaterial an den Händen des Toten findet. Das Knoten und Befestigen des Strangs hat unweigerlich zur Folge, dass mikrofeine Fasern des Seils an der Hautoberfläche der Hände verbleiben.«

Knaub machte eine Kunstpause und sah in die Runde.

»Lass mich raten …«, flüsterte Harald mit nikotinschwangerem Atem Klara zu.

»Wir konnten eindeutig Fasern eines Hanfseils an den Händen des Toten sicherstellen, nach der kriminaltechnischen Analyse handelt es sich hierbei aller Wahrscheinlichkeit nach um Fasern des Seils, mit dem sich Dennis Scharf erhängt hat.«

Conrad brummte zustimmend. Er saß am Kopfende der u-förmig angeordneten Tische und hatte einen sehr zufriedenen Gesichtsausdruck.

»Punkt zwei«, fuhr Knaub fort, »Fasern an der Weinkiste, die Dennis Scharf offenbar als Aufstiegshilfe beim Suizid nutzte.« Er ergänzte ein paar Wörter an der Tafel. »Wir fanden hier Fasern, die höchstwahrscheinlich von der Jeans des Opfers … äh, des Dennis Scharf stammen.« Anscheinend war »Opfer« nicht der passende Begriff, wenn das Opfer auch Täter war.

Harald räusperte sich und fragte: »Henner noch annere Spure aahn dere Kischt g'funne?« Eine sprachliche Herausforderung für alle Zugereisten. Das macht der mit Absicht, dachte Klara.

Einen Augenblick lang zögerte Knaub, dann antwortete er: »In der Tat fanden sich einige andere Faserspuren. Aber das ist ja wohl nicht ungewöhnlich bei einer gebrauchten Weinkiste.«

Kriminaldirektor Conrad nickte und warf Harald einen Blick zu, der nur bedeuten konnte: Ausgerechnet du solltest das doch wissen.

Mit lauter Stimme sprach Knaub weiter. »Punkt drei: das Handy des Dennis Scharf.« Er schrieb groß »Handy« an die Tafel. »Wir haben das Gerät untersucht. Anhaftend fand sich biologisches Material, also Hautschuppen, die wir gesichert, aber noch nicht ausgewertet haben. Auf dem Gehäuse haben wir Fingerabdrücke mehrerer Personen sichergestellt. Neben denen von Dennis Scharf gab es noch weitere Abdrücke, die bislang nicht zugeordnet wurden.«

»Und was bedeutet das?« Sebastian hatte offenbar Lust, sich dumm zu stellen.

Conrad sah zu ihm hinüber und antwortete mit betont geduldiger Stimme: »Dass hin und wieder andere Personen das Handy von Dennis Scharf genutzt oder angefasst haben. Das ist ebenfalls nicht ungewöhnlich.«

»Ach so«, meinte Sebastian. »Wird das biologische Material noch einer DNA-Analyse zugeführt?«

»Wozu?« Conrads Stimme war nun schon weniger geduldig.

»Nur so?« Sebastian hob leicht die Schultern.

»Nur so? Hast du was Falsches gefrühstückt?« Verständnislos schüttelte Conrad den Kopf. »Bitte, Herr Knaub, fahren Sie fort.«

Der Kriminaltechniker kam zum nächsten Punkt. »Viertens: weitere Spuren an der Fundstelle des Toten. Wir haben in der unmittelbaren Umgebung der Leiche keine Schleifspuren oder Ähnliches entdeckt, das darauf hinweisen könnte, dass Dennis Scharf nicht selbst bis zu diesem Baum gegangen ist. Fundstücke aus dem Besitz anderer Personen haben wir ebenfalls nicht gesichert.«

»Fußspuren? Reifenspuren?«, fragte Klara.

Knaub sah in ihre Richtung, aber gezielt an ihrem Gesicht vorbei. »Nichts Verwertbares. Auf dem Waldweg gab es ein paar Reifenspuren, kaum ausgeprägt, aber da werden zwischen dem Todeszeitpunkt und dem Auffinden der Leiche mehrere Autos gefahren sein. An Fußspuren konnten wir auf dem zu großen Teilen bewachsenen Waldboden nur eine isolieren. Die stammt offenbar nicht von den Turnschuhen, die Dennis Scharf trug. Da sie relativ frisch war, vermuten wir, dass sie von dem Mann stammt, der die Leiche gefunden hat.«

»Das wird gerade überprüft«, beeilte sich Conrad zu ergänzen. »Ein Kollege hat heute Morgen die Laufschuhe von Dr. Fischbach bei ihm abgeholt.« Er stand auf und trat mit ein paar Schritten neben Knaub. »Alles weist auf eine tragische Beziehungstat mit anschließendem Suizid des Täters hin. Dennis Scharfs Freundin war von einem anderen schwanger, da ist er durchgedreht. Es passt alles zusammen. Der Täter kam ohne Einbruchspuren in die Wohnung von Susanne Scheidt, schlug sie zu Boden, würgte und drosselte sie in ohnmächtigem Zorn, verging sich offenbar nochmals an ihr und legte die Leiche anschließend in der Wanne ab – ein symbolisches Reinwaschen nach der Tat oder ein Reinwaschen der untreuen Frau.« Conrad sah aus wie ein Schneekönig.

Klara hob die linke Augenbraue. Kriminalpsychologie für Einsteiger und Fortgeschrittene?

»Die Nachrichten auf dem Handy des Dennis Scharf sind außerdem als Geständnis zu werten. Somit können wir den Fall als aufgeklärt betrachten.« Conrad war regelrecht heiter. »Für heute um vierzehn Uhr ist eine Pressekonferenz anberaumt. Harald, Klara und Sebastian, ihr seid dabei. Immerhin habt ihr maßgeblich zu diesem schnellen Ermittlungserfolg beigetragen.«

»Ermittlungserfolg«, raunte Harald, »wenn sich der Täter auf dem Silbertablett präsentiert?«

Klara dachte an das bizarre Bild des aufgehängten Mannes, Silbertablett traf es nicht ganz. Sie sah wenig begeistert aus, lieber hätte sie heute Nachmittag ein paar Überstunden abgefeiert und Josephine früher vom Kindergarten abgeholt, statt einer Ansammlung von Presseleuten gegenüberzusitzen.

Durchdringend sah Conrad sie an, offenbar registrierte er die Skepsis in ihrem Gesicht. »Keine Widerrede. Das gesamte Ermittlerteam ist dabei. Es haben sich auch überregionale Pressevertreter angekündigt.« Damit beendete er die Besprechung.

Klara ging mit Sebastian und Harald in ihr Büro und ließ sich auf ihren Schreibtischstuhl fallen. Die Vormittagssonne lugte durch eine Ecke des Fensters, auf Klaras verwaschener Jeans verlief ein schmaler Streifen Sonnenlicht, der zuvor Sebastians Haar berührt hatte. Sie bewegte die Sitzfläche des Drehstuhls ein paar Zentimeter nach links und nach rechts, der Sonnenstreifen wechselte von einem Bein auf das andere. Dann fragte sie an ihre beiden Kollegen gewandt: »Seid ihr auch so sicher wie Conrad, dass der Fall abgeschlossen ist?«

»Wieso? Bist du es nicht?« Sebastian setzte sich, es war mehr eine rhetorische Frage, er hätte sie auch anders stellen können: »Wieso bist du es nicht?« Und auch darauf kannte er die Antwort wohl schon.

Harald, der sich auf einem Stuhl Klara gegenüber niedergelassen hatte, nahm eine Zigarette aus der Schachtel, die immer in der Brusttasche seines Hemdes steckte. Langsam drehte er den Glimmstängel zwischen den Fingern, vermutlich half ihm das beim Nachdenken.

»Na ja. Eigentlich ist es nur so ein Gefühl.« Klara sah aus dem Fenster auf die ordentliche Fassade der Alten Glockengießerei.

»Was genau irritiert dich?« Harald Bender war lange genug im Geschäft, um Gefühle erst einmal ernst zu nehmen.

Statt Klara antwortete Sebastian. »Also, ich kann mir einfach schwer vorstellen, dass man Susanne umbringt, wenn man sie kannte. Wenn man mit ihr zusammen war.«

Klara hob den Kopf. Was sollte das denn heißen? »Wieso? War Susanne so ein Herzchen?« Ihr Ton war sarkastischer, als ihr lieb war, sie hätte ihre Worte gern zurückgenommen.

»Im Prinzip ja.« Sebastian senkte den Blick. »Es ist irgendwie, als würde man ein naives Mädchen umbringen.«

»Aber auch die werden umgebracht«, sagte Harald und räusperte sich herb.

»Ja, ich weiß. Es ist auch nur so ein Gefühl.«

Jetzt rieb sich Harald mit der flachen Hand über sein faltiges Gesicht und atmete hörbar ein. »Wisst ihr, das ist gerade ziemlich viel Gefühl hier. Ich gehe mit meinen Gefühlen zu meiner Rosi, da sind die bestens aufgehoben.« Er sah erst Klara und dann Sebastian an. »Vielleicht solltet ihr eure Gefühle mal … überdenken? Also, ich meine … begründen?«

Klara blickte angestrengt auf die Schreibtischplatte, Sebastian fixierte irgendeinen Fleck an der Wand.

Als Harald die Verlegenheit im Raum spürte, begann er, seine nikotingelben Finger zu kneten. »Ich mein ja nur. Conrad kann mit Gefühlen nicht so viel anfangen.«

Für ein paar unangenehm lange Momente herrschte Stille.

Klara griff nach einem Bleistift und begann wieder, Figuren auf den Notizblock vor ihr zu malen, Strichmännchen mit langen Armen und langen Beinen. Auf einmal hing eins am Galgen. »Unser Ermittlungserfolg, wie der Chef es nennt, baut auf zwei Pfeilern auf: Motiv und Geständnis«, sagte sie nachdenklich. »Aber beides ist nicht sicher. Wir wissen gar nicht, ob Dennis' Motiv tatsächlich eines war. Wir wissen nicht, ob er überhaupt von Susannes Schwangerschaft erfahren hatte, und falls ja, ob ihn das Beziehungsende, wenn es eines gab, wirklich so getroffen hat.«

Sebastian runzelte die Stirn. »Merkt man als Mann denn nicht, wenn die Frau schwanger ist? Ich kenne mich da ja nicht so aus …«

»Ich hätte bei meinen beiden Kindern wahrscheinlich nichts gemerkt, so lange, bis meine Ex eine Kugel vor sich hergetragen hätte.« Harald rollte immer noch die Zigarette zwischen den Fingern. »Wisst ihr, was die bei unserem Sohn gesagt hat? ›Nur damit du dich nicht wunderst, falls du mal wieder zu Hause bist und Babygeschrei hörst. So in etwa sechs Monaten kommt unser zweites Kind zur Welt.‹« Jetzt hatte die Zigarette einen deutlichen Knick, er presste mit Daumen und Zeigefinger die obere Hälfte zusammen.

Klara und Sebastian sahen betreten in eine andere Richtung. Harald war über viele Jahre hinweg mit seinem Job verheiratet gewesen, darüber war seine Ehe zerbrochen. Danach hatte er den Halt verloren. Zuerst schien die Familie nicht so wichtig gewesen zu sein, und als sie weg war, war er fast vor die Hunde gegangen. Beinahe jeden Abend war er sternhagelvoll gewesen und auch im Dienst oft nicht nüchtern. Zu seinem Glück hatte ihn irgendwann Rosi aus dem Sumpf gezogen, ein herbes, aber herzensgutes Weibsbild. Heute gingen sie mit Haralds Enkelkindern in den Zoo und freuten sich gemeinsam des Lebens.

»Tja, das Motiv …«, nahm Sebastian den Faden wieder auf. »Angenommen, Dennis hat an dem Sonntag vor dem Mord an Susanne erfahren, dass sie von einem anderen schwanger war, dann hat er möglicherweise trotzdem mit niemandem darüber geredet, und wir werden nicht herausfinden können, ob er es überhaupt wusste oder nicht. Susanne kann nicht mehr reden und er auch nicht.«

»Dennoch könnte man sich unter Dennis' Freunden einmal umhören. Und was ist mit dem Geständnis? Jeder kann eine Botschaft auf einem nicht passwortgesicherten Handy hinterlassen«, erwiderte Klara.

Harald stand auf, warf seine abgeknickte Zigarette in den Papierkorb neben dem Aktenschrank und ging ein paar Schritte hin und her. Skeptisch rieb er sich am Kinn. »Aber Klara, wie wahrscheinlich ist das denn?«

»Na ja. Man könnte überprüfen, ob Spuren an Dennis' Handy übereinstimmen mit Spuren in Susannes Wohnung.« Klara zuckte mit den Schultern.

Harald ging wieder zu seinem Stuhl und setzte sich. Er schüttelte den Kopf. »Wenn du übereinstimmendes Material findest, bedeutet das allenfalls, dass die beiden gemeinsame Bekannte hatten, die sowohl in Susannes Wohnung verkehrten als auch sich unter Umständen einmal Dennis' Handy ausgeliehen haben. Daraus kannst du noch keinen Tatverdacht ableiten.« Er beugte sich in seinem Stuhl ein Stück nach vorn. »Was zweifelst du denn an? Dass Dennis Susanne umgebracht hat oder dass er Selbstmord begangen hat?«

»Beides?«, fragte Klara.

»Aber wie soll ihn jemand an den Baum hängen, ohne dass Gift oder Schlafmittel in seinem Blut nachweisbar war?«

»Vielleicht hat er sich umgebracht, ist aber dennoch nicht Susannes Mörder.«

»Das wäre aber wirklich ein merkwürdiger Zufall, und dazu noch diese Handynachrichten …?« Haralds Blick forschte in Klaras herzförmigem Gesicht. Die Bindehaut seiner Augen hatte eine gelbliche Färbung angenommen, die eigentlich gut zu der braunen Iris passte. Für einen Mediziner war diese Farbkombination aber wohl weniger apart.

Harald stand auf, dieses Mal ächzte er ein bisschen dabei, seine Knochen waren nicht mehr die jüngsten. »Klärchen, wenn das

Lamm tot ist, ist es tot. Und wenn daneben der Wolf mit blutiger Schnauze liegt, dann war er's wohl. Ich gehe jetzt in mein Büro, schreibe einen Bericht fertig, und heute Mittag lassen wir Conrad der Presse die frohe Botschaft verkünden. Danach kümmern wir uns um andere Dinge.« Er verließ mit einem kurzen ortstypischen Gruß den Raum. »Alla, bis dann.«

Klara nahm sich vor, nachzusehen, woher »alla« kam – wenn sie einmal zu viel Zeit haben sollte. Alla hopp.

»Da war aber kein Wolf mit blutiger Schnauze. Nur noch ein Lamm, das am Baum hing …«, murmelte sie, doch Harald war schon verschwunden.

Sebastian saß an seinem Schreibtisch Klara gegenüber und wirkte seltsam abwesend. Er war blass, seine seetangfarbenen Augen lagen tiefer als sonst. »Womöglich war Dennis ein Wolf. Wir kannten ihn nicht.«

»Hätte sich Susanne mit einem Wolf eingelassen?«

»Keine Ahnung. Sie hat sich auch mit so einem schmierigen Typen wie Oliver Lebenstedt eingelassen.«

Ein paar Sekunden lang herrschte Schweigen. Sebastian schien nachzudenken, sah auf seine Hände und dann wieder zu Klara. »Wollen wir heute Abend was trinken gehen?«, fragte er.

Klara spürte ein Unwohlsein in sich aufsteigen. Sollte das ein klärendes Gespräch werden? Am Ende sogar eine »Abschlussbesprechung«, wo man heute schon einmal dabei war? Aber wenn hier einer Schluss machte, dann ja wohl sie. Doch im Moment konnte sie gar nichts sagen, sie wusste nicht recht, was eigentlich war, was sie dachte oder fühlte, ihr war nicht nach klärenden Gesprächen.

Unsicher sah sie auf den Notizblock vor ihr. Der Galgen, an dem das Männchen hing, hatte Äste und Laub bekommen. Einen Augenblick überlegte sie, aber noch bevor sie wirklich wusste, ob es eine gute Idee war, sagte sie: »Wenn ich einen Babysitter für Josi bekomme, könnten wir einen kleinen Waldspaziergang machen.«

Sebastian zögerte einen Moment. Dann schien er zu verstehen. »Ja, gern, so ein abendlicher Spaziergang würde sicher guttun.« In seinem Lächeln, das er Klara zuwarf, lag ein wenig Abenteuerlust und ein bisschen Amüsiertheit. Die Absicht, ein Abschlussgespräch zu führen, konnte Klara nicht entdecken. Stattdessen stellte sie unerfreulicherweise fest, dass dieses Lächeln sie immer noch nicht kaltließ.

Eilig gab sie das Passwort auf der Tastatur ihres Computers ein, suchte in einem Stapel Papier neben sich nach ein paar Aufzeichnungen und fing an zu tippen. Vor dem Abend gab es noch so viel zu tun. Und am Abend möglicherweise auch.

***

Ein paar Stunden später fühlte Klara den weichen Waldboden unter ihren Füßen, ein wenig federte er bei jedem Schritt. Sie atmete die klare, noch warme Luft ein. Hin und wieder erfasste ein Windstoß das Laub der Bäume, das Rascheln brandete leise auf wie eine Welle, wurde lauter und verebbte dann wieder. Vögel zwitscherten aus den Baumkronen, vielleicht erzählten sie sich vom Tag. Im Wald war Ruhe und Bewegung zugleich, es war ein eigener Mikrokosmos, in dem tausend Dinge passierten, von denen die flüchtigen Spaziergänger keine Ahnung hatten.

Klara ging auf einer Seite des Waldweges, Sebastian auf der anderen, zwischen ihnen wuchs in der Mitte ein Grasstreifen wie eine sattgrüne Grenzlinie. Wenn Sebastian ein paar Wurzeln oder herumliegenden Ästen auswich, kam er ein Stück herüber, bis auf den Grasstreifen, auf die Grenze. Dann schwenkte er wieder brav in seine Hälfte des Weges.

Die Waldluft füllte Klaras Lungen, sie fühlte den Anstieg des Geländes in ihren Beinen, die Muskeln spannten sich, ihr Herz pochte.

Wenn man einem Organspender das Herz entnahm, um es einem anderen Menschen zu transplantieren, hörte es auf zu schlagen. Man legte es auf Eis und flog es mit dem Hubschrauber in eine andere Klinik, Hunderte von Kilometern entfernt. Dann packte man den eisigen Muskelklumpen aus und nähte ihn in eine fremde Brust ein. Und sobald warmes Blut durch das Herz strömte, fing es von selbst wieder an zu schlagen. Was eigentlich tot war, erwachte wieder zum Leben, es brauchte keine Starthilfe, keinen Schrittmacher, es schlug einfach so. Der Motor des Herzens saß im Sinusknoten, ein bisschen frisches Blut, und er erinnerte sich an das, was er in all den Jahren zuvor getan hatte – das Herz zum Schlagen zu bringen.

Klara wehrte sich gegen das Gefühl, ihren emotionalen Sinusknoten von milder Waldluft angetrieben zu sehen, von Vogelgezwitscher, Blätterrauschen und Sebastians Geruch nach Kernseife und frisch gewaschener Wäsche, der hin und wieder zu ihr herüberwehte. So einfach war es nicht, ein romantischer Waldspaziergang, und alles war wieder in Ordnung, die brennenden Bilder von Susanne und Dennis aus ihrem Kopf verschwunden und vor allem die von Susanne und Sebastian. Klaras Beziehung zu ihm hatte einen Knacks bekommen, oder sie war zu Ende. Bis dass der Tod euch scheidet – dieses Mal auf eine andere Weise.

»Warum hat sich Dennis im Wald erhängt und nicht bei sich zu Hause?« Klaras Stimme durchschnitt die Waldidylle.

Eine Weile lang schwieg Sebastian. Dann meinte er: »Kann sein, dass es in seiner Wohnung keine geeignete Möglichkeit gab. Oder er wollte einfach in den Wald, nach draußen, raus aus seiner kleinen Bude. Viele Leute treten ihre letzte Reise in der Natur an.«

Das war ja fast philosophisch, fand Klara und fragte sich, ob sie auch gerade ihre letzte gemeinsame Reise antraten.

Sebastian räusperte sich, einmal, dann nochmals. Klara hatte schon die ganze Zeit gespürt, dass er etwas sagen wollte, neben Vogelgezwitscher und dem sanften Rascheln der Blätter lag noch etwas anderes in der Abendluft. Etwas Unausgesprochenes, das unweigerlich irgendwann herauskommen musste. Dann kam es.

»Klara, es tut mir unendlich leid. Glaub mir, es war nur dieses eine Mal.«

Einmal zu viel, dachte Klara und schwieg.

»Ich war ziemlich betrunken, und sie hat mich einfach angemacht. Und du warst so weit weg, du wolltest ja gar nicht so richtig.«

Klara sagte nichts.

»Erinnerst du dich an diesen Abend, als du es eigentlich beendet hattest, ›Es geht nicht‹, hast du gesagt …«

Ja, dachte Klara, aber dann ging es doch. Nur jetzt geht es nicht mehr. Sie sagte immer noch nichts.

»Verdammt, Klara, ich will mit dir zusammen sein, aber ich habe das Gefühl, dass du mir das nicht glaubst, dass du denkst, ich wäre immer noch so … so wie früher …«

Bist du nicht?, dachte Klara.

Sebastian blieb stehen. »Ich bin nicht mehr so wie früher. Eigentlich müsstest du das wissen.«

Klara ging einfach weiter.

»Kannst du bitte mal stehen bleiben?«

Jetzt hielt sie an und drehte sich um. Sebastian stand da auf seiner Seite des Waldweges, die gebräunten Arme vor der Brust verschränkt, in seinem Gesicht lagen Anspannung und Traurigkeit. »Es macht mich sauer, dass du mir unsere Beziehung nicht zutraust.«

Hast du's jetzt vergeigt oder ich?, fragte sich Klara. Aber sie wusste, dass die Dinge nicht ganz so einfach lagen. Es war ein guter alter Bekannter von ihr, dieses Sich-schwer-einlassen-Können, das Schwer-vertrauen-Können. In ihrem Beziehungsleben war es schon in unterschiedlichster Gestalt dahergekommen, aber es war immer dasselbe.

»Klara, Garantien gibt es nie.« Einmal mehr sprach Sebastian ihre Gedanken aus.

Aber irgendwie stand sie zurzeit auf Kriegsfuß mit diesen ganzen Weisheiten – dass Leben Risiko war, dass es keine Garantien gab, dass nichts für die Ewigkeit war, dass morgen alles vorbei sein konnte. Sie wusste das nur zu gut, in ihrem Job sah sie es jeden Tag. Und gerade widerte es sie an.

Es gab Zeiten, in denen konnte man sich lässig am Spieltisch niederlassen und unbekümmert alles auf eine Karte setzen. Wenn man verlor, stand man auf, hob die Schultern, *c'est la vie*, und ging nach Hause. Aber es gab andere Zeiten, da ging das nicht mehr. Klara wurde zunehmend kühler und erfahrener in ihrer

Arbeit, und gleichzeitig wurde sie immer dünnhäutiger. In manchen Momenten machte es sie krank, dass es für nichts auch nur einen Tag lang eine Sicherheit gab, dass sie alles, was sie liebte, jeden Tag verlieren konnte. Vielleicht war die Antwort darauf ein buddhistisch gelassenes Leben im Augenblick, vielleicht auch ein alt-katholisches Gottvertrauen, aber von beidem war Klara so weit weg wie die Kuh vom Fliegen. Sie hatte das Gefühl, dass sie den Zufällen des Lebens und der Liebe beinahe schutzlos ausgeliefert war, am besten, man ließ sich auf nichts mehr ein.

Sebastian kam zu ihr heran, in seinen Bergsee-Augen spiegelte sich das Laub des Waldes, es ließ sie noch tiefer leuchten.

»Klara, ich kann dich nicht von unserer Beziehung überzeugen. Die ist nichts, was man jemandem anpreisen muss. Ich kann nicht deine Gefühle mitleben oder übernehmen, ich kann dich auch nicht überreden, welche zu haben. Entweder du weißt, dass du das mit uns willst … und auch, dass du die Geschichte mit Susanne irgendwann verzeihen kannst … oder wir lassen es.«

Ah so, ein Ultimatum. Aber wenn sie es einfach nicht wusste? Klara senkte die Lider, ihr fiel nichts anderes ein, als sich in eine abgedroschene Phrase zu retten. »Ich brauche wohl ein wenig Zeit.«

»Okay«, sagte Sebastian.

Dann ging er weiter, stapfte auf seiner Seite des ansteigenden Waldwegs, Klara folgte ihm auf ihrer Seite, mit einem Unbehagen, das ihren Brustkorb einengte und nur noch wenig der klaren Waldluft hineinließ. Es gab einen Aufschub, aber die entscheidende Frage würde erneut aufkommen. Und wenn Klara sich nicht entschied, würde sie entschieden werden.

Sie wollte das Thema wechseln, weg von Privatem, das zurzeit unsicher war wie Treibsand.

»Würdest du den Baum wiederfinden?« Ihre Stimme klang noch zögerlich.

Sebastian deutete ein Grinsen an, das wohl bedeuten sollte: War ja klar, wozu wir hier sind. »Ich denke schon«, meinte er. »Wenn ich ihn nicht finde, findet ihn mein Handy. Dank GPS. Ich habe letzten Freitag den Fundort gespeichert.«

Schräg zwischen dem Bierhelderhofweg und dem Gaiberger Weg verlief der Saupfercheckweg. Wenn man den Namen auf der Karte las, brauchte man eine Weile, um die einzelnen Silben zuzuordnen, das Auge suchte nach »Saupferden«, dann versuchte man, die noch unbekannten »Saupfer« zu »checken«, endlich pferchte man die Sauen in einen Eck-Weg.

Klara und Sebastian liefen nördlich dieses Weges durch den Heidelberger Forst. Klara erinnerte sich ungefähr, auf welcher Höhe des namenlosen Seitenweges, auf dem sie gingen, die Buche stand. Dennis' Baum. Aber sie war nicht sicher, ob sie ihn wirklich wiederfinden würde.

Sebastian zückte sein Handy, ließ seinen Zeigefinger über das Display gleiten und tippte ein paarmal darauf. »Noch etwa zweihundert Meter«, verkündete er.

Schweigend liefen sie nebeneinanderher. Schließlich fragte Sebastian: »Meinst du wirklich, die Kollegen haben etwas übersehen? *Wir* haben etwas übersehen?«

»Ich weiß es nicht. Möglicherweise will ich auch einfach noch einmal zu diesem Baum. Wieso ist Dennis so weit gelaufen? Er hätte mit seinem Auto herfahren und es irgendwo in der Nähe abstellen können. Er muss den ganzen Weg mit einer Holzkiste in der Hand gelaufen sein, und da er keine Tasche bei sich hatte, auch mit dem Strick. Das ist doch idiotisch. Und niemand hat ihn gesehen?«

»Es kann gut sein, dass ihn jemand gesehen hat. Aber die Leute schleppen alles Mögliche mit sich herum, das erregt doch kaum Aufmerksamkeit. Er könnte auch mit dem 39er-Bus Richtung Königstuhl gefahren sein, von einer der Haltestellen auf der Strecke aus ist es nicht mehr so weit bis hierher. Wir hatten Vollmond in der Nacht, in der Dennis starb, er konnte seinen Weg ganz gut finden.«

»Die Buslinie 39 fährt nach neunzehn Uhr nicht mehr. Das habe ich schon nachgesehen.«

»Hm. Tja. Dann doch zu Fuß? Oder er ist eben schon früh im Wald gewesen.« Sebastian rieb über seine Bartstoppeln, mit der Bewegung seines Armes wehte wieder ein Dufthauch von ihm zu Klara herüber, Sommerwind, der über eine Wäscheleine strich. Sie war zwischen zwei Kirschbäumen gespannt, und an einem lehnte ein lachender Kerl mit nacktem Oberkörper.

Klara riss sich zusammen. »Wenn ein Mord nach Selbstmord aussehen soll, ist Erhängen der Klassiker«, murmelte sie wie zu sich selbst.

»Du meinst, quasi der dunkelblaue Zweireiher, das Chanel-Kostüm unter den fingierten Selbstmorden?« Sebastian sah sie schief von der Seite an.

»Sozusagen.« Klaras Mundwinkel hoben sich ein Stück nach oben. »Die Fachliteratur kennt einige Beispiele.«

»Ja genau. Und alle wurden aufgeklärt.«

»Irrtum. Man hat logischerweise die nicht erfasst, die man nicht aufklärte, auf die kein Verdacht fiel. Die Dunkelziffer.«

»Wenn es denn eine gibt.«

»Gibt es irgendwo keine?«

Sebastian gab sich geschlagen, er seufzte leise. »Okay. Also auf zur Dunkelziffer. Da vorn müssen wir vom Weg ab.«

Sie gingen etwa fünfzig Meter weiter und dann vorsichtig nach rechts in den Wald hinein. Das Laub raschelte unter Klaras Turnschuhen, Äste knackten. Sie erinnerte sich an den Morgen, als sie zum ersten Mal hier gewesen war, sie mussten noch ein ganzes Stück das leicht ansteigende Gelände hinauf.

Klara ging hinter Sebastian her, der abwechselnd auf sein Handy und wieder geradeaus sah, wie ein Pfadfinder. Sie fragte sich, ob bei den Kleinen heute auch schon ein GPS-Gerät den Kompass ersetzt hatte. Auf einigen Kindergeburtstagen gab es Schatzsuchen mit Hilfe von GPS, eine Geocaching-Geburtstagsparty. Solange man nur den Schatz und nicht noch eine Leiche fand …

»Hier vorn muss es sein.« Sebastian blieb stehen und zeigte schräg nach links.

Klara sah in die Richtung seiner ausgestreckten Hand, dann erkannte sie es wieder. Und mit dem Erkennen kam die Erinnerung. Wie ein flammendes Bild schoss sie ihr in den Kopf, der erhängte Dennis, das verfärbte Gesicht, die heraushängende

Zunge. Ein geschundener Engel, in der Luft schwebend. Oder war es doch ein Teufel?

Schweigend traten die Ermittler an die Buche heran, Klara spürte einen plötzlichen Schwindel, den sie versuchte loszuwerden, indem sie ihre Augen fest auf die unterste Astgabelung des Baumes richtete. Wieder das Bild des Todes, der alte Bekannte, der doch nie ein guter alter Bekannter wurde.

Vor Klaras Augen entspann sich erneut die Ähnlichkeit zwischen Dennis und Sebastian, obwohl der Tod Dennis so gezeichnet hatte, dass man von Ähnlichkeit mit einem Lebenden kaum noch sprechen konnte. Der Tod, der mit seinen klammen Fingern anfing, in Gesichtern herumzuwirken, als seien sie aus mehrfarbigem Plastilin, aus Kinderknete, die in bizarre Formen gedrückt wurde und auf der irgendwann Ungeziefer nistete.

Klara ging zwei Schritte weiter zum Baum heran und strich mit ihrer Hand über den Stamm, der glatt und rau zugleich war. Die Berührung schien ihr wieder Halt zu geben, das Schwindelgefühl ließ nach. Durch die Laubkrone der Buche raschelte der Wind, aber der Wald war verschwiegen, er gab keines seiner Geheimnisse preis.

»Würdest du mich mal hochheben?« Klara sah Sebastian lieber nicht direkt an.

Die Astgabelung, in der der Strick gehangen hatte, befand sich in etwa zweieinhalb Meter Höhe. Sebastian formte seine Hände zu einer Räuberleiter, Klara setzte einen Fuß darauf und zog sich am Stamm hoch. Dann wechselte sie eine Hand zu dem Ast, der abgabelte, und stützte sich mit der anderen weiter am Baumstamm ab. Sie richtete ihren Blick auf die Biegung, mit der das Holz des Stammes in das des Astes überging, diese Gabelung, in der der Strick gehangen hatte.

Wie Detektoren suchten Klaras Augen die braungrünliche Rinde der Buche ab. Sie zögerte, ging mit den Augen noch näher heran, neigte den Kopf etwas zur Seite, ließ vorsichtig ihren Finger über eine Stelle gleiten, fühlte. In einem schmalen Streifen schien die Borke heller zu sein, an einigen Stellen aufgeraut. Klara fühlte nochmals. Dann war sie sicher. Schleifspuren.

»Am besten, du siehst dir das auch mal an«, sagte sie, sprang auf den Waldboden hinunter und half Sebastian hinauf.

Nach ein paar Sekunden ließ der sein typisches »Tja« verlauten. Dann folgte wie immer eine Pause. Klara stützte ihn ab, er wurde langsam schwer. Schließlich meinte er: »Eine Schleifspur?«

»Sieht so aus.«

Sebastian sprang hinunter. »Du meinst, jemand hat Dennis am Strick hochgezogen?«

»Was meinst du denn?«

»Könnte sein. Kann aber auch sein, dass das Seil in die Borke geschnitten hat, weil der Wind die Leiche bewegte?«

Skeptisch legte Klara die Stirn in Falten. »Dennis hing nah am Stamm, hier mitten im Wald gab es vermutlich nicht sehr viel Windbewegung, und ich glaube auch nicht, dass das Seil dann solche Spuren hinterlassen hätte.«

»Und jetzt?«, fragte Sebastian und stützte die Arme in die Seiten.

»Erst einmal fotografieren. Ich kann mich nicht erinnern, dass jemand von der Spurensicherung am Freitag da nochmals hochgestiegen ist, nachdem das Seil durchtrennt war. Offenbar sollte der Kollege, der es durchgeschnitten hat, schon alles gesehen haben.«

»Na dann, bitte schön.« Sebastian faltete erneut seine Hände zu einer Räuberleiter und sah Klara direkt in die Augen.

Muss das sein?, dachte sie gequält, und ihr wurde plötzlich heiß. Sie stieg in Sebastians Hände und angelte ihr Handy aus der Tasche ihrer Jeans, während sie sich mit der anderen Hand am Ast festhielt. Dann fotografierte sie.

Es war alles andere als ein Beweis, selbst als Indiz war es nicht eindeutig, möglicherweise würde Conrad es einfach vom Tisch wischen. Aber Klara konnte das nicht so einfach, und Sebastian vermutlich auch nicht.

***

Er zog die kleine Thermoskanne aus seiner schwarzen Sporttasche und goss sich einen Schluck Kaffee ein. Diese blöde Ziege.

Scheinbar hatte sie es auf ihn abgesehen. Glaubte wohl, er würde nichts von seinem Job verstehen, dabei verstand er mehr davon als alle anderen hier zusammen. Er hätte den Fleckloser zu niedrig dosiert, in diesem Zustand könne die Ware nicht zurück an den Kunden.

Er hatte noch nie etwas falsch dosiert, er wusste, welche Hilfe das Wasser brauchte, was es allein konnte und wann es wie viel Chemie brauchte.

Ungehalten trank er den Kaffee, schwarz, ohne Zucker, der Geruch vermischte sich mit dem von kaltem Schweiß und Putzmittel, der in diesem Pausenraum hing. Vor ihm auf dem abgewetzten Tisch lag die lokale Tageszeitung, jemand hatte sie hier liegen lassen. Er blätterte sie auf, überflog ein paar Überschriften, es interessierte ihn wenig, was in der Welt passierte, in seiner eigenen Welt passierte genug. Nach ein paar Seiten kam er zum Lokalteil. Eine der Überschriften fing seinen Blick ein, plötzlich verband sich seine Welt mit der da draußen. Seine Augen sprangen blitzschnell zu dem Foto unterhalb dieser Titelzeile, die schwarzen Pupillen, die sich kaum abhoben von der sie umringenden Iris, starrten auf das körnige Bild. Etliche Sekunden. War sie es wirklich?

Er hielt die Zeitung etwas weiter von seinen Augen weg, sodass die einzelnen kleinen Bildpunkte stärker in ein mehrfarbiges Ganzes hineinliefen. Sie schien es zu sein. Ein Grinsen huschte über sein Gesicht, sieh einer an, wie klein die Welt war. Klein und einfach.

Der Täter war schon gefasst, auf die Heidelberger Polizei war Verlass. Sie war schnell und effektiv, und natürlich gab sie ihren Ermittlungserfolg umgehend der Öffentlichkeit bekannt. Das lokale Blatt war um eine Schlagzeile reicher und die Welt wieder um einiges sicherer.

Er überflog den Artikel. »... gestrige Pressekonferenz ... ist es dem Ermittlerteam um Kriminaldirektor Klaus Conrad gelungen, die Tat innerhalb kürzester Zeit aufzuklären ... der Freund des Opfers Susanne S. ... Geständnis ... Suizid ...« Erneut zog er die Mundwinkel nach oben. Es hatte funktioniert.

Seine Augen wanderten nochmals zu dem Foto. Die adrette Bullenfrau dort hatte also in seinem Fall ermittelt, die liebende Mutter, die sich am Wochenende mit ihrem Töchterlein im Freibad vergnügt hatte. Es war zu amüsant. Spielte die toughe Ermittlerin und hatte dabei ein riesiges Loch in ihrer Rüstung, unter dem das ungeschützte Fleisch offen lag, ein Loch, das ihre Tochter riss. Der kleine Geysir, wie hieß sie gleich? Josi? Josephine? Der wunde Punkt, die wunde Stelle, die die Bullenfrau angreifbar machte, so angreifbar, dass es fast lächerlich war. Es war gut, das zu wissen. Auch wenn der Fall offenbar erledigt war.

Die perfekte Tat war nicht die, bei der die Polizei den Täter nicht fand. Sie würden jahrzehntelang darin herumwühlen, Mord verjährte nicht. Die perfekte Tat war die, bei der die Polizei den falschen Täter fand. Dann war Ruhe. Und er hatte sich ein wenig Ruhe verdient.

Er durfte nicht noch einmal so leichtsinnig sein wie damals bei der Tramperin. Es war reine Glückssache, ein glücklicher Zufall, dass sie bislang nicht gefunden worden war. Aber sein Verhalten war unverantwortlich gewesen, purer Leichtsinn.

Es hatte ihn damals einfach überfallen, dieses Wutverlangen, diese Lust, der er nachgeben musste, dieser Zwang, eine Kehle zwischen seinen Händen zu fassen, das Verlangen, Herr zu sein über Leben und Tod, die Bilder, die in seinem Kopf glühten, wirklich werden zu lassen. Es hatte auch damals schon keine andere Möglichkeit gegeben. So wie bei Susanne, es gab keine Alternative dazu, es zu tun, auch wenn er Susanne nicht gleichsetzen wollte mit diesem plappernden Wasserfall, dem er einfach den Mund gestopft, den Hahn abgedreht hatte. Susanne war eine Klasse für sich.

Nachdem damals seine Zuckerkrankheit erkannt worden war und der Mann sie aus der Wohnung geworfen hatte, hatte er mit der Mutter in einem Ein-Zimmer-Loch in einem fahlgrauen Hochhaus am Rande der Stadt gelebt. Er hatte die Schule wechseln müssen, die neue Schule war noch schlimmer gewesen als die alte. Er hatte gedacht, dass er nun die Mutter für sich allein hatte, aber sie war kaum da gewesen. Sie kam abends von der Arbeit, legte sich aufs Sofa, schlief eine halbe Stunde, machte etwas zu essen und ging dann wieder. »Ich bin bald zurück, Fred.«

Oft kam sie erst am Morgen.

Nach einer Weile sagte sie zu ihm: »Wir ziehen um. Die neue Wohnung ist viel größer.«

Der Mann war älter gewesen als der davor. Um seinen runden Kopf wuchs ein grauer Haarkranz, und sein Gesicht war merkwürdig rot. Er beugte sich zu ihm hinunter und tätschelte ihm den Kopf. »Du bist also der kleine Fred?« Sein Atem roch faulig, aber seine Zähne sahen aus wie weiße Badezimmerkacheln, ein Rechteck neben dem anderen, gerade und gleichförmig wie Porzellansoldaten. Am kleinen Finger seiner rechten Hand steckte ein breiter Goldring, die Mutter lächelte. »Sag Guten Tag zu Onkel Gerhard.«

Onkel Gerhard sagte, dass er ihn sehr lieb habe, immer dann, wenn die Mutter auf der Arbeit war. Als kleiner Junge wusste er nicht, ob das gut oder schlecht war, er schwieg einfach.

Einmal kam die Mutter früher nach Hause, sie war krank geworden. Onkel Gerhard hatte ihn gerade lieb, aus seinem Mund tropfte etwas, wie Schleim aus einer feuchten Kuhnase. Da schrie die Mutter. Will sie nicht, dass der Mann noch jemand anderen außer ihr lieb hat?, fragte er sich und sah seine Mutter erschrocken an. Die griff nach der Weinflasche, die auf dem Wohnzimmertisch stand, und er spürte kurz darauf eine der Scherben wie einen glühend heißen Stich in seinem Gesicht. Dann blickte er zu dem Mann, sein grauer Haarkranz färbte sich rot, aus seinem Mund mit den Porzellanzähnen kam ein dumpfer Laut, alle Luft war aus seiner alten Brust gewichen, als hätte man ein muffiges, schweres Sofakissen mit einem Schlag auf die Kante in Form gebracht.

Noch heute fühlte er den festen Griff, mit dem seine Mutter ihn an einem Arm von der Couch gerissen hatte, er war auf seine Knie gefallen. »Nur Ärger mit dem Balg«, hatte sie geflucht. Dann packte sie in Windeseile zwei Koffer zusammen und knurrte ihn an: »Nimm deinen Schulranzen mit.« Kurze Zeit später verließen sie die Wohnung, ihm war schwindelig, die Mutter zog ihn das Treppenhaus hinunter.

Sie waren erst mit dem Bus, dann mit dem Zug gefahren, spät am Abend waren sie in einer anderen Stadt angekommen. In dieser Nacht hatte er auf einem Teppich geschlafen, in ein paar Decken gehüllt. Fortan wohnten sie bei einer Schwester seiner Großmutter, die er noch nie zuvor gesehen hatte. »Alles wegen dir«, hatte die Mutter gesagt.

***

Mit einer kurzen ruckartigen Bewegung seiner sehnigen Hand warf Hauptkommissar Harald Bender die lokale Tageszeitung auf Klaras Schreibtisch.

»Guckt mal auf Seite fünf unter ›Regionales‹. Ich habe eben in der Redaktion angerufen und gefragt, ob sie Porträtfotos von uns wollen, um damit die ganze Stadt zu plakatieren.«

Klara runzelte die Stirn, griff nach der Zeitung und blätterte bis zur fünften Seite. Ein Foto der Pressekonferenz, auf dem praktisch das gesamte Ermittlerteam abgebildet war, prangte ihr entgegen.

»Oh. Schön. Wer war das denn?« Sie faltete die Zeitung einmal und reichte sie Sebastian.

Der nahm sie an, betrachtete das Foto und zog die Augenbrauen hoch. »Also, Harald, ich finde, du siehst fünf bis zehn Jahre jünger aus.« Er grinste. »Klara, du sowieso.«

»Danke schön.« Klara lächelte artig. Eigentlich war die Angelegenheit alles andere als lustig.

Harald setzte sich, schlug ein Bein über das andere, griff nach einer Büroklammer, die auf der Tischplatte lag, und begann sie aufzubiegen. »Der Chef vom Dienst bei der Zeitung war nicht zu sprechen, der ist krank. Sein Stellvertreter war gestern noch nicht krank, heute aber dann auch. Es war also niemand Verantwortliches zu erreichen. Ich habe mit einer Volontärin telefoniert.« Haralds Stimme klang rau, und er dehnte »Volontärin« in seinem Dialekt so breit, dass es fast unanständig klang.

Klara konnte sich gut vorstellen, wie die arme Frau am Telefon gelitten hatte, als Harald, *Arsch, Sack*, ihr einen einschenkte zum Thema Identitätsschutz. Die Identitäten der Ermittler waren nicht für die breite Öffentlichkeit bestimmt, dafür gab es einen Pressesprecher, der sein Gesicht hinhielt.

Sebastian seufzte, als er den Artikel überflog. »Tragische Beziehungstat, schneller Ermittlungserfolg der Heidelberger Kripo. Die Öffentlichkeit kann beruhigt sein, der Täter ist gefasst.« Er legte die Zeitung beiseite. »Tja«, sagte er lapidar und schwieg dann einen Moment. Schließlich meinte er: »Klara und ich haben gestern Abend einen Waldspaziergang gemacht.«

Harald drehte das Stück Draht, das einmal eine Büroklammer gewesen war, zwischen seinen Fingern. »Ach. Tatsächlich?«

Sebastian nickte. »Da kamen wir an einem Baum vorbei, und Klara wollte unbedingt hochklettern.«

Er machte eine Kunstpause.

Haralds raues »Und?« legte sich nach ein paar Sekunden über die Stille wie ein kurzes Donnergrollen.

Sebastian zögerte noch einen weiteren Moment, dann setzte er erst einmal sein bewährtes »Tja« dagegen.

»Tja was?« Harald wurde ungeduldig.

»Nun ja. Da war so etwas an der Rinde in der Astgabel.«

Harald räusperte sich. »An der Rinde in der Astgabel?«

Erneut nickte Sebastian, und wieder lag Stille im Raum.

»Sebastian, du bringsch misch uffs Quedschebeemel. Raus mit der Sprache«, brummte Harald.

»Am besten siehst du es dir selbst mal an.« Klara reichte ihm ihr Handy mit den Fotos.

Harald betrachtete sie eine Weile und gab Klara schließlich das Gerät zurück.

»Schleifspuren?«

»Könnte sein.« Klara setzte ihren Unschuldsblick auf.

»Wart ihr schon bei Conrad damit?«

Sebastian schüttelte den Kopf.

Harald stand auf und begann, im Büro herumzugehen. »Es kann genauso gut sein, dass Dennis das Seil ein paarmal in der Astgabel hin- und hergezogen hat, um zu sehen, ob es hält. Oder der Wind hat später die Leiche bewegt.«

»Könnte sein.« Klara sah aus dem Fenster.

»Aber das glaubst du nicht, was?« Streng sah Harald sie an.

»Na ja, wie gesagt, es ist nur so ein Gefühl.«

»Ach. Sebastian, hast du auch so ein Gefühl?«

»Wie soll ich sagen, Harald … Mit den Gefühlen ist das so eine Sache. Aber hier haben wir ja womöglich ein Indiz.« Sebastian machte sein Bubengesicht, die Arglosigkeit in Person.

»Wenn ihr einen Tag nach der Pressekonferenz den Fall wieder aufrollen wollt, reißt euch Conrad den Kopf ab.«

»Hm.« Klara sah immer noch aus dem Fenster. »Unter Umständen finden wir ja noch ein paar andere Hinweise.«

»Wenn Conrad herausbekommt, dass ihr in einem abgeschlossenen Fall hinter seinem Rücken weiterermittelt, reißt er euch ebenfalls den Kopf ab.«

»Er muss es ja nicht unbedingt wissen.« Klaras Blick ruhte auf der grau gestreiften Ordentlichkeit gegenüber. Was würde eigentlich passieren, wenn einer der Mieter rote Markisen über seinen Balkon spannen würde?, fragte sie sich. Abmahnung? Kündigung? Lynchjustiz?

»Wenn das so ist, weiß ich am besten auch nichts davon.« Harald atmete hörbar aus, verschränkte die Arme vor der Brust und ging zur Tür. »Ist sowieso am besten, man weiß nicht alles. Rosi sagt, ich muss auf meinen Blutdruck aufpassen, und wie ihr wisst, höre ich auf meine Rosi.« Er öffnete die Bürotür und trat auf den Flur. »Alla dann …«, seine Hand hob sich ein Stück, es war mehr ein Abwinken als ein Abschiedsgruß, »… bis später.«

Als Harald verschwunden war, fragte Klara scheinbar beiläufig: »Kommst du mit zu Frau Rothschenk? Eine pensionierte Richterin freut sich sicher auch über unseren Ermittlungserfolg.«

Über Sebastians Gesicht huschte ein Lächeln. »Ja klar. Richterin im Ruhestand und Wachposten im Dienst.« Er faltete die Zeitung zusammen, die immer noch vor ihm lag, und stand auf. »Alla dann, lass uns los.«

Klara griff nach ihrer Tasche und folgte ihm aus dem Büro.

***

Eine halbe Stunde später saßen die beiden Ermittler in Edeltraut Rothschenks aufgeräumtem Wohnzimmer. Die drahtige Frau zwinkerte ihnen neugierig aus ihren wasserblauen Augen zu. »So schnell hätte ich ja gar nicht damit gerechnet, Sie wiederzusehen.« Sie drehte einen Goldring mit einem Aquamarin an ihrem Ringfinger. »Aber natürlich freut es mich, dass Sie den Täter so schnell gefasst haben.« Um ihre schmalen Lippen herum spielte wieder diese feine Amüsiertheit.

»Sie haben es in der Zeitung gelesen?« Sebastian beugte sich in seinem Sessel ein wenig nach vorn.

»Natürlich. Auch wenn ich alt bin, möchte ich noch wissen, was um mich herum passiert.«

Das glaube ich, dachte Klara. »Woher wussten Sie eigentlich, dass Susanne Scheidt schwanger war?«, fragte sie.

Das Lächeln in Edeltraut Rothschenks Gesicht verstärkte sich. »Kindchen, spielt das denn noch eine Rolle, jetzt, wo Sie den Täter haben?« Sie forschte in Klaras Augen, dann in Sebastians. »Oder sind Sie etwa hier, weil Sie Zweifel an Ihren eigenen Ermittlungen haben?«

»Natürlich nicht. Es ist mehr ein persönliches Interesse«, beeilte sich Sebastian zu erwidern. Er zögerte einen Moment und schien nachzudenken. »Dennis war nicht der Vater von Susannes Kind«, fügte er dann hinzu.

»Ach wirklich?« Edeltraut Rothschenk lächelte noch immer. »Ich sagte ja bereits, dass das Fräulein Scheidt womöglich ein besseres Leben in Aussicht hatte als das einer Verkäuferin in einem Lebensmittelmarkt.«

»Ja, so etwas haben Sie angedeutet. Also war Oliver Lebenstedt der Vater? Aber woher wussten Sie das?«

Die alte Dame zuckte mit den Achseln und schwieg. Offenbar war sie angesichts reiner persönlicher Neugier der Ermittler nicht bereit, ihr Wissen zu teilen. Welche Bedeutung hatte schon Neugier? Klara überlegte. Dann entschloss sie sich, mit offenen Karten zu spielen.

»Frau Rothschenk, ich … wir haben in der Tat einen gewissen Zweifel, dass Dennis der Täter war. Wir können ihn nur unzureichend begründen, aber er ist da. Wir hatten gehofft, dass Sie uns helfen können.«

Im Gesicht der ehemaligen Richterin ging eine leise Veränderung vor. »Wieso zweifeln Sie?«, fragte sie mit ihrer knarzigen Stimme.

»Es gibt so etwas wie Schleifspuren in der Astgabel, in der das Seil hing, mit dem sich Dennis erhängt hat.«

»Sie glauben, jemand hat ihn hochgezogen?« Die Frage kam prompt, offenbar konnte die Frau eins und eins immer noch schnell zusammenzählen.

Klara neigte den Kopf zur Seite, wie um zu sagen: Was glauben Sie denn?

Bedächtig führte Edeltraut Rothschenk die Teetasse, die vor ihr stand, an ihre schmalen Lippen. Der Schluck, den sie nahm, gluckste ihre Kehle hinunter, unter der dünnen, faltigen Haut bewegte sich der knorpelige Kehlkopf. Sie stellte die Tasse sorgsam wieder ab und meinte: »Oliver Lebenstedt war mit Sicherheit nicht erfreut, Vater eines unehelichen Kindes zu werden. Susanne war für ihn eine Affäre, ein Seitensprung. Aber er hätte sich niemals scheiden lassen.«

»Woher wissen Sie das?« Klara nahm ebenfalls einen Schluck Tee.

»Kindchen, ich kenne die Lebenstedts seit Jahren. Ich kenne Oliver Lebenstedt, seine Frau, seine Kinder. Der Mann gehört nicht zu denen, die für eine naive, hübsche Verkäuferin alles aufgeben, was sie sich aufgebaut haben.«

Prüfend sah Sebastian Edeltraut Rothschenk an. »Dachte denn Susanne, dass er das alles für sie aufgeben würde?«

»Susanne hat mir von ihrer Schwangerschaft erzählt, daher wusste ich es. Ganz einfach. Sie schien es mitteilen zu wollen, strahlte vor Glück. Sie hatte mich immer freundlich gegrüßt, ab und an hatten wir ein paar Sätze gewechselt, nun ja, und eines Morgens erzählte sie eben mehr. Sie sagte, dass sie ein wundervolles Leben mit Oliver haben werde, eine echte Familie, er sei ihre große Liebe. Ich habe mich damals gefragt, wie man so naiv sein kann.«

»Wusste Susannes Freund Dennis von der Schwangerschaft?«, hakte Sebastian nach.

Wieder lächelte Edeltraut Rothschenk ihr süffisantes Lächeln. »Wissen Sie, junger Mann, ich bin alt und ein wenig boshaft, und zu viel Glückseligkeit geht mir auf die Nerven. Ich habe das Fräulein Scheidt gefragt, was denn ihr Freund dazu sagt.«

»Und?«, fragte Sebastian gespannt.

»Susanne hat mit den Achseln gezuckt. Das mit Dennis sei ohnehin vorbei, sie seien eigentlich nur noch Freunde, für ihn sei das okay.« Edeltraut Rothschenk rümpfte ihre schmale gerade Nase. »Nun ja, die Jugend von heute, ein Wanderzirkus.«

Klara musterte das faltige Gesicht der alten Frau, die wachen wasserblauen Augen, die hohen Wangenknochen, auf denen sich braune Altersflecken abzeichneten. Sie stellte die direkte Frage. »Glauben Sie, dass Dennis Susanne umgebracht hat?«

Edeltraut Rothschenk neigte den Kopf zur Seite, drehte mit ihren schmalen Fingern wieder ihren Aquamarin-Ring und betrachtete ihn. Sie schien ein Für und Wider abzuwägen, offenbar fiel ihr die Antwort nicht leicht. Schließlich sagte sie: »Man sieht den Leuten nur bis vors Gesicht. Ich habe keine Ahnung, was wirklich in Dennis vorging. Aber so, wie Susanne von ihm gesprochen hat, schien es keine Katastrophe für ihn zu sein, dass sie mit einem anderen glücklich werden wollte.« Sie machte eine lapidare Handbewegung. »Ich sage ja: Wanderzirkus.«

»Halten Sie Oliver Lebenstedt für den Täter?«, fragte Sebastian.

Klara überlegte kurz, ob diese Variante für Sebastian eine gewisse Genugtuung bedeuten würde, gleichzeitig richtete sie ihren Blick auf Edeltraut Rothschenk.

»Ich glaube nach wie vor, dass der Täter in einer Beziehung, in einer Mann-Frau-Beziehung, zum Opfer stand«, meinte diese. »Aber ob sich Oliver Lebenstedt wirklich die Finger schmutzig gemacht hätte, wage ich zu bezweifeln.« Sie machte eine Pause und nahm einen weiteren Schluck Tee. »Vielleicht suchen Sie ja auch jemand ganz anderen. Die unbekannte dritte Person?«

»Vielleicht. Aber das macht die Sache nicht einfacher«, erwiderte Klara.

»Zumal wenn Ihr Vorgesetzter den Fall zu den Akten legen möchte und Sie offiziell gar nicht mehr ermitteln können.« Edeltraut Rothschenk grinste wie eine gewiefte graue Katze.

»Genau. Vor allem dann.« Klara erhob sich. »Danke für den Tee. Und für Ihre Zeit.«

»Ach Kindchen, Zeit habe ich mehr als genug. Kommen Sie doch mal wieder vorbei mit Ihrem schmucken Kollegen.« Sie deutete mit dem Kopf in Sebastians Richtung. »Auf der Fahrt hierher haben Sie dann auch ein wenig Zeit zu zweit.« Noch immer hatte sie das Katzengrinsen im Gesicht, ihre hellen Zähne blitzten.

Sebastian stand ebenfalls auf. »Danke, aber um Zeit zu zweit geht es hier wirklich nicht.«

»Nicht?« Die Alte tat verwundert. »Nun ja, wie Sie meinen. Warten Sie, ich begleite Sie zur Tür.«

Zum Abschied reichte Edeltraut Rothschenk ihnen ihre knochige Hand. Als sie sie drückte, fühlte Klara den Aquamarin-Ring, ein schönes Schmuckstück. Unvermittelt fragte sie: »Haben Sie eigentlich Kinder?«

Das Gesicht der Frau verfinsterte sich für einen Moment. »Nein. Unsere Ehe blieb kinderlos.« Sie entzog Klara ihre Hand. »Und mein Mann ist leider vor einigen Jahren verstorben.«

»Das tut mir leid«, sagte Klara.

Edeltraut Rothschenk nickte den Ermittlern noch einmal zu, sagte: »Also, auf Wiedersehen«, dann schloss sie die Tür.

Nachdenklich folgte Klara Sebastian die Treppe hinunter.

Kurze Zeit später saßen beide schweigsam im Wagen. Sie verließen Kirchheim und fuhren Richtung Innenstadt. Sebastian fuhr zu schnell, er schien angespannt. Als sie ein paar hundert Meter vor dem Revier an einer roten Ampel standen, murmelte er schließlich: »Wenn wir tatsächlich davon ausgehen, dass Dennis sich selbst und auch Susanne nicht umgebracht hat, wen suchen wir denn dann?«

Klara sah aus dem Seitenfenster, ein Teil ihres Gesichts spiegelte sich in der Scheibe. »Einen Täter, der beide umgebracht hat?«

»Aber wieso, wo liegt das Motiv?«

»Einen Täter, der zuerst Susanne tötete und dann Dennis als Zeugen beseitigen musste?«, fragte Klara.

»Kann sein. Aber zwischen Susannes Tod und dem von Dennis lag genug Zeit, in der Dennis zur Polizei hätte gehen können.«

»Hm«, meinte Klara zustimmend. »Dann ein Doppelmord aus Rache oder Eifersucht? Susanne fing doch wieder was mit Dennis an, und Lebenstedt hat aus gekränkter Eitelkeit beide umgebracht?«

Die Ampel wurde grün, Sebastian legte den Gang ein und gab Gas. »Eitel ist der Typ, aber ein Doppelmörder, nur weil seine Affäre doch wieder mit einem anderen ins Bett ging? Er wollte doch offenbar sowieso kein gemeinsames Leben mit ihr.«

»Stimmt«, meinte Klara. »Also suchen wir tatsächlich den unbekannten Dritten?«

»Die Nadel im Heuhaufen?« Sebastian drehte seinen Kopf in Klaras Richtung, gefährlich lange, dafür, dass er den Wagen fuhr.

Manchmal bildete sich Klara ein, in seinen dunkelgrünen Augen ein kleines weißes Schiff zu sehen, das auf diesen Bergseen segelte, ein Mann und eine Frau lagen an Deck und betrachteten die Schönwetterwolken am Himmel über ihnen. Würden diese Bilder jemals verschwinden?

Endlich richtete Sebastian seinen Blick wieder auf die Straße. »Ziemlich klar ist, dass diese Nadel genetische Spuren in Susannes Wohnung hinterlassen haben muss.«

»Ziemlich klar ist auch, dass wir hier, wenn Conrad den Fall als abgeschlossen betrachtet, kaum weiterkommen werden. Erst wenn wir ihm einen dringend Tatverdächtigen präsentieren, könnte ein weiterer DNA-Abgleich vorgenommen werden.« Klara machte eine Pause und fragte dann: »Jemand aus dem Freundeskreis der beiden?«

»Wir sollten uns da zumindest mal umhören«, antwortete Sebastian und bog auf der Römerstraße nach links ab auf das Gelände des Polizeireviers. Er parkte den Wagen auf einem der freien Plätze.

Das weiß-graue Gebäude hatte azurblaue Fensterrahmen. Als Klara ihren Dienst hier angetreten hatte, hatte sie sich gefragt, ob die Architekten mit der Farbkombination an griechische Fischerdörfer erinnern wollten. Dazu bedurfte es allerdings einer Menge Phantasie.

Sie stieg aus dem Auto und ging ein paar Schritte um den Wagen herum.

Schräg neben der Fahrertür wartete Sebastian und sah sie an. »Und jetzt?«

»Ich würde gern noch einmal bei Monika in der Rechtsmedizin vorbeischauen. Vielleicht kannst du ein paar Freunde von Dennis ausfindig machen?«

»So von Mann zu Mann?« Sebastian deutete ein Lächeln an.

»So ungefähr.« Klara lächelte zurück. Mann zu Mann war unverfänglich. »Bis später dann«, sagte sie, drehte sich um, lief ein paar Meter und überquerte die Römerstraße.

Es war nicht weit bis zur Rechtsmedizin. Klara genoss den kleinen Spaziergang an der frischen Luft die Bergheimer Straße entlang. Sie kam bei dem Bäcker vorbei, der riesengroße Granatsplitter verkaufte, regelrechte Berggipfel aus Schokolade mit Cremefüllung. Sie hatte sich mit Josephines Vater öfter einen geteilt, Jans Grinsen beim Durchschneiden des Schokohaufens hatte sie immer noch vor Augen.

Mit federnden Schritten lief sie weiter, überquerte nach etwa zweihundert Metern die Straße und bog in eine kleine Seitenstraße ein. Jetzt kam sie auf das Gelände des Altklinikums, fast augenblicklich trat der Verkehrslärm zurück. Nach wenigen Minuten sah sie das Gebäude der Rechtsmedizin, wieder erschien es ihr wie aus einer anderen Welt, einer Zwischenwelt, in der Zeit sehr relativ wurde.

Klara drückte den Klingelknopf an der Sprechanlage neben dem Haupteingang und meldete sich an. Die Tür wurde mit einem Summton entsperrt. Sie trat ein.

Der Geruch des Gebäudes hatte sich ihr über die Jahre eingeprägt. Klara bildete sich ein, ihn von allen anderen Gerüchen unterscheiden zu können. Desinfektionsmittel, Formalin, Bohnerwachs und trockenes Holz mischten sich mit dem typischen Geruch von altem Gemäuer.

»Die Chefin ist in ihrem Büro«, eine Mitarbeiterin lächelte Klara an, »hier die Treppe hinauf und dann links.«

»Ich weiß, danke.« Sie stieg das Treppenhaus hinauf bis in den ersten Stock und klopfte wenig später an Monika Hansens Tür.

»Herein.« Die tiefe Altstimme klang energisch.

Klara öffnete und trat ein.

Monika Hansen saß an einem modernen Schreibtisch aus Glas und Stahl und sah vom Bildschirm ihres Computers auf. »Hallo, Klara. Wie geht's? Ich schreibe gerade den Bericht zu Dennis Scharf. Eben habe ich noch an dich gedacht. Komm rein, setz dich.« Sie winkte Klara heran. »Was gibt's? Was kann ich für dich tun?«

Klara setzte sich auf einen der beiden Chromstühle, die vor dem Schreibtisch standen. Das Büro war in einer modernen Sachlichkeit eingerichtet, womöglich brauchte man das als Kontrast zu dem morbiden Charme des alten Gebäudes. Hinter dem Schreibtisch hing ein großformatiges abstraktes Ölgemälde in Gelb- und Rottönen. Wenn man lange genug daraufsah, glaubte man, ein paar Schiffe zu erkennen.

Klara wollte nicht um den heißen Brei herumreden, auch wenn ihr Anliegen irgendwie heikel war. Im Grunde genommen lief es ja auf die Frage hinaus, ob Monika Hansen bei der Sektion von Dennis' Leiche etwas übersehen hatte. Aber Klara kannte die Pathologin lange genug und wusste, dass es ihr am liebsten war, wenn man direkt auf den Punkt kam.

Also kam sie auf den Punkt. »Monika, kann es sein, dass Dennis keinen Selbstmord begangen hat?«

»Sehr unwahrscheinlich«, antwortete Monika Hansen prompt.

»Aber nicht ausgeschlossen?«

Die Pathologin sah Klara aus ihren aufmerksamen grauen Augen an. »Worauf willst du hinaus?«

Klara berichtete ihr von den mutmaßlichen Schleifspuren.

Fragend zog Monika Hansen die Brauen hoch. »Und da die wenigsten Menschen sich im Vollbesitz ihrer geistigen Kräfte freiwillig an einem Baum erhängen lassen, müsste Dennis stark sediert, im Prinzip bewusstlos gewesen sein.« Sie lehnte sich in ihrem Bürostuhl aus schwarzem Leder zurück. »Es gibt so gut wie nichts, was nicht in der toxikologischen Analyse nachweisbar wäre.«

»So gut wie nichts ist aber mehr als nichts?« Klara blieb vorerst bei der Negativform, die klang vorsichtiger.

Skeptisch legte Monika Hansen die Stirn in Falten. »Alle gängigen Fremdsubstanzen, Medikamente, Gifte sind nachweisbar.«

»Aber?«, fragte Klara leise.

»Problematisch können körpereigene Substanzen sein, Kaliumchlorid, GHB, Insulin …«

»GHB?«

»Gammahydroxybuttersäure. K.-o.-Tropfen. Hier ist der Nachweis abhängig von der Dosis und natürlich von der Zeit, die nach der Einnahme vergangen ist. Mitunter kann schon acht bis zwölf Stunden nach Verabreichung nichts mehr im Blut oder Urin nachgewiesen werden.«

»Wie kommt man an GHB?«

»Die Substanz unterliegt dem Betäubungsmittelgesetz, aber natürlich bekommt man sie, wenn man will, über das Internet. Außerdem gibt es eine chemisch ähnliche Vorstufe, GBL, die im Körper dann rasch zu GHB umgebaut wird. Diese Vorläufersubstanz ist frei erhältlich, sie dient beispielsweise als Lösungsmittel in der Industrie oder ist in Reinigungsmitteln enthalten, Flecklöser, so etwas in der Art.«

»Verstehe. Aber wir haben Dennis doch erst mehr als achtundvierzig Stunden nach seinem Tod gefunden. Da könnte es doch sein, dass ihm jemand diese K.-o.-Tropfen verabreicht hat und die Substanz nicht mehr nachgewiesen werden konnte.«

Nachdenklich sah Monika Hansen Klara an, ihre langen, schlanken Hände ruhten auf der Schreibtischplatte. »Das stimmt. Aber das von euch möglicherweise angenommene Szenario ist trotzdem sehr unwahrscheinlich. Das Problem liegt in der Dosierung und der Wirkungsweise von GHB und GBL. Als Faustregel kann man sagen: Ein Tropfen enthemmt, der zweite Tropfen verursacht massive Übelkeit, trübt stark die Wahrnehmung und den eigenen Willen, der dritte Tropfen macht bewusstlos, kann schnell zum Atemstillstand führen. Um einen jungen, kräftigen Mann zu erhängen und dabei jegliche Gegenwehr auszuschalten, würde man diese relativ hohe Dosierung ansetzen müssen.«

»Und?«, fragte Klara gespannt.

»Ein Atemstillstand vor dem Erhängen wäre nachweisbar gewesen. Aber selbst wenn der Täter punktgenau dosiert hätte – und zwar rein zufällig, da die Wirkung des Mittels nie exakt vorhersagbar ist –, Dennis also willenlos, aber am Leben gewesen wäre, musste der Täter damit rechnen, dass die Leiche möglicherweise schon am nächsten Tag gefunden würde. Dann wären hohe Dosierungen von GHB bei der toxikologischen Analyse nachweisbar gewesen, und der Plan, einen Mord wie Selbstmord aussehen zu lassen, wäre gescheitert.«

»Aber der Täter, wenn es denn einen gibt, könnte es einfach darauf ankommen lassen haben. Dennis hing ja abseits des Waldweges.«

Die Pathologin deutete ein Kopfschütteln an. »Auch wenn kein Atemstillstand eintritt, führen hohe Dosen der K.-o.-Tropfen praktisch immer zu Atemdepressionen, das heißt flacher, unzureichender Atmung. Das macht sich ebenfalls im Körper bemerkbar. Außerdem hatte Dennis Strangmaterial an den Händen, mikrofeine Fasern des Stricks. Wie erklärst du das?«

»Ich weiß«, erwiderte Klara. »Aber der Täter könnte den Strick noch einmal durch Dennis' Hände gezogen haben. So abwegig ist das nicht, er musste ja mit forensischen Analysen rechnen.«

»Und das Geständnis auf Dennis' Handy hat dann auch der Täter verfasst?«

Klara antwortete mit einer Gegenfrage. »Ausgeschlossen ist es nicht, oder?« Dann fügte sie eine weitere Frage an. »Du hattest noch Kaliumchlorid erwähnt. Was ist damit?«

Monika Hansen stand von ihrem Schreibtischstuhl auf, ging ein paar Schritte zum Fenster und lehnte sich Klara zugewandt an der Fensterbank an. »Nun ja. Eine Injektion von Kaliumchlorid führt ziemlich zuverlässig zum Tod. Das Mittel wird auch bei Spätabtreibungen verwendet, es wird in das Herz des Fötus injiziert. Das Herz-Kreislauf-Versagen tritt beim Menschen sehr rasch ein. Gleichzeitig ist eine Vergiftung mit Kaliumchlorid bei der Obduktion und den entsprechenden toxikologischen Analysen nur schwer nachweisbar. Das liegt daran, dass der natürliche Kaliumspiegel im Körper durch den Zerfall der Zellen nach dem Tod stark ansteigt, bei jedem Toten ist der Kaliumspiegel daher deutlich erhöht. Hier zuverlässige Abgrenzungen zu treffen, ob vor dem Tod Kaliumchlorid injiziert wurde, ist problematisch, das zugeführte Kalium geht praktisch im körpereigenen Kalium unter.«

»Wie kann denn dann eine Kaliumchlorid-Vergiftung bei Dennis ausgeschlossen werden?«, fragte Klara weiter.

»Das ist wiederum relativ einfach. Die Todesursache bei dieser Vergiftung ist, wie gesagt, ein Herz-Kreislauf-Versagen. Das ist in der Obduktion zu unterscheiden von einem Tod durch Strangulation. Herz-Kreislauf-Versagen zeigt hier andere Symptome, ausgeprägte Blutstauungen der inneren Organe, Lungen- und Hirnödeme und so weiter. Diese Symptome konnten wir so bei Dennis nicht feststellen.«

»Okay«, meinte Klara. »Bleibt also noch Insulin?«

Monika Hansen schob die Hände in die Taschen ihrer grauen Bundfaltenhose. »Ja, die Insulin-Morde …« Über ihr Gesicht huschte ein kaum wahrnehmbares Lächeln. »Ziemlich selten, aber durchaus belegt. In der Tat kann eine Insulin-Injektion zu einer lebensbedrohlichen oder tödlichen Unterzuckerung führen, und schon kurze Zeit nach dem Tod ist Insulin oder auch ein sehr niedriger Zuckerspiegel zum Todeszeitpunkt im Blut nicht mehr nachweisbar. Auch im Herzblut und im Urin nicht. Aber Dennis hat ja wie gesagt noch gelebt, als er sich erhängte.« Die Pathologin neigte den Kopf zur Seite. »Oder erhängt wurde.«

»Aber bei einer lebensbedrohlichen Unterzuckerung hätte er sich kaum noch wehren können, oder?«

»Das ist richtig. Eine ausgeprägte Hypoglykämie setzt einen ziemlich außer Gefecht, auch wenn sie nicht direkt tödlich sein muss.«

»Gibt es keine Möglichkeit, Insulin längere Zeit nach dem Tod nachzuweisen?«

»Doch. Allerdings mit Einschränkungen.«

Klara sah Monika Hansen gespannt an, ihre Stimme war leise und eindringlich, als sie fragte: »Welche Analyse und welche Einschränkungen?«

»Man kann jedem Auge rund einen Milliliter der Glaskörperflüssigkeit entnehmen. Bei Nicht-Diabetikern findet sich normalerweise kein Insulin im Glaskörper, aber hier liegt schon die erste Einschränkung: normalerweise. Ausnahmen bestätigen die Regel.« Monika Hansen trat ein paar Schritte vom Fenster weg und setzte sich wieder auf ihren Bürostuhl. »Bei einer Verabreichung einer Überdosis Insulin kann hingegen der Stoff in der Glaskörperflüssigkeit nachgewiesen werden. Der Glaskörper ist im Vergleich zu anderen Organen oder zum Blut auch nach dem Tod sehr stabil, das heißt, die natürlichen Abbauvorgänge oder biochemischen Veränderungen treten hier deutlich verzögert auf. Der Glaskörper ist sozusagen ein guter Freund des Pathologen.« Wieder huschte ein angedeutetes Lächeln über Monika Hansens Gesicht. »Aber …«, sie sah direkt in Klaras Augen und machte eine Pause.

»Aber …?«, wiederholte die Ermittlerin gedehnt.

»Aber einer der limitierenden Faktoren ist abgesehen von der Dosis auch hier die Zeit. Der Glukose-, also Zuckerspiegel kann im Glaskörper bis zu zwei Tage nach dem Tod nahezu unverändert sein. Der Spiegel anderer körpereigener Substanzen, wie zum Beispiel Harnstoff, in dieser Glaskörperflüssigkeit bis zu zehn Tage.« Monika Hansen machte eine langsame Bewegung mit ihrer rechten Hand. »Und unser Insulin liegt irgendwo dazwischen.«

Klara überlegte kurz. »Dennis ist in der Nacht von Dienstag auf Mittwoch gestorben. Ihr habt ihn Freitagvormittag obduziert. Da könnte doch noch etwas nachweisbar sein. Habt ihr Glaskörperflüssigkeit konserviert?«

»Sicher, es ist Standard in der Forensik, alle möglichen Körperflüssigkeiten zu sichern, Blut, Urin, Blutserum, Gehirnwasser … und auch die Flüssigkeit aus den Augen. Aber es ist kein Standard, diese mit aufwendigen chromatografischen und massenspektrometrischen Analysen auf Insulin hin zu untersuchen. Dazu braucht es schon einen konkreten Verdacht.«

»Wenn wir den hätten?«

»Klara, es gab keine Einstichstellen an Dennis' Körper, und ein gesunder Mann schluckt auch nicht gegen seinen Willen mehrere Insulin-Tabletten. Außerdem bliebe selbst bei schnell wirkenden Insulinen vermutlich noch genug Zeit für das Opfer, Hilfe zu holen oder sich bemerkbar zu machen. Dennis hatte doch sein Handy dabei.«

Klara senkte den Blick. »Du hast recht. Gleichwohl hätten wir nichts zu verlieren, wenn wir uns einmal diese Glaskörperflüssigkeit aus Dennis' Augen ansehen würden …«

Die Pathologin gab ein kurzes, tiefes Lachen von sich. »Wir? Ansehen würden? Klara, das sind wie gesagt sehr aufwendige Analysen mit völlig ungewissem Ergebnis. Nur weil die Rinde in der Astgabel dieses Baumes ein wenig aufgerieben war?«

»Bitte, Monika«, erwiderte Klara mit eindringlicher Stimme. »Wenn ihr nichts findet, begrabe ich meine Zweifel.«

Monika Hansen forschte in Klaras Gesicht – etliche Sekunden lang. Ihre wachen grauen Augen waren ein wenig zusammengekniffen, ihre Lippen schmal. »Gut«, sagte sie schließlich, »ich sehe, was ich tun kann, und gebe dir morgen oder übermorgen Bescheid.«

»Danke«, Klara klang regelrecht erleichtert, »du bist ein Schatz.«

»Jaja, schon wieder Überstunden …« Die Pathologin lächelte gequält. »Also, bis dann.«

»Bis dann. Und nochmals danke.« Klara stand auf und verließ das Büro. Sie ging ein paar Meter den Flur entlang, kam zur Treppe und nahm die ersten Stufen.

Durch eines der alten Fenster fiel das Sonnenlicht und brach sich in Regenbogenfarben. Unzählige winzig kleine Staubpartikel tanzten in den Lichtstrahlen. Es war merkwürdig, sie zu sehen und daran zu denken, dass man ihresgleichen vierundzwanzig Stunden am Tag einatmete. Besser, man sah sie nicht.

Eilig ging Klara die restlichen Treppenstufen hinunter. Gibt es eigentlich Insulin-Spray, so wie Asthma-Spray?, fragte sie sich. Sie trat aus dem alten Gebäude ins Freie und holte tief Luft.

Zwei Minuten später war sie wieder auf der belebten Bergheimer Straße und lief zurück Richtung Revier. Busse fuhren an ihr vorbei, Autos, Radfahrer, jeder ging seinem Tagesgeschäft nach. Ihres bestand darin, Mörder zu fangen – auch wenn sie wohl eher gerade aussah wie eine adrette Hausfrau, die Besorgungen für ihre schulpflichtigen Kinder erledigte. Man sah den Leuten nur bis vors Gesicht.

Als sie wieder bei dem Bäcker vorbeikam, ging sie hinein und kaufte einen der riesigen Granatsplitter. Ihr war danach, ihn mit Sebastian zu teilen, auch wenn es eine merkwürdige Idee zu sein schien.

Mit einer kleinen weißen Papiertüte in der Hand betrat sie kurze Zeit später das Revier, ging in den ersten Stock und setzte sich an ihren Schreibtisch. Sebastian war noch nicht wieder zurück.

Sie loggte sich in ihren Computer ein und begann, im Internet die von Monika Hansen genannten körpereigenen Substanzen zu recherchieren, die so fatale Wirkungen haben konnten. Als Polizistin kannte sie den Effekt von K.-o.-Tropfen. Die Fälle von sexuell missbrauchten Frauen, denen zuvor dieses Mittel in ein Getränk gemischt worden war, nahmen zu. Viele gingen zu spät oder gar nicht zur Polizei, viele konnten sich an nichts mehr erinnern, was die Sache nicht besser machte.

Unter Umständen konnte man eine Einmaldosis der Droge noch in einer fünf Wochen nach der Tat gesicherten Haarprobe nachweisen, aber auch dann war eine Beweisführung auf einen bestimmten Täter hin schwierig. So waren Verurteilungen eher die Ausnahme als die Regel, und man riet Frauen nahezu hilflos, sich den ganzen Abend an ihrem Getränk festzuhalten und es nicht aus den Augen zu lassen. Das machte sich besonders gut auf der Tanzfläche und auf der Toilette.

Klara tauchte weiter ein in die Welt der Biochemie, sie fühlte sich dort nicht wirklich zu Hause, die Texte waren kompliziert, aber auch faszinierend. Mit welcher Selbstverständlichkeit Tausende hochkomplexer Prozesse ständig im Körper abliefen, ohne dass man überhaupt etwas davon mitbekam. Wie zuverlässig und gleichzeitig sensibel das alles war.

Die Ermittlerin klickte sich von einem Text zum nächsten und merkte kaum, wie die Zeit verging. Irgendwann sah sie auf die Uhr und erschrak – es war Zeit, Josephine abzuholen.

Sie schaltete ihren Rechner aus, rieb sich über die müden Augen und stellte die Tüte mit dem Granatsplitter auf Sebastians Schreibtisch. Dann verließ sie das Revier.

Die Sommerluft tat gut, Klara setzte ihre Sonnenbrille auf und radelte los. Auch wenn es nur eine kurze Fahrt bis zum Kindergarten war, sollten diese paar Minuten ausreichen, um zumindest halbwegs den Kopf freizubekommen. Es war wichtig für sie und für ihre Tochter, dass sie die Welten wechseln und auseinanderhalten konnte. Josi ging es mit kindlicher Selbstverständlichkeit gut, und darüber sollte sich nie der Schatten der anderen Welt legen.

Am Kindergarten angekommen, drückte Klara die Eingangstür auf und eilte in den zweiten Stock.

Ihre Tochter begrüßte sie gewohnt fröhlich. »Hallo, Mama. Müssen wir schon los?«

»›Schon‹ ist gut, mein Schatz.«

Josephine ging zu ihrem Garderobenfach, zog ihre Schuhe an und griff nach einem giftgrünen Blatt. Das hielt sie ihrer Mutter entgegen. »Guck mal, Mama, für dich.«

Ein Läusezettel. Mit dem und mit den betreffenden Tierchen schloss man zwangsläufig Bekanntschaft, wenn man Kinder hatte, auch in der putzmittelgetränkten Sauberwelt von heute.

In der Betreuungseinrichtung war ein Läusebefall aufgetreten, die Eltern wurden aufgefordert, ihr Kind zu untersuchen. Eine detaillierte Anleitung, wie dies zu erfolgen hatte, wurde ebenfalls mitgeliefert, und im unteren Abschnitt musste man unterschreiben, dass man alles brav befolgt hatte.

»Mama, was sind Läuse?«

»Kleine Krabbeldinger, die sich in den Haaren einnisten.«

»Hab ich welche?«

»Keine Ahnung, da müssen wir nachschauen. Aber ich glaube nicht. Juckt denn dein Kopf?«

»Nö.« Josi sah zu ihrer Mutter hoch. »Kann ich noch was anderes haben, außer Läuse, meine ich?«

»Na ja«, Klara ging in die Hocke und zog ihrer Tochter den kleinen Rucksack auf, »früher sagte man immer, man kann Läuse und Flöhe haben.«

»Flöhe auch noch?« Mit großen Augen sah Josephine ihre Mutter an. Die strich ihr über die Wange.

»Hm. Aber wahrscheinlich hast du keins von beidem.«

Gemeinsam gingen sie das Treppenhaus hinunter und durch den kurzen, kühlen Flur. Klara zog die Eingangstür auf, die einen Moment später wieder hinter ihnen ins Schloss fiel. Josi sprang auf den Gehweg.

Plötzlich zuckte ein Gedanke durch Klaras Kopf. Man konnte Läuse *und* Flöhe haben. Was war mit einer Kombination mehrerer Substanzen? Angenommen, Dennis wurde erst mit K.-o.-Tropfen benommen gemacht und dann mit Insulin ausgeschaltet? Womöglich war er so willenlos gewesen, dass er sogar Insulin-Tabletten geschluckt hatte. Oder es gab doch irgendwo eine verborgene Einstichstelle.

Die Verabreichung von K.-o.-Tropfen war denkbar einfach. Der Täter musste nur eine winzig kleine Menge in irgendein Getränk geben, das Dennis zu sich nahm. Anschließend konnte er ihn an einen anderen Ort führen und ihm eine weitere Substanz verabreichen.

Klara blinzelte in die Sonne, Läuse und Flöhe … Sie konnte sich erst am Abend weiter mit diesen Dingen beschäftigen, wenn ihre Tochter im Bett war.

Mit Josephine an der Hand lief sie vorbei an der Heidelberger Christuskirche und kurz darauf über den gepflasterten Wilhelmsplatz mit den alten Linden und Kastanienbäumen an den Seiten, mit Bänken und zwei Basketballkörben, an denen hin und wieder Jugendliche trainierten. Die Kinder nannten den Platz »Willi«, was häufig zu merkwürdigen Sätzen führte. »Mama, können wir noch ein bisschen auf den Willi?«

Zu Hause angekommen, suchte Klara Josi erfolglos nach Läusen ab, spielte mit ihr, räumte auf und kochte später Abendessen. Gerade rührte sie in einem Topf mit Tomatensoße, als das Telefon klingelte.

»Störe ich?«, fragte Sebastian am anderen Ende der Leitung.

»Nein, gar nicht.« Klara sah auf die dunkelrote Soße in dem Topf vor sich. »Hast du etwas herausbekommen zu Dennis' Freunden?«

»Ich war bei der Spedition, bei der er gearbeitet hat, und habe mich mit einem seiner Kollegen unterhalten, mit dem er locker befreundet war. Er sagte, Dennis sei ziemlich lässig gewesen, ein Typ, auf den die Frauen flogen. Wenn es mit der einen aus war, kam die nächste. Oder wie sich der Freund ausdrückte: ›Dennis hat sich mit den Weibern nicht gestresst, der hat das alles nicht so ernst genommen.‹ Tja. ... Was meinst du dazu?«

»Klingt nicht nach einem, der aus Liebeskummer zum Mörder wird.«

»Den Eindruck hatte ich auch. Es gibt so eine Art Stammkneipe in Rohrbach, bei Dennis um die Ecke, das ›Goldene Huhn‹, da war er nach Feierabend oft auf ein Bier. Wir sollten uns dort mal umhören.«

Klara grinste. »Im ›Goldenen Huhn‹? Ja, da würde ich furchtbar gern mal hin.«

»Okay«, erwiderte Sebastian amüsiert. Dann fragte er: »Wie war's bei Monika?«

Langsam führte Klaras Hand den Löffel im Kreis, die rote Soße warf mittlerweile Blasen. Sie berichtete ihm von ihrem Besuch in der Rechtsmedizin. Als sie das Wort »Glaskörperflüssigkeit« erwähnte, legte sie den Löffel zur Seite und zog den Topf von der Platte. Man sollte die Welten nicht vermischen.

Sebastian hörte aufmerksam zu und meinte schließlich: »Wenn tatsächlich Insulin nachweisbar wäre, würde sich unser Täterkreis in gewisser Weise einschränken. An Insulin kommt nicht jeder.«

»Mediziner, Apotheker, Pfleger. Und natürlich Diabetiker selbst, außerdem auch Menschen, die Diabetiker in der Familie haben. Also doch wieder ein ziemlich weiter Kreis.«

»Hat jemand aus Oliver Lebenstedts Familie Diabetes? Ein Elternteil? Oder er selbst?«

»Keine Ahnung, aber das lässt sich ja herausbekommen.«

Am Telefon entstand eine Pause. Gerade wollte Klara wieder den Topf auf die Platte ziehen und das Gespräch beenden, da sagte Sebastian: »Danke für den riesigen … Schokoberg.«

»Gern geschehen.« Klara lächelte, auch wenn es niemand sah.

»Ist aber zu groß für einen. Müsste man teilen.«

Klara sagte nichts.

»So wie Betten, Leben und Sorgen.« Sebastians Stimme klang sanft.

Klara schwieg noch immer. Sie presste den Hörer an ihr Ohr und wusste nichts zu sagen.

Am anderen Ende der Leitung räusperte sich Sebastian. »Okay, ich verstehe schon. Dann bis morgen. Grüß Josi von mir.«

»Mache ich.« Klara legte auf, rückte den Soßentopf auf die Platte und rührte. Am liebsten hätte sie hineingeweint.

***

Es traf ihn wie ein elektrischer Schlag, völlig unvorbereitet. Er blinzelte. Der Bissen, den er gerade hinunterschlucken wollte, blieb ihm im Hals stecken. Hustend rang er nach Luft, gleichzeitig begann der Stuhl, auf dem er saß, zu schwanken wie ein kleiner Kahn im Sturm, seine Hände umklammerten Messer und Gabel, in der irrationalen Hoffnung, das Besteck könne ihm Halt geben in einem sich auflösenden Raum.

Er sah hinunter auf die zerkochten blassgrünen Erbsen auf dem Teller, spürte Übelkeit in sich aufsteigen und sah wieder nach oben. Er hätte aufstehen, ihr nachrennen und sie anstarren mögen, mit offenem Mund, sich über seine erstaunten Augen reibend. Oder war sie nur ein Trugbild gewesen?

»Ist dir nicht gut, Freddy? Du bist ja weiß wie die Wand.« Die Stimme seines Kollegen drang zu ihm wie durch Watte. Aber in der Luft schwebte für einen Moment der Geruch des Meeres, über dem Essensdunst witterte er eine salzige Brise, frisch und klar, ein Hauch nur, aber er erkannte es.

»Muss mal Blutzucker messen.« Er stand auf und ließ sein Tablett stehen. Gebannt sah er zu ihr hinüber. Sie stand an der Essensausgabe und unterhielt sich mit einem Mann, der einen weißen Kittel trug, vermutlich einer der Ärzte. Sie lachte, und ihr Gesicht strahlte wie die Sonne.

Obwohl der Boden unter ihm schwankte, machte er einen umständlichen Bogen durch ein paar Tischreihen, um auf dem Weg zum Ausgang möglichst nah an ihr vorbeizukommen. Sein Blick haftete an ihr, taxierte sie, streifte ihr dichtes dunkles Haar, ihren Nacken, ihre Hüften, hielt sich Sekunden lang auf ihrem Körper auf, aber nicht zu lange, es durfte nicht auffallen.

Langsam ging er Richtung Ausgang, der Essensgeruch überdeckte wieder alles, sein Mund war trocken, er hatte Durst, die Zunge lag in ihrer Höhle wie ein totes pelziges Tier, seine Hände zitterten. Das Stimmengemurmel in dem Kantinenraum klang wie das Summen riesiger Insekten.

Er setzte einen Fuß vor den anderen, es kam ihm vor wie in Zeitlupe oder in einem dieser Träume, in denen man nicht von der Stelle kommt. Jeder Schritt musste mit Kraft nach vorn gedrückt werden, als gälte es, eine zentnerschwere Maschine in Gang zu halten.

Endlich hatte er den Ausgang erreicht, für einen Moment stützte er sich am Türrahmen ab. Dann ging er über den Flur hinüber zu den Toiletten und drückte die Tür auf. Hier roch es nach Putzmittel und Urinstein, es war warm, er spürte, wie Schweiß seinen Rücken hinunterlief. Mit einem Flimmern vor den Augen trat er zu einem der Waschbecken und hielt seine Hände unter den Hahn, automatisch begann das Wasser zu laufen.

Mit der hohlen Hand schöpfte er sich kaltes Wasser ins Gesicht, Wasser, dessen Chlorgeruch er wahrnahm, dessen Kalkgehalt, dessen Härte er kannte, ein gebändigtes Element. Aber es half ihm, wieder zu sich zu kommen. Er trank ein paar Schlucke und sah in den Spiegel über dem Waschbecken. Seine Haut war fahl, seine Augen schwarz.

Er versuchte zu vergessen, nicht daran zu denken, es aus seinem schwirrenden Kopf zu streichen. Versuchte, sich einzureden, dass er sich getäuscht hatte. Er hatte Angst. Er wollte das nicht. Nicht jetzt. Vielleicht wollte er es niemals. Denn wenn es wirklich so war, wie er es eben empfunden hatte, gab es kein Entrinnen.

Er dachte an Susanne, das Zusammensein mit ihr. Das war mehr als genug gewesen, genug für eine lange Zeit. Er war jetzt nicht bereit für etwas noch Größeres.

Seine Hände fuhren durch das nasse Gesicht, dann zog er ein paar Papiertücher aus dem Spender an der Wand und trocknete sich ab. Er ging zurück in die Wäscherei, es gab mehr Arbeit als genug.

Sicher hatte er sich getäuscht, die Sache mit Susanne hatte seine Nerven strapaziert, schließlich passierte einem so etwas Wunderbares wie mit ihr nicht alle Tage.

***

»Herzlichen Glückwunsch.« Monika Hansens tiefe Altstimme klang aus dem Hörer, den Klara gerade aufgenommen hatte, fast wie ein Pistolenschuss oder ein Kommando zum Gefecht. Sie überlegte einen Augenblick. Geburtstag hatte sie nicht. Mit einem Druck auf eine der Tasten stellte sie das Telefon auf laut, sodass Sebastian mithören konnte.

»Jaaa?« Klara dehnte das Wort und versah es mit drei Fragezeichen.

»Du hast ins Schwarze getroffen.« Monika Hansens Satz füllte für einen Moment den ganzen Raum aus. Sie machte eine Pause, so als wolle sie sicher sein, dass auch jede Silbe durch die Telefonleitung gekommen war. Dann fuhr sie fort. »In der Glaskörperflüssigkeit von Dennis' Augen war tatsächlich Insulin nachweisbar.«

Sebastian formte ein »Bingo« mit seinen Lippen, ein Ausdruck, den er gern benutzte, den Klara aber irgendwie unpassend fand. Er klang so nach einem vergnüglichen Seniorennachmittag.

»Das ist kein Beweis, da es wie gesagt auch seltene Fälle von Insulin-Spuren im Glaskörper von Gesunden gibt. Aber es ist ein Indiz.« Monika Hansen sprach langsam, fast nachdenklich.

Klara schwieg, sie hatte den Eindruck, dass die Pathologin noch fortfahren würde. Nach einer kurzen Stille tat sie es. »Und ich habe noch etwas für euch.«

In ihrer Anspannung hielt Klara für einen Moment den Atem an, gleichzeitig fing sie einen Blick von Sebastian auf.

»Das Auge des Panthers.«

»Was?« Klara verstand nicht, in Gedanken war sie noch bei Dennis' Augen.

»Die Einstichstelle.«

Nun verstand sie schlagartig. Das Tattoo an Dennis' Unterarm, der stilisierte Panther.

»Eine nahezu ideale Stelle für einen Einstich, der später kaum zu finden ist. In der farbpigmentierten Haut siehst du den zunächst nicht. Erst wenn du sehr gezielt suchst«, sagte Monika Hansen. »Außerdem liegt die Stelle direkt über dem Unterarmmuskel. Wenn Insulin in Muskelgewebe injiziert wird, tritt die Wirkung beschleunigt ein. Wir haben das Gewebe um den Einstich extrahiert, möglicherweise lassen sich auch hier noch Insulin-Spuren nachweisen. Es gab da in den fünfziger Jahren einmal in einem Mordfall einen spektakulären Nachweis, bei dem man derartiges Gewebe in das Zwerchfell von über eintausend Versuchstieren einspritzte. Und diese injizierten Gewebezellen nahmen deutlich mehr Blutzucker auf, was wiederum eindeutig das Insulin nachwies.«

In Monika Hansens Stimme schwang Begeisterung mit, wohl für die forensische Beweisführung. Klara hingegen sah einen Panther mit herausgeschnittenem Auge vor sich, mit halb abgetrenntem Kopf, eine blutige Wunde, die auch noch das letzte Symbol von Stärke an Dennis' geschundener Leiche entstellte.

»Insulin im Glaskörper und die Einstichstelle sollten genügen, um die Ermittlungen wieder aufzunehmen. Ich maile euch gleich den Bericht.«

»Danke, Monika, du hast uns sehr geholfen.«

»Nun ja, ohne deinen Hinweis wären wir kaum darauf gekommen«, wiegelte die Pathologin ab. »Bis später dann.« Sie legte auf.

Mit gemischten Gefühlen sah Klara zu Sebastian hinüber. Sie hatte recht gehabt, obwohl sie es eigentlich gar nicht wollte. Es war ein Rechthaben, das Arbeit und Gefahr mit sich brachte: Da draußen lief der Mörder noch frei herum. Die Suche nach der Wahrheit war anstrengend und manchmal lebensgefährlich, immer wieder hatte Klara Momente, in denen sie gern das Nicht-Wissen dem Wissen vorgezogen hätte. Aber dann ging es doch nicht, das Nicht-Wissen fing an zu bohren und zu brennen und zu kratzen, und das, was eigentlich so bequem dahergekommen war, wurde unbequem wie eine Laus im Pelz.

Klara seufzte. In diesem Fall waren sie es schon allein Dennis' Eltern schuldig, ihren Sohn zu rehabilitieren und den wahren Mörder zu finden.

»Wer sagt's Conrad?« Ihr Ton war gedämpft.

Sebastian grinste. »Immer der, der fragt.«

»Aber du kommst mit, ich gehe nicht allein in die Höhle des Löwen.« Klara stand auf. Manche Dinge brachte man am besten direkt hinter sich.

Gefolgt von Sebastian ging sie über den weiß getünchten Flur, in dem ein paar gerahmte Landschaftsfotografien hingen. Einer der Kollegen fuhr gern mit seiner Kameraausrüstung ins Gebirge. Sie klopfte an Conrads Bürotür.

»Ja.« Die Stimme des Chefs war laut genug, um durch drei Türen zu schallen.

Klara kam sich vor wie eine Pennälerin, die etwas ausgefressen hatte. Mit Sebastian zusammen trat sie ein.

»Ah, Klara, Sebastian, was gibt's?« Conrad sah von den Unterlagen auf seinem Schreibtisch auf und blickte die beiden über den Rand seiner Lesebrille hinweg fragend an.

»Ähm, Monika Hansen hat eben noch einmal angerufen.« Klara war nicht sicher, ob sie sich setzen oder lieber stehen bleiben sollte. Sie blieb stehen.

»Und?«

»Sie hat da etwas gefunden bei Dennis Scharf.«

In Conrads Gesicht ging eine leise Veränderung vor, er schob seine Lesebrille auf die Stirn. »Etwas gefunden?«

»Ja. Insulin.«

Conrad nahm die Brille von seinem Kopf und legte sie vor sich auf den Schreibtisch. »Ach, war er Diabetiker?«

Klara stöhnte innerlich auf. »Nein. Offenbar hat ihm jemand Insulin gespritzt.«

Conrads Ausdruck wandelte sich in Erstaunen, und zwei Sekunden später schwoll eine dicke Ader auf seiner Stirn an. Dann polterte er los: »Seid ihr noch zu retten? Das sagt ihr mir kurz nach der Pressekonferenz, bei der wir Dennis als Täter bekannt gegeben haben?«

»Wir wissen es ja auch erst seit eben«, sagte Sebastian ruhig, fast beschwichtigend.

»Soso. Und wie ist Frau Hansen darauf gekommen? Hätte sie das nicht früher untersuchen können?« Conrads Gesicht hatte die Farbe gewechselt.

»Na ja, wir hatten da so einen Verdacht, und dann hat Monika noch eine weitere Analyse durchgeführt.«

»Ihr hattet da so einen Verdacht? Und da geht ihr in dem Fall einfach weiter, ohne euch mit mir abzusprechen? Denkt ihr, das ist hier ein Kindergeburtstag, bei dem jeder machen kann, was er will?«

Den Vergleich fand Klara wirklich unpassend. Auf Kindergeburtstagen war heutzutage alles generalstabsmäßig organisiert, und die kleinen Gäste machten keineswegs, was sie gerade wollten.

»Wie stehen wir denn jetzt da?« Conrad sah aus wie jemand, der auf einer Weinauktion eine Fünfhundert-Euro-Flasche gekauft hatte und jetzt feststellte, dass der gute Tropfen korkte. »Sollen wir die nächste Pressekonferenz einberufen und sagen ›April, April‹?«

Sebastian räusperte sich. »Na ja, einerseits hat es ja auch sein Gutes, dass alle glauben, der Täter sei ermittelt. Der tatsächliche Mörder wiegt sich in Sicherheit, und wir können in aller Ruhe weiterarbeiten. Möglicherweise können wir die Pressekonferenz später auch als ermittlungstaktischen Schachzug ausgeben.«

»Ermittlungstaktischen Schachzug?« Conrad fuhr sich durch die grau werdenden Haare und fing an, am Bügel seiner Brille zu kauen. Scheinbar dachte er nach.

»Nun gut, es ist, wie es ist«, meinte er schließlich. »Wann kommt Frau Hansens Bericht?« Streng fixierte er die beiden Hauptkommissare. »Wir treffen uns in einer halben Stunde zur Besprechung mit dem gesamten Team.«

Klara und Sebastian waren entlassen. Als sie Conrads Büro verließen, fühlte Klara eine leichte Berührung an ihrer Schulter. Der Blick, den Sebastian ihr zuwarf, schien zu sagen: War doch gar nicht so schlimm.

Auf dem Flur kam ihnen Harald entgegen. »Ah, unser Dreamteam«, schnarrte er mit rauer Stimme, das englische Wort klang auf Kurpfälzisch doppelt fremd. »Un, wie?«

»Hallo, Harald. Am besten, du kommst kurz mit in unser Büro. Es gibt tatsächlich Neuigkeiten.«

»So?« Harald folgte seinen beiden Kollegen. Nach ein paar Metern traten sie in den hellen Büroraum ein. Sebastian schloss hinter ihnen die Tür.

»Dann schießt mal los«, grummelte Harald und ließ sich auf einen der Stühle fallen.

»Monika hat was gefunden«, begann Klara und berichtete von Monika Hansens Anruf und den neuesten Erkenntnissen.

Anerkennend pfiff Harald durch die Zähne. »Da gugge mol, unser Klärchen hatte den richtigen Riecher. Da hat sich's gelohnt, dass du auf Bäume geklettert bist.«

»Gelohnt hat sich's erst, wenn wir den Täter haben«, erwiderte Klara.

»Und was hat Conrad gesagt? Eure Köpfe habt ihr ja noch, und schreien habe ich ihn auch nicht gehört.«

»Er hat eine Besprechung angesetzt, in einer halben Stunde.«

»Dann werden wir uns wohl doch noch einmal den adretten Herrn Anwalt vornehmen.« Harald, das alte Schlachtschiff, schien in Fahrt zu kommen. Selbstgerechten Saubermännern auf den Zahn zu fühlen gehörte zu seinen Lieblingsbeschäftigungen.

»So sieht's wohl aus«, sagte Sebastian. »Vermutlich wird Oliver Lebenstedt jetzt auch nicht um einen DNA-Test herumkommen, der zeigt, ob er der Urheber von Susannes Schwangerschaft war.«

Einen Moment lang fragte sich Klara, ob sie diese Formulierung besser fand als »der Vater von Susannes Kind«. Wahrscheinlich fand sie sie passender.

Harald zog ein Blatt Papier aus dem Drucker, der neben ihm stand, und griff sich einen Kuli von Sebastians Schreibtisch. Früher hatte er immer einen Stift in der Brusttasche seines Hemds festgeklemmt und war dann regelmäßig mit Flecken darauf herumgelaufen, man hatte meinen können, nach einem Herzschuss sei blaues Blut ausgetreten. Seitdem er mit Rosi zusammen war, gab es keine Flecken mehr, und die Brusttasche war reserviert für die obligatorische Zigarettenschachtel.

»Also, was wissen wir über den Täter?« Harald stützte den linken Arm auf Sebastians Schreibtisch und kritzelte etwas auf das Blatt.

Mit einem hörbaren Einatmen lehnte sich Sebastian in seinem Stuhl zurück und verschränkte die Hände hinter dem Kopf. Klara wartete darauf, dass er seine Füße mit den ziemlich großen dunkelblauen Turnschuhen auf dem Heizkörper unter dem Fenster platzierte. Wenn es beim Denken half …

Tatsächlich legte Sebastian die Beine hoch und lag nun mehr, als dass er saß. »Tja. Er muss ziemlich kräftig sein, sonst hätte er Dennis nicht aufhängen können. Dass es eine Frau war, ist zwar nicht ausgeschlossen, aber unwahrscheinlich. Der Täter kommt an Insulin und weiß vermutlich auch, wie man es spritzt, sonst hätte er es nicht so gezielt in den Muskel injiziert.«

»Arzt, Pflegeberuf oder selbst Diabetiker?«, fragte Harald.

»Ist wahrscheinlich«, stimmte Sebastian zu, »auch wenn wir nicht ganz ausschließen können, dass das Insulin von einem Fachfremden zum Beispiel mit gefälschtem Rezept über das Internet bezogen wurde. Aber in jedem Fall ist unser Täter kaltblütig und berechnend, er begeht einen zweiten Mord, um den ersten zu verschleiern und das zweite Opfer als Mörder hinzustellen. Das ist geplant und überlegt, außerdem in der Ausführung ziemlich clever. Wenn die Polizei annimmt, den Täter zu haben, hat der wahre Mörder Ruhe bis an sein Lebensende.«

Klara nickte und übernahm. »Wir können wohl auch davon ausgehen, dass der Täter Ortskenntnis besitzt, er wusste, wie er in das Waldstück kommt. Dass er rein zufällig dort gelandet ist, halte ich für unwahrscheinlich. Er wusste, dass Dennis' Leiche dort entdeckt wird, aber wahrscheinlich nicht sofort. Außerdem wusste er, dass Dennis eine Beziehung zu Susanne hat oder hatte, das heißt, der Täter muss aus dem Umfeld der beiden stammen, beide gekannt haben.«

Harald kritzelte ein paar weitere Notizen auf das Blatt. »Was ist mit diesem Gedicht, das von Dennis' Handy aus als Geständnis verschickt wurde?«, fragte er. »Ist das ein Indiz für eine höhere Bildung, ist er Akademiker?«

»Kann sein, muss aber nicht. Vielleicht ist er einfach irgendwann einmal in seinem Leben auf dieses Gedicht gestoßen. Aber du hast recht, ein fingiertes Geständnis hätte man auch einfacher verfassen können.«

Für ein paar Momente lag Stille im Raum.

»Lasst uns noch einmal zurückgehen zu Susannes Wohnung …«, sagte Klara schließlich. »Warum die Badewanne als Ablageort? Wer hatte mit Susanne vor ihrem Tod noch einmal Verkehr, was ist mit diesen Latexspuren, die Monika nachgewiesen hat? Was mit dem Fleischrest in Susannes Spüle?«

»Die Spurensicherung müsste dieses Fleisch noch im Stickstoffbad haben.« Sebastian kniff die Augenbrauen zusammen. »Aber überlegt mal, wie man mit Messer und Gabel ein Stück Fleisch isst. Speichel, also DNA-Spuren, finden sich nur an der Gabel, und in den letzten Rest, den man übrig lässt, hat gar keine Gabel mehr hineingestochen.«

»Stimmt.« Haralds raue Stimme klang durch den Raum. »Und Messer und Gabel, die auch dort lagen, waren abgespült. Aber irgendeine Art von biologischem Material muss der Täter in Susannes Wohnung hinterlassen haben. Angenommen, er war es, der Verkehr mit Susanne vor ihrem Tod hatte … das vermutlich mitgenommene Bettlaken weist zum Beispiel darauf hin. Dann hat er Susanne begehrt, es ging um Machtausübung, um Besitzen, darum, zu zeigen, dass er der Stärkere ist, dass er die Dinge bestimmt. Dazu passen auch die leichten Würgemale an Susannes Hals, wie nennt man das? Atemkontrolle ...«

»Genau«, erwiderte Klara. »Typisch für diese Art von Tätern ist, dass ihr reales Leben von einer untergeordneten Beziehung gekennzeichnet war oder ist. In ihrer Tat können sie etwas bestimmen, was sie sonst nicht können. Das passt allerdings nicht so ganz auf unseren smarten Anwalt, der ja scheinbar ziemlich selbstbestimmt und erfolgreich durchs Leben geht.«

»So gut kennen wir ihn noch gar nicht, er kann auch nur so wirken.« Über Sebastians Nasenwurzel zeichnete sich eine Falte der Skepsis ab. »Er könnte gnadenlos unter dem Pantoffel seiner Frau oder seiner Eltern stehen. Oder er stand in der Beziehung zu Susanne einfach mit dem Rücken an der Wand. Weil sie ihre Schwangerschaft als Druckmittel einsetzte und damit sein ganzes sauber eingerichtetes Leben gefährdete.«

»Mag sein. Allerdings waren Susanne und er ja offenbar noch für den Mittwoch nach der Tat auf ein Schäferstündchen verabredet, ganz so übel wird es um ihre Beziehung nicht gestanden haben.« Klara kräuselte die Lippen. »In dem Spiel scheint es tatsächlich einen Mitspieler zu geben, den wir noch nicht kennen.«

»Der unbekannte Dritte.« Sebastians Stimme ließ sie frösteln, trotz der sommerlichen Temperaturen. Sie hoffte, dass dieser Unbekannte nicht zum dritten Mal zuschlagen würde.

***

Klara sah auf die mit orangen Kacheln geflieste Theke, die sie in die siebziger Jahre zurückdatierte. Ein echtes Unikat. Das Mobiliar war billig und abgenutzt, Eiche rustikal mit Sitzflächen in angegrautem Violett und schmutzigem Orange. An den Wänden hingen ein paar Wimpel und vergilbte Fotos von Halbstarken auf ihren Motorrädern, auf dem Fensterbrett stand eine künstliche Palme, deren Plastikblätter sich ins Türkis verfärbt hatten.

Zu sagen, der Laden hätte Patina, wäre reichlich beschönigend gewesen, es war knüsselig und schmierig hier drin. Das »Goldene Huhn« hatte seine goldenen Zeiten eindeutig hinter sich. Aus verstaubten Boxen hinter der Theke kam Achtziger-Jahre-Rockmusik in beachtlicher Lautstärke, »Born in the USA«. Die Luft war zum Schneiden, das Bier war billig, die Kneipe war voll.

Klara und Sebastian hatten einen Platz an der Theke ergattert. Als Klara die Lehne des Barhockers anfasste, klebten ihre Finger leicht daran fest. Sie wischte die Hand unwillkürlich über ihre Jeans und enterte das gute Stück. Neben ihr rutschte Sebastian auf seinen Hocker, legte seine Hände wie zum Gebet auf die orangen Fliesen und grinste Klara an.

»Was darf's sein?« Die Bedienung hatte einen osteuropäischen Akzent. Sie war Mitte, Ende zwanzig, wasserstoffblond und trug ein weit ausgeschnittenes Top mit unsäglichem Heavy-Metal-Print, zwei Totenschädel mit grünen Augen und riesigen Hörnern.

»Ein Pils bitte. Und für die Dame einen trockenen Winzersekt.«

»Was? Pils und was?« Die Blonde beugte sich vor, als habe Sebastian etwas Unanständiges bestellt.

»Sekt.«

»Ah.« Die Frau taxierte Klara abschätzig, ging zum Zapfhahn, zapfte ein Bier und griff in die Kühlung unter der Theke. Sie tastete mit ihrer Hand hin und her, aber offenbar fand sie nicht, was sie suchte. Mit genervtem Gesichtsausdruck ging sie in die Hocke, ihr Top rutschte nach oben und entblößte ein Tattoo, das gemeinhin als Arschgeweih bekannt war. Schließlich beförderte sie aus irgendeinem hinteren Winkel einen Piccolo hervor, suchte im Glasschrank nach einem passenden Glas und stellte beides Klara vor die Nase.

»Bitte schön.« Das i klang zu lang, der Rest des Wortes schnarrend. Einen Moment später stand ein Pils vor Sebastian, »bitte schön«, die Frau machte einen Strich auf Sebastians Bierdeckel und schrieb den Sekt mit großer Selbstverständlichkeit daneben.

Hier zahlte also der Herr. Ob die Herren später dafür eine Gegenleistung erwarten?, fragte sich Klara und drehte den Schraubverschluss der kleinen grünen Flasche auf. Einen Moment lang dachte sie an eine trostlose Kaffeefahrt und goss den Sekt in das stumpfe Glas.

»Prost.« Sebastian hob sein Pils und sah Klara direkt in die Augen. Mit welcher Hartnäckigkeit sich dämliche Trinksprüche im Gehirn festsetzten und zuverlässig bei jeder Gelegenheit ins Bewusstsein zurückschnellten. Beim Zuprosten in die Augen sehen, ansonsten drohten sieben Jahre schlechter Sex. Aber vielleicht war das ja immer noch besser als gar keiner.

»Prost.« Klara nahm einen Schluck und verzog die Mundwinkel, es schmeckte wie verdorbener Grapefruitsaft. Sie stellte das Glas ab und schob es ein kleines Stück von sich weg. »Ich hätte gern noch ein Mineralwasser.«

Die Blonde überhörte sie. Sie stand wieder am Zapfhahn und unterhielt sich mit einem stämmigen Mann in Muskelshirt und Lederweste, der sie begehrlich ansah.

Sebastian legte los, schließlich waren sie nicht zum Vergnügen hier. »Hallo, Fräulein!« Er setzte sein Bubenlächeln auf, auf seinen Wangen zeichneten sich Grübchen ab, kleine Klebefallen für herumschwirrende Honigbienchen.

Die Blonde lugte misstrauisch herüber, sagte kurz etwas zu dem Stämmigen und kam dann heran. »Ja?«

»Äh, Fräulein ...?«

»Ich heiße Oksana.«

»Ah, Oksana, das ist aber ein wirklich schöner Name. Meine Cousine hier hätte gern noch ein Wasser.«

Cousine? Klara warf Sebastian einen fragenden Blick zu. Warum nicht gleich Tante? Aber natürlich wäre es hinderlich für seine Charmeoffensive gewesen, wenn die Kellnerin sie beide für ein Paar hielt.

Sebastian strahlte Oksana an, die sah ein wenig unsicher aus, frisch gebadetes Anstrahlen war hier wohl eher selten. Dann drehte sie sich um und brachte Klara kurz darauf ein Mineralwasser. Als sie das Glas abstellte und einen Strich auf Sebastians

Deckel machte, beugte der sich ein Stück nach vorn und meinte in einem vertraulichen Ton: »Oksana, ich wollte Sie etwas fragen. Mein … unser Cousin Dennis ist vor Kurzem gestorben. Suizid. Schrecklich. Wir haben gehört, dass er öfter hier war, dass er sich hier wohlfühlte. Es würde uns helfen, wenn wir wüssten, wie er die letzte Zeit seines Lebens verbracht hat. Vielleicht kennen Sie ja die furchtbare Geschichte? Wir können das alles einfach nicht verstehen, ich grübele Tag und Nacht darüber nach, es verfolgt mich regelrecht, immerzu sehe ich ihn vor mir und frage mich, ob ich ihm hätte helfen können. Helfen müssen. Wir waren sehr eng, wissen Sie.« Jetzt war Sebastians Miene leidend, er schien von Schmerz und Selbstvorwürfen gepeinigt.

Klara nahm einen Schluck Wasser.

»Dennis?« Die Blonde runzelte die Stirn. »Ja, das ist eine wirklich schlimme Geschichte.« Betroffen kaute sie auf ihrer Unterlippe herum. »Sie sehen ihm ein bisschen ähnlich.«

»Ja, unsere Väter sind Zwillinge.«

Oh bitte, dachte Klara, was denn noch?

Aber Oksana nickte verständnisvoll. »Sieht man.«

Sebastian nickte ebenfalls.

Wenn das so weiterging, musste Klara doch noch den grauenhaften Sekt hinunterstürzen.

»Wir haben uns alle gefragt, wie Dennis so etwas … Furchtbares tun konnte.« Oksana blickte traurig drein. »Das hätte ihm niemand zugetraut.«

»Wir können es auch nicht verstehen, nicht wahr, Gudrun?« Sebastian sah Klara mit großen Augen an.

Gudrun? Hat der sie noch alle?, fragte sich Klara entgeistert. Vielleicht würde sie den Sekt auch jemandem über den Kopf schütten.

»Ja«, gab sie erst einmal pflichtschuldig zurück, »wirklich nicht verstehen.«

»Es kann nur eine Kurzschlusshandlung gewesen sein. Dennis war wahrscheinlich gar nicht mehr er selbst in diesem Moment.« Sebastian sah Oksana sorgenvoll an. Die nickte erneut.

»Ja, muss so gewesen sein.«

»Sie sind doch eine aufmerksame junge Frau. Haben Sie nicht eine Idee, was Dennis zu dieser … Katastrophe getrieben haben könnte?«

Oksana schüttelte langsam den Kopf. »Wir können alle nicht fassen, dass er so was Schlimmes gemacht hat.«

»Ich weiß nicht, am Ende stand er sogar unter Drogen«, meinte Sebastian nachdenklich.

»Drogen?« Oksanas Miene wurde augenblicklich verschlossen, ihre Lippen schmal. Sie hob die Schultern. »Keine Ahnung. Ich muss jetzt auch weiterarbeiten.«

»War Dennis denn am Abend vor seinem Tod noch hier?«, setzte Sebastian schnell nach.

»Wann soll das gewesen sein?« Oksana klang betont gleichgültig.

»Am Dienstagabend.«

»Weiß ich nicht. Da habe ich nicht gearbeitet. Da müssen Sie den Chef fragen.« Sie machte eine Kopfbewegung in Richtung des Mannes, der vor einem Tisch mit fünf oder sechs lachenden Kerlen stand, es sah aus wie eine Art Stammtisch, Heavy-Metal-Freunde Rohrbach.

»Könnten Sie ihn herholen?« Sebastians Frage hatte eher den Ton einer Anweisung.

»Meinetwegen.« Mit wiegenden Hüften setzte sich Oksana in Bewegung, ging rüber zu ihrem Chef und sprach kurz mit ihm.

Der Mann sah zu Klara und Sebastian und kam dann heran. Klara schätzte ihn auf Anfang fünfzig, womöglich war er aber auch deutlich jünger, und der Kneipenjob hatte seinen Tribut gefordert. Seine Haut hatte die gleiche Farbe wie seine Haare, ein fahles Beige.

»Jo? Se wolle ebbes vun ma wisse?« Die Stimme des Mannes war belegt, der Mannheimer Dialekt auffallend breit und kurz vor der Unverständlichkeit.

Sebastian wiederholte seine Geschichte vom trauernden Cousin und fragte dann: »War Dennis am Dienstagabend noch hier?«

»Ah, de Dennis … Schregglisch, oda? Jo, de wor noch do un hot en Bier gedrunke.«

Klara hatte Mühe, einzelne Silben zu erkennen, Vokale und Konsonanten schwurbelten durcheinander, wurden gezogen und überlagerten sich.

»War jemand bei ihm?«, fragte Sebastian.

»Jo, en Mann, den honn isch hier noch net gsehn ghabt. Is späta auch mit em rausgange, soweit isch misch erinnere tu.«

Beide Ermittler horchten auf. Klara reagierte schnell. »Das könnte Gernot gewesen sein«, sie sah den Wirt bedeutungsvoll an, »ein wirklich schlechter Einfluss.« Dann zog sie ein Foto von Oliver Lebenstedt aus einer Tasche ihrer Jeans und reichte es dem Wirt hinüber. Aus den Augenwinkeln fing sie einen erstaunten Blick von Sebastian auf, so als wolle er sagen: Du läufst mit einem Foto von Lebenstedt in deiner Jeans herum?

Der Wirt griff nach dem Foto und hielt es ein ganzes Stück von seinen Augen weg, dann wieder näher heran. »Nää, der woret sicha net.«

»Nicht?«

»Nää. Mehr so en dunkler Kerl, groß, kräftisch, breits Gsicht, schwarze Hoor. Net e so … gepflegt, will isch mol saache.«

»Ah«, machte Klara, »also nicht Gernot.«

»Würden Sie den Mann wiedererkennen?«, fragte Sebastian.

»Wäß net, wahrscheins scho. Aber sagt mal, ihr fragt ja, als wärt ihr von den Bullen.« Der Wirt sah sie misstrauisch an und hatte in ein wackeliges Hochdeutsch gewechselt.

Sebastian lachte herzlich auf. »Guter Scherz, wir und Bullen.« Er nahm einen kräftigen Schluck Pils. »Machst du mir noch eins?« Sicherheitshalber ging er zum vertraulichen Du über.

Der Wirt brummte irgendetwas und ging zum Zapfhahn.

»Für mich bitte auch!«, rief Klara. Ihre Stimme ging halb im Gitarrengeschrammel unter, das aus den alten Boxen klang.

Sebastian neigte sich zu ihr herüber. »Du bist wohl auf alles vorbereitet, was?«

»Na ja, ein Ausdruck von Lebenstedts Internetseite. Wenn wir schon mal hier sind …«

Der Wirt stellte die beiden Gläser vor ihnen auf die Theke und machte zwei Striche auf Sebastians Deckel.

Sebastian hob sein Glas und prostete Klara zu. Wieder dieses In-die-Augen-Sehen. Klara fragte sich, ob das im Umkehrschluss dann sieben Jahre guten Sex bedeutete. Blödes Thema.

Sie nahm einen großen Schluck Bier. »Okay, Dennis war am Abend vor seinem Tod hier, und er war nicht allein.« Sie sprach gerade so laut, dass Sebastian sie verstehen konnte. »Aber es war nicht Lebenstedt. Also tatsächlich unser unbekannter Dritter?«

Nachdenklich drehte Sebastian sein Glas auf dem Bierdeckel hin und her. »Wir könnten mit der Hilfe des Wirts ein Phantombild anfertigen lassen.«

»Womit dann raus wäre, dass wir doch Bullen sind und der Mordfall Susanne keineswegs abgeschlossen ist.«

»Schon. Aber irgendwo müssen wir anfangen.«

»Du hast recht.« Klara nahm noch einen Schluck, das Bier schmeckte gut. Wahrscheinlich wurde es in diesem Laden nicht alt.

»Wir könnten dann mit dem Phantombild die Heidelberger Ärzte abklappern«, schlug Sebastian vor. »Wenn unser Täter tatsächlich Diabetiker ist, könnten wir einen Treffer landen.«

»Es gibt aber ziemlich viele Ärzte in Heidelberg und Umgebung. Abgesehen davon wird sich zumindest ein Teil davon auf die Schweigepflicht berufen«, entgegnete Klara. »Außerdem muss unser Täter ja nicht selbst Diabetiker sein.«

»Hm.« Sebastian griff nach seinem Glas, leerte es und bestellte ein weiteres Pils. Als es ihm der Wirt kurze Zeit später hinstellte, fragte er: »War der Mann, mit dem mein Cousin zusammen war, seitdem noch mal hier?«

»Nicht dass ich wüsste. Aber ich bin auch nicht immer hier.« Der Wirt griente vor sich hin. »Oksana kann den Laden schon ganz gut allein schmeißen.«

»Das glaube ich.« Sebastian grinste zurück. Innerhalb von zwei Sekunden herrschte ein Einverständnis zwischen den Männern, das seine Anfänge wahrscheinlich vor rund dreißigtausend Jahren in einer Höhle genommen hatte.

Der Wirt ging wieder zurück an den Zapfhahn, Sebastian stupste Klara leicht mit seiner Schulter an. »Vielleicht sollten wir jetzt jeden Abend hierherkommen, falls unser Mann noch einmal auftaucht«, raunte er ihr zu.

»Ein Traum.« Klara hob ihr Glas an die Lippen und trank einen Schluck.

Eine Weile saßen sie schweigend nebeneinander. Durch den Kneipengeruch hindurch konnte Klara den Duft von Sebastians Hemd riechen. Einerseits fühlte sie sich immer noch wohl neben ihm. Aber andererseits auch nicht.

Ihr Blick schweifte durch den Raum und blieb bei einem Mann hängen, der mit ernster Miene vor dem Spielautomaten links neben der Tür saß. Er sah aus, als betriebe er eine Wissenschaft, im stummen Dialog mit einer Maschine, der er durch Erfahrung und Zähigkeit beizukommen versuchte. Ein Goldsucher, ein Spieler, in seiner eigenen Welt versunken.

Klara fragte sich, ob der Mann, mit dem Dennis hier gesessen hatte, noch anderen Gästen aufgefallen war. Ob jemand ihn kannte.

Sebastian hob sein leeres Glas etwas an und bedeutete Oksana mit einem Kopfnicken eine weitere Bestellung. »Wir können das Phantombild des Mannes erst einmal in Dennis' und Susannes Bekanntenkreis zeigen. Wenn wir Glück haben, kennt ihn dort jemand«, sagte er.

Klara drehte den Kopf. Sebastians Bergsee-Augen waren ein bisschen glasig, die kleinen hellblauen Inselchen in der dunkelgrünen Iris schienen zu verschwimmen. Land unter?

»Könnten wir machen. Aber wenn wir jetzt direkt den Wirt um seine Mithilfe bitten, fliegen wir raus.«

»Wäre das so schlimm?« Sebastians Mund verzog sich zu einem breiten Grinsen.

»Nee, gibt Schlimmeres.«

»Wir könnten zur Not bei mir unterkommen.« Aus den gammeligen Boxen stampfte ein Uriah-Heep-Song, Oksana wiegte sich im Rhythmus. »Da ist die Musik auch nicht so … alt.« Sebastian griff nach dem vollen Bier vor ihm und trank.

Klara fühlte sich wie blockiert. In ihr war Unsicherheit oder Kränkung, oder es war Selbstschutz oder alles zusammen. »Ich kann die Babysitterin nicht so lange warten lassen. Ich habe ihr gesagt, dass ich bald zurück bin.«

»Verstehe«, murmelte Sebastian und schien dabei angestrengt den Bierschaum zu beobachten.

Plötzlich nahm Klara eine Distanz zwischen ihnen wahr – und eine Stille, die lauter schien als die Musik und das Stimmengewirr der Gäste. Minutenlang saßen sie schweigend da.

»Dann will ich dich auch nicht aufhalten«, sagte Sebastian schließlich und trank noch einen Schluck. »Wir sehen uns morgen auf dem Revier. Das hier geht auf mich.« Er deutete auf seinen Bierdeckel. »Ich bleib noch ein bisschen.«

Klara begriff. Wenn sie gehen wollte, dann am besten gleich. Sie stand auf. »Gut, dann bis morgen.«

»Okay. Tschüss dann. Grüß Josi von mir.« Sebastian versuchte ein Lächeln, es gelang ihm kaum.

Einen Moment lang sah Klara ihn an, aber er hatte seine Augen abgewandt. Sie drehte sich um, drängte sich an ein paar Gästen vorbei und verließ das »Goldene Huhn«.

Hinter ihr klappte die Eingangstür zu, die Musik hallte noch ein paar Meter weit gedämpft nach. Klara ging zu ihrem Fahrrad, das an einem Laternenpfosten lehnte, öffnete das Schloss und fuhr los.

Die Abendluft griff ihr Haar auf, ein paar Strähnen wehten ihr ins Gesicht, der Himmel war noch nicht ganz dunkel, aber der letzte Rest Tageslicht schwand gerade. Sie fühlte sich bedrückt. In der einen Sache waren sie einen Schritt weitergekommen, in der anderen war es offenbar einen Schritt zurückgegangen.

Energisch trat sie in die Pedale und fuhr quer durch Rohrbach, vorbei an Ein- und Mehrfamilienhäusern aus den sechziger und siebziger Jahren, die grau und verschlossen wirkten.

Klara fragte sich, ob Lebenstedt doch einen Killer angeheuert hatte, einen großen, kräftigen, finsteren Gesellen? Der dann gleich zwei Jobs gekonnt erledigt hatte? Einen davon mit Insulin. Irgendwie passte das nicht. Es passte auch nicht, dass sich der Täter vermutlich vor dem Mord noch an Susanne vergangen hatte … erst das Würgen, dann die Drosselung, dann das Ablegen der Leiche in der Wanne … all das war untypisch für angeheuerte Mörder. Die erledigten ihren Job sauber, schnell und ohne unnötigen Körperkontakt zu ihren Opfern.

Sie mussten mit Conrad sprechen und versuchen, ein Phantombild von dem Mann, der mit Dennis in der Kneipe gewesen war, anzufertigen. Falls er nicht der Täter war, so doch zumindest ein wichtiger Zeuge.

Sie waren auf eine Fährte gestoßen, dort im »Goldenen Huhn«, in dem Dennis den letzten Abend seines Lebens verbracht hatte. Den letzten Abend in dieser Kaschemme – der Gedanke erschien Klara trostlos.

Sie erreichte den Radweg, der entlang der breiten Rohrbacher Straße verlief, und fuhr weiter Richtung Innenstadt. Links und rechts von ihr lagen die verlassenen Kasernen und Wohnblocks der US-Armee. Wie schnell Gebäude alt und tot wirken, wenn niemand mehr in ihnen lebt, dachte Klara. Sie kam an einem Spielplatz vorbei, der schon halb zugewuchert war, der Kunststoff von Rutsche und Wippe verblasst und porös. Relikte einer Geisterstadt.

Einige Minuten später überquerte sie am Rande der Weststadt ein paar rote Ampeln. Zu dieser Zeit war hier nicht mehr viel los auf den Straßen, die braven Weststädter saßen vor dem Fernseher, lasen ein Buch oder schliefen schon. Klara fuhr weiter und bog kurz darauf vor ihrem Haus ein, stellte das Fahrrad im Hof ab und ging hinauf in ihre Wohnung. Sie war froh, zu Hause zu sein, zu Hause bei ihrem Kind.

In dieser Nacht schlief sie unruhig, wälzte sich hin und her, sank nicht hinab in die Zeitlosigkeit, die der Tiefschlaf mit sich bringt. Gegen Morgen schreckte sie aus einem Traum auf, den sie quälende Sekunden lang für real hielt.

Der Mann am Baum hatte keine Augen mehr, Vogelfraß, zwei leere dunkle Höhlen starrten gleichgültig in den frühen Tag und sahen aus wie die Einfluglöcher von Nistkästen, in denen nichts und niemand mehr lebte. Es war Sebastian. Durch die kalte Waldluft schallte Uriah Heep: *»She came to me one morning, one lonely Sunday morning …«*

Über Klaras Rücken rann kalter Schweiß, sie rieb sich durchs Gesicht und sah auf den Funkwecker neben ihrem Bett. Es war halb sechs. Draußen auf der Straße war noch alles ruhig.

Klaras Herzschlag beruhigte sich langsam wieder, sie atmete tief. Dann stand sie auf, ging in die Küche und trank ein Glas Wasser. Ungeklärte Dinge in ihrem Leben störten sie. Bis in den Schlaf hinein.

***

Er hatte sich nicht getäuscht, es war keine Einbildung gewesen. Er hatte sie wiedergetroffen. Schon einen Tag später.

Am Abend zuvor hatte er sich mit Gedanken an Susanne abgelenkt. Es war gut gewesen, aber ganz konnte er das innere Beben, das diese andere Frau in ihm ausgelöst hatte, nicht loswerden.

Dann war er morgens zur Wäscherei gefahren und hatte sie auf dem Parkplatz vor dem Versorgungszentrum der Klinik gesehen. Gerade als er einparkte, stieg sie aus einem weißen Kleinwagen in einer Parkbucht gegenüber aus. Er erstarrte, seine Hände glitten vom Lenkrad, in ihm lief es heiß heran, eine Glutwelle, die sein Herz umklammerte. Er sah sie nur an, seine gierigen Augen saugten alles an ihr auf, sprangen über ihren Körper in den wenigen kostbaren Sekunden, die sie sich vor der Windschutzscheibe seines Autos bewegte.

Mit Schwung hatte sie die Tür ihres Wagens zugeworfen, den Autoschlüssel in ihre Handtasche gleiten lassen und war mit federnden Schritten in Richtung Versorgungszentrum geeilt. Sie trug hohe Absätze, aber ihr Schritt war sicher wie der einer Königin. Ihre Waden waren schlank, die Muskeln lang und gut geformt, das Gesäß unter dem dunkelblauen Rock fest. Sie war zierlich und weiblich zugleich. So wie er es mochte.

Er hatte ihr nachgestarrt, wie sie sich entfernt und dabei nicht geahnt hatte, dass seine stechenden Augen an ihr hingen wie die eines Oktopus mit tausend Armen.

Nach kurzer Zeit war sie aus seinem Blickwinkel entschwunden, aber sie war dorthin gegangen, wohin er auch ging.

Im Versorgungszentrum befanden sich neben der Wäscherei auch die Großküche und die Zentralapotheke der Klinik. Während er in seinem Wagen gesessen hatte, war ihm klar gewesen, dass er bei der Suche mit der Apotheke anfangen sollte. Er wusste, dass die Frau nicht nur schön, sondern auch klug war, so etwas sah er sofort. Eine Frau konnte hübsch sein und rein, ein gutes Wasser, eine Erholung. Aber wenn sie dumm war, war sie niemals eine Naturgewalt, dann blieb sie immer auf eine gewisse Art flach und belanglos.

Das Wasser selbst war klüger als alles andere, in Hunderttausenden von Jahren hatte es stets seinen Weg gefunden. Unbeirrbar, selbst durch Felsgestein. Wasser fand seinen Weg.

Er war aus seinem Wagen ausgestiegen und benommen zur Wäscherei gegangen, in seinem Kopf war etwas anders gewesen, als hätte er einen Helm und eine Maske aus gehämmertem Stahl getragen. Die Dinge drangen anders zu ihm durch oder gar nicht mehr. Es waren Gier und Hoffnungslosigkeit und Angst in ihm und ein Schreien nach etwas, das er wollte, aber nicht kannte.

Nun stand er in der Wäschereihalle und starrte auf die sich drehenden Waschtrommeln. Die Luft war dumpf, in ihr lag das emsige Brummen der Maschinen. Er musste so schnell wie möglich herausfinden, wer diese Frau war. Sie hatte türkise Augen, die Farbe des Meeres. Wieder erfasste ihn diese Hitze, ein glühender Schwall durchlief ihn, ein Strom aus Aufgeregtheit und Furcht und einem unermesslichen Verlangen.

In einer Bucht auf Kreta, bei dem kleinen Ort Lentas, gab es einen Felsen, der aussah wie ein Elefant. Er ragte ein paar Meter aus dem Meer heraus, und am Abend, wenn die Sonne rot flammend unterging, schien dieser Elefant vor einem Feuersturm auszuharren, stoisch und unbeirrt, so lange, bis der glühende Sonnenball hinter ihm im Meer versank und das Blauviolett des weiten Nachthimmels die heißen Farben löschte. Diese Frau ritt auf dem Elefanten, er konnte es sehen, konnte sie sehen, durch den feuchtwarmen Dunst der Wäscherei hindurch, sie ritt auf dem Felsen, das Meer beherrschend, die türkisen Augen stolz und doch gut wie die einer Erdenmutter.

»Herr Hartung«, eine grelle Stimme riss ihn aus seinen Gedanken, »kümmern Sie sich bitte um die Lieferung aus der Chirurgie?« Seine Vorgesetzte, oder besser gesagt, die Frau, die sich dafür hielt, sah ihn auffordernd an. Sie hatte ihn auf dem Kieker, das dumme Weibsstück.

Kalt erwiderte er ihren Blick, dann setzte er sich langsam in Bewegung Richtung Wareneingang, in Richtung der blutigen Wäsche. Seine Frühstückspause bot Zeit, um im Internet nachzusehen, ob es in der Zentralapotheke eine neue Mitarbeiterin gab. In der heutigen Zeit stand ja alles im Netz, und die Apotheke listete ihre Mitarbeiter mit Fotos auf.

Wie sie wohl heißt?, fragte er sich. Daphne oder Viktoria? Regina – die Königin?

Er nahm den Wäschecontainer an, der mit der unterirdischen Warentransportanlage gekommen war, und rollte ihn hinüber zu einer der freien Maschinen. Manchmal roch man das Blut, wenn man den Inhalt in die Maschine kippte, dann stieg der eisenhaltige Geruch von Schmerzen und Tod auf, der Geruch des Blutes, das ein Mensch gelassen hatte in der Hoffnung, wieder gesund zu werden. Oft fruchtete dieses Opfer, die Halbgötter in Weiß schnitten Geschwüre heraus und schenkten ein paar weitere Jahre bedeutungsloses Leben. Oft war es aber auch vergebens, oder der Tod kam während der Narkose, ein lautloser Übertritt von der Bewusstlosigkeit ins Nichts.

Damals in seiner Kindheit, als er mit der Mutter bei der Großtante gewohnt hatte, hatte er zum ersten Mal Bücher gelesen, richtige, nicht nur Geschichten aus Schulbüchern. In dem alten Wohnzimmerschrank der Tante hatten hinter einer dünnen, geschliffenen Glasscheibe drei, vier Reihen abgegriffener Bücher gestanden. Abends war er aus seiner Kammer geschlichen und hatte sich ein Buch herausgeholt, eines mit blassblauem Leineneinband. Seine Finger zitterten, er wusste nicht, ob er das Buch haben durfte, aber er traute sich einfach. Es war Homers »Odyssee«. Er blätterte es auf und begann zu lesen, die Sprache war fremdartig und schwierig, Wörter, die er noch nie gehört hatte, und seltsame Verse bedeckten die

Seiten. Das Lesen strengte ihn an, und dennoch versank er in der Geschichte.

Er hatte nicht gewusst, dass es derartige Bücher gab, in seiner Welt war das nicht vorgekommen. Nachdem er sich ein wenig daran gewöhnt hatte, fesselte ihn die Sprache, sie war so anders als die der Menschen in seiner Umgebung.

Diese wogenden Verse hatten ihn zutiefst berührt, und später hatte er vom Meer geträumt, von der blauen Urgewalt, von Abenteuer und Wagnis. Noch heute glaubte er, dass sich einige Dinge nur mit Versen ausdrücken ließen, mit geschmiedeten Worten.

Seine kräftigen Hände leerten den Container, er befüllte die Waschtrommel und dosierte den Fleckköser. Danach stellte er mit einem Knopfdruck die Maschine an, der Befehl für das Wasser, einzuströmen. Er verrichtete seine Arbeit mit Routine, aber heute fieberte er seiner Pause entgegen.

Endlich verließ er eine halbe Stunde früher als sonst die Waschhalle und ging hinauf in die Kantine im obersten Stock des Gebäudes. Von hier aus konnte man weit über das Klinikgelände sehen, auch viele Ärzte kamen aus der Chirurgie oder der Kopfklinik hierher zum Mittagessen.

An der Theke holte er sich einen schwarzen Kaffee und setzte sich an einen Tisch bei einem der Fenster. Dann nahm er sein Handy heraus und rief die Seite der Zentralapotheke auf. Er tippte auf das Wort »Mitarbeiter« am linken Rand des kleinen Bildschirms und betrachtete die Liste von Fotos, die sich öffnete. Apotheker und Apothekerinnen in weißen Kitteln lächelten ihm entgegen, seine Augen registrierten blitzschnell die Gesichter und verwarfen sie nacheinander als unbedeutend.

Er scrollte weiter nach unten, wie ein gieriger Jäger. Dann sah er sie. Türkise Augen strahlten ihm entgegen. Heiße Freude schoss durch seinen Körper. Unter ihrem Foto stand ihr Name. Constanze Hellborn.

Constanze. Es passte.

Er gab ihren Namen in eine Suchmaschine ein und überblickte fiebernd die angezeigten Treffer. Aufgeregt sah er sich ihr Profil in einem sozialen Netzwerk an. Auf dem Foto war sie so hübsch, dass es ihm wehtat.

Sie war mit vielen Leuten verlinkt. Aber sicher kannte keiner sie so gut wie er – und ohnehin waren ihre sogenannten Freunde für ihn ohne Belang. Sie spielte Tennis, war mit einem örtlichen Sportverein und mit ein paar Bands verlinkt, die er nicht kannte. Eine junge Frau mitten im Leben. Doch ihr eigentliches Leben hatte sie noch gar nicht gefunden.

Er blätterte zurück und rief den nächsten Treffer aus der Suchmaschine auf. Sie war in der Telefonauskunft mit Adresse gelistet. Er hatte nicht nur ihre Fährte aufgenommen, er hatte innerhalb von Minuten mehr über sie erfahren, als er zu hoffen gewagt hätte. Heute Abend würde er zu ihr nach Hause fahren, sie wohnte in Handschuhsheim, einem Stadtteil nah bei der Klinik. Er würde es sehr genießen, in ihrer Nähe zu sein, es würde sich großartig anfühlen, erhaben. Er war ein echter Glückspilz.

Nervös verließ er die Kantine und fuhr im Fahrstuhl hinunter zu seiner Arbeit zurück, in den dampfenden Bauch des Versorgungszentrums.

Die Vorfreude auf den Abend brachte ihn durch den Tag, in Gedanken segelte er über die Wellen des blauen Meeres, eine frische Brise trieb sein Boot an, er stand am Bug, stark und aufrecht. Er segelte zu ihr.

Gegen siebzehn Uhr verließ er schließlich die Wäscherei und ging über den Parkplatz zu seinem Wagen. Ihr Auto stand noch dort. Er fragte sich kurz, ob er hier auf sie warten sollte. Der Gedanke war reizvoll, aber nach ein paar Sekunden verwarf er ihn wieder. Heute Abend wäre er ja ohnehin in ihrer Nähe. Ganz privat. Er öffnete die Fahrertür, stieg ein, startete den Motor und fuhr los.

In seiner Wohnung angekommen, machte er sich eine Kleinigkeit zu essen und entspannte sich. Er lag einfach auf seinem Bett und dachte an sie, an die eine. Susanne war bereits Vergangenheit, seine Begegnung mit ihr schien ihm lange her zu sein. Jetzt gab es nur noch Constanze.

Sie war vom Himmel gefallen wie ein unerwartetes Geschenk,

auch sie musste erkennen, einsehen, dass sie füreinander bestimmt waren. Es war Schicksal.

Durch das geöffnete Schlafzimmerfenster drang der Verkehrslärm zu ihm herauf, es hatte zu regnen begonnen. Ein Lufthauch bewegte die angegraute Gardine, er verfolgte mit seinen schwarzen Augen das Schwingen des Stoffs. Bald war er am Meer.

Ein Stöhnen entfuhr ihm aus den Tiefen seiner klammen Brust. Er stand auf, ging ins Bad und zog sich aus. Sein kräftiger blasser Körper wurde von einem Schauern erfasst, brennende, quälende Lust. Er stieg in die Dusche und drehte das Wasser an. Augenblicklich floss es herunter auf seinen Schädel, ein warmer Vorhang legte sich über sein Gesicht, über Brust und Rücken, ein Umhang, der ihn unverwundbar machte. Er konzentrierte sich ganz auf seine neue Frau.

Eine Stunde später saß er wieder in seinem Wagen und fuhr nach Handschuhsheim. In der Nähe ihrer Straße parkte er, stieg aus und lief zu ihrem Haus. Wie zufällig trat er an die Eingangstür und sah auf die Klingelschilder. Vier Parteien lebten hier, auf der zweiten Klingel von unten stand »Hellborn«. Sie wohnte im ersten Stock.

In einem der Fenster dort brannte Licht, offensichtlich war sie zu Hause. Seine Aufregung steigerte sich, er trat ein paar Schritte zurück, ging auf die andere Straßenseite und sah nach oben, die dunklen Augen auf das erleuchtete Rechteck des Fensters geheftet, ein Jäger auf dem Ansitz.

Dann drehte er sich nach links und ging ein paar Meter weiter bis in eine Hofeinfahrt hinein. Hier konnte er eine Weile im Schutze der Dämmerung stehen bleiben und abwarten. Er hoffte, sie irgendwann vor dem Fenster zu sehen, einen Blick auf sie erhaschen zu können. Er war in ihrer Nähe und fühlte sich gut. Es war nur eine Frage der Zeit, bis sie sich Auge in Auge gegenüberstanden. Von Angesicht zu Angesicht.

Rund eine halbe Stunde wartete er, sah angespannt zu dem hellen Fenster hoch und stellte sich vor, von einem anstrengenden Tag nach Hause zu kommen und noch einen Moment lang frische Luft zu schnappen, bevor er zu seiner Geliebten hinaufging, die ihn mit einem Lächeln empfing. Er malte sich aus, dass sie ihm gehörte, die perfekte Frau, durch die er ganz wurde und heil.

Der Nieselregen durchnässte seine Jacke, er spürte es kaum, wartete und war mit seinen Gedanken bei ihr. Er konnte sie riechen, ihren Duft nach der kühlen Brise des Meeres, und harrte aus vor ihrem Fenster, das ihm wie ein Leuchtfeuer auf seiner langen schweren Reise den Weg zeigte.

Und dann plötzlich sah er sie. Sie war an das Fenster getreten. Ein Lächeln spielte um ihre Lippen, ihr Ausdruck schien gedankenverloren.

Doch einen Moment später war sie nicht mehr allein. Ein Mann kam heran und umfing sie von hinten. Sie lehnte sich zurück, drehte den Kopf zur Seite, und er küsste sie. Ihr nach hinten gebogener Hals schimmerte hell, die Locken legten sich über ihre Schultern, der Kopf des Mannes verdeckte ihr Gesicht, die beiden Gestalten verschwammen zu einer.

Dann sah er, wie die Hände des Mannes über ihren Hals glitten, kurz darauf hinunter über ihre Brust. Sie drehte sich ganz zu ihm herum und schlang die Arme um ihn. Beide traten vom Fenster zurück. Wenige Augenblicke später erlosch das Licht.

Ihm wurde speiübel, ein Pistolenschuss zwischen seine Augen, ein Giftpfeil in sein Herz. Er setzte sich auf den nassen Boden der Hofeinfahrt und versuchte, sein Zittern unter Kontrolle zu bringen. Seine massigen Hände krallten sich ineinander, er lehnte sich an die Hauswand an, kalter Schweiß rann über seinen Nacken. Er saß da wie ein angeschossenes Tier, um ihn herum drehte sich alles, eine glühende Zange umklammerte seinen Kopf, sein Atem ging flach und stoßartig, minutenlang konnte er sich nicht bewegen.

Schließlich schreckte ihn ein Geräusch aus seiner Starre auf, seine schwarzen Augen schossen in die Richtung, aus der es gekommen war. Er sah, wie eine Katze hinter den im Hof abgestellten Fahrrädern hervorkam. Sie miaute leise und kam auf ihn zu, langsam und mit der Katzen eigenen Gelassenheit. Erneut klang ihr Miauen durch die regnerische Abendluft, sie hielt inne und sah ihn an. Dann strich sie um seine Beine, ihr grau getigertes Fell streifte an seiner abgewetzten Cordhose entlang, ihr Rücken bog sich nach oben, ihr Schwanz schwankte wie der Mast eines leckgeschlagenen Segelbootes. Zum Untergang verdammt.

Gequält sah er auf das Tier hinunter, presste die Kiefer aufeinander, merkte, wie etwas in ihm barst.

Mit einer schnellen Bewegung packte er die Katze am Hals, fühlte das weiche Fell, die Wärme eines lebenden Körpers in seinen schwieligen Händen, hörte ihr helles Schreien. Er griff zu und drehte seine beiden Hände gegeneinander, vernahm ein Knacken, das Brechen von Knochen, und bemerkte, wie der Katzenkörper augenblicklich schlaff und schwer wurde. Der Kopf mit den grünen Augen fiel zur Seite, die spitzen Eckzähne gebleckt.

Die Zange um seinen Kopf lockerte ihren glühenden Griff, er atmete ein und spürte, wie die feuchte Abendluft seine Lungen füllte und er von irgendwoher in die Zeit, in das Jetzt, zurückkehrte. Er sah an sich hinunter und warf den leblosen Tierkörper von sich wie Unrat, stand auf und klopfte seine Hose ab.

Während er durch den Regen zu seinem Auto ging, wurde ihm klar, dass er eine Lösung finden musste. Diese Frau ließ er sich nicht nehmen.

***

Oliver Lebenstedt wirkte weiterhin wie ein Mann, der alles im Griff hatte. Seine manikürten Hände lagen locker ineinandergefaltet auf der Tischplatte, sein teurer Anzug saß makellos, die beiden oberen Knöpfe an seinem weißen Hemd waren geöffnet und ließen eine muskulöse, sonnengebräunte Brust erahnen. Er war ein Mann, nach dem sich die Frauen umdrehten, und er war sich dessen mehr als bewusst.

Klara musste sich nicht nach ihm umdrehen, sie saß ihm direkt gegenüber. Er war per gerichtlicher Anordnung dazu aufgefordert worden, eine DNA-Probe abzugeben, und er war dieser

Aufforderung nachgekommen. Als Jurist kannte er die Abläufe, und offenbar hielt er es zum jetzigen Zeitpunkt für angebracht, sich kooperativ zu zeigen. Womöglich hatte er auch nichts zu verlieren, war weder ein Mörder noch der Vater von Susannes Kind. Dann drohte ihm allenfalls eine kostspielige Scheidung, nach der ihn sicher wieder eine schöne Frau auffing.

Hauptkommissar Harald Bender räusperte sich. Manchmal glaubte Klara, allein am Ton dieses Räusperns erkennen zu können, wie viele Segel das Schlachtschiff gesetzt hatte. Heute klang es nach voller Takelage, Harald war in Fahrt.

»So, Herr … äh … Lebenstedt. Das ist ja schön, dass Sie uns ein paar Fragen beantworten möchten.« Harald faltete seine sehnigen Hände und nahm die gleiche Körperhaltung ein wie sein Gegenüber.

Lebenstedt deutete ein Lächeln an. »Ich habe nichts zu verbergen.«

»Oh, davon sind wir überzeugt, es sind ja auch reine Routinefragen.« Haralds Mundwinkel verzogen sich in merklicher Ironie. »Wie Sie sicher wissen, erwartete Susanne Scheidt einen Sohn.«

Klaras Augen hafteten an Lebenstedts Gesicht. Für einen Moment ging sein Blick ins Leere, Klara registrierte die Bewegung seines Adamsapfels, er musste schlucken. Ein anonymer Zellklumpen hatte sich plötzlich begrifflich in ein Kind verwandelt, in einen Sohn. Lebenstedt hatte Kinder, er wusste, was das bedeutete.

»Ihren Sohn, Herr Lebenstedt«, setzte Harald nach. Er stand auf, ging um den Tisch herum und trat ganz nah an den Anwalt heran. »Sie haben nicht nur Susanne, sondern auch Ihren eigenen Sohn umgebracht.«

Harald schwang den Vorschlaghammer, für Klaras Geschmack ein wenig zu plump. Aber scheinbar mit einer gewissen Wirkung. Lebenstedt war blass geworden.

»Sie sind ja verrückt. Ich wusste gar nicht, dass Susanne schwanger war. Und bestimmt war ich nicht der Vater.«

»Wie können Sie da so sicher sein? Sie hatten doch eine Affäre mit ihr.«

»Wir haben uns ein paarmal getroffen, das ist richtig. Aber sie hat sich auch mit anderen Männern getroffen, und ich zumindest habe immer aufgepasst.«

Klara fragte sich, was genau der Mann unter »aufgepasst« verstand. Mentale Verhütung?

»Nun, Herr Lebenstedt, es wird sich zeigen, ob Sie der Vater waren. Wenn ja, haben Sie ein Problem.« Von oben sah Harald auf den Anwalt hinunter.

»Wollen Sie mir drohen?« Lebenstedt hatte seine Fassung zurückerlangt, seine Stimme war wieder fest.

»Das ist gar nicht nötig. Wenn Sie Susanne geschwängert haben, haben Sie ein handfestes Motiv, und selbst wenn Ihr Alibi für den Tatabend wasserdicht ist, werden wir Sie drankriegen. Dann haben Sie eben jemanden mit dem Mord beauftragt.«

Spöttisch lachte Lebenstedt auf. »Jemanden beauftragt? Damit werden Sie nicht durchkommen. Und überhaupt ... Haben Sie nicht vor Kurzem auf einer Pressekonferenz den Täter präsentiert? Was wollen Sie denn dann noch von mir?«

Harald trat ein paar Schritte zurück und setzte sich wieder auf seinen Stuhl. Er überhörte Lebenstedts Frage einfach und fuhr fort. »Was haben Sie in der Nacht vom achtzehnten auf den neunzehnten gemacht?«

Die Nacht, in der Dennis umgebracht wurde. Klara ließ Lebenstedts Gesicht nicht aus den Augen.

»Vermutlich lag ich neben meiner Frau im Bett und habe geschlafen.«

»Vermutlich? Kann Ihre Frau das bezeugen?«

»Sie wird auch geschlafen haben, aber sie kann zumindest bezeugen, dass ich mit ihr zu Bett gegangen bin.«

»Sie könnten wieder aufgestanden sein.«

»Um was zu tun?« Lebenstedt sah Harald herausfordernd an.

»Ihren Nebenbuhler umzubringen.«

»Nebenbuhler?« Der Anwalt dehnte das Wort in offensichtlicher Amüsiertheit. »Etwa Dennis?«

Harald deutete ein Nicken an, während sich Lebenstedt in gewohnter Selbstsicherheit in seinem Stuhl zurücklehnte.

»Hören Sie, Herr … äh … Bender. Dennis hätte Susanne meinetwegen gern zurückhaben können. Sie war lieb und nett und hübsch. Aber ich bitte Sie, ich bin verheiratet und gedenke es auch zu bleiben.«

»Genau deshalb musste die schwangere Susanne sterben!« Harald schrie seinem Gegenüber den Satz entgegen. Aber der zuckte mit keiner Wimper.

»Ich habe Susanne nicht umgebracht. Und ich habe auch niemanden beauftragt, es für mich zu tun«, sagte Lebenstedt sachlich.

Geduldig ließ Harald die Worte im Raum verhallen und schwieg. Manchmal wirkte die Stille nach, ein Befragter hatte das Bedürfnis, sie zu unterbrechen, etwas hinzuzufügen, sich zu rechtfertigen. Aber Lebenstedt schwieg ebenfalls, er schien seiner Sache sicher zu sein.

»Wir werden mit Ihrer Frau sprechen, was Ihr Alibi für die Nacht anbelangt, in der Dennis Scharf starb«, meinte Harald schließlich. »Und wenn Sie der Vater von Susannes Kind sind, werden wir das vermutlich nicht verschweigen können.«

Lebenstedt rutschte auf seinem Stuhl ein Stück nach vorn, er presste die Hände zusammen, seine Fingerknöchel wurden weiß. Klara fragte sich, ob er sich angesichts des drohenden häuslichen Ungemachs unwohl fühlte. »Ich sehe keinen Grund, meine Frau in die Sache hineinzuziehen.«

»Wir schon.« Harald grinste Klara unverhohlen mit seinen gelben Zähnen an, er war nun einmal nicht als Sympathieträger hier.

»Herr Lebenstedt, ist jemand aus Ihrem Umfeld chronisch krank?«, fragte Klara. »Diabetes, Rheuma, psychische Erkrankungen, Suchtprobleme?«

Der Anwalt sah einen Moment lang unsicher drein. »Nein«, sagte er dann, »nicht dass ich wüsste. Obwohl … mein Vater hat Altersdiabetes. Wieso fragen Sie?«

»Nimmt er Tabletten, oder spritzt er Insulin?«

»Soweit ich weiß, nimmt er Tabletten.«

Klara hielt ihren Blick fest auf Lebenstedts Gesicht gerichtet. »Wussten Ihre Eltern von Ihrem Verhältnis zu Susanne Scheidt?«

»Natürlich nicht. Ich halte meine Eltern aus derartigen Angelegenheiten heraus.«

Derartige Angelegenheiten?, dachte Klara. Direkt in der Mehrzahl? Sie glaubte kaum, dass Lebenstedts Mutter eine derartige Angelegenheit in ihrem eigenen Haus entgangen war. Aber mit der Idee, dass die Eltern die Sache mit der schwangeren Geliebten für ihren Sohn bereinigt hatten, lehnte man sich wohl etwas zu weit aus dem Fenster.

Harald räusperte sich energisch. »Na, dann werden wir wohl auch bei Ihren Eltern nachfragen müssen. Möglicherweise wären sie ja fast noch einmal Großeltern geworden.«

Lebenstedt atmete hörbar aus und presste Daumen und Zeigefinger in seine Augenwinkel, wie um eine Kopfschmerzattacke abzuwehren. »Hören Sie, das alles muss nicht sein, und das wissen Sie genauso gut wie ich. Was soll das? Ich habe mit dem Mord an Susanne nichts zu tun.«

Harald stand auf. »Sie können uns nicht erzählen, dass Sie von Susannes Schwangerschaft nichts gewusst haben. Sie hat sich auf das Kind gefreut, und sie wollte, dass Sie sich zu ihr bekennen. Darum musste sie sterben.«

Lebenstedt schüttelte langsam den Kopf, aber Harald war noch nicht fertig. »Morgen wird das Ergebnis des DNA-Abgleichs vorliegen.« Erneut grinste er wie ein hungriger Wolf. »Interessiert es Sie, was dabei herauskommt?«

Vermutlich wusste Lebenstedt, dass es auf diese Frage nur falsche Antworten gab. Er hob die Schultern, für einen Moment sah er fast verloren aus.

Harald ging ein paar Schritte Richtung Tür. »Wir melden uns bei Ihnen«, sagte er kühl.

Lebenstedt erhob sich ebenfalls, richtete den Kragen seines Sakkos und verließ grußlos den Raum.

Einen Moment lang wartete Klara ab, dann ging sie zu einem der Fenster, öffnete es und atmete die feuchte Luft ein. Draußen nieselte es. Vielleicht war dem durchwachsenen Sommer für dieses Jahr endgültig die Puste ausgegangen, Klara hätte ihn verstehen können.

Sie setzte sich halb auf den Fenstersims und murmelte: »Der war's nicht, oder?«

»Wohl nicht. Aber ein bisschen auf den Zahn fühlen musste sein.«

»Wenn er Susanne geschwängert hat, müssen wir ihn trotzdem weiter überprüfen, sein Alibi für beide Tatnächte, sein Auto auf DNA-Spuren von Dennis, seine Telefon- und Internetverbindungen, die Kontobewegungen, das ganze Programm.«

Harald nickte. »Wahrscheinlich viel Arbeit für nichts«, brummte er.

»Hältst du es für möglich, dass Lebenstedts Eltern irgendetwas mit der Sache zu tun haben könnten? Zwecks Rettung der Familienehre sozusagen?«

»Der Gedanke kam mir auch schon. Lebenstedts Vater käme unter Umständen auch an Insulin-Injektionen. Aber der Tathergang bei Susanne passt so gar nicht zu einem siebzigjährigen Mörderpärchen. Und auch bei dem Mord an Dennis habe ich meine Zweifel ... Theoretisch könnten auch sie jemanden beauftragt haben, aber wie wahrscheinlich ist das?«

Klara hob die Schultern und sah wieder aus dem Fenster hinüber zur Alten Glockengießerei. Bei Sonnenschein sahen die Gebäude eindeutig besser aus.

Umständlich zog Harald die Zigarettenschachtel aus seiner Hemdtasche, klappte sie auf und nahm eine Zigarette heraus, die er gedankenverloren zwischen seinen gelben Fingern drehte. »Wie weit sind wir mit dem Phantombild zu dem Mann, der mit Dennis am Abend seines Todes in der Kneipe war?«, fragte er.

»Conrad hat zwei Kollegen bei dem Wirt vorbeigeschickt. Er hat zugesagt, uns behilflich zu sein, angeblich mit ein paar unschönen Bemerkungen über verdeckte Bullen in seinem Lokal. Er hat, soweit ich weiß, heute Nachmittag einen Termin mit unserem Zeichner.«

»Dann will Conrad mit dem Bild an die Öffentlichkeit?«

»Ich denke schon. Aber er wird wohl erst einmal nicht publik machen wollen, um welchen Fall es geht. Ein allgemeines ›Die Polizei bittet um Ihre Mithilfe‹-Ding.«

Harald schob sich die Zigarette hinters Ohr. »Also hoffen wir mal, dass der Wirt ein gutes fotografisches Gedächtnis hat.« Er drückte mit einem leisen Ächzen seinen Rücken durch, hob die Hand und zwinkerte Klara zu. »Alla, ich geh mir mal eine anstecken.«

»Ja, mach das.« Klara lächelte. Die morschen Knochen brauchten wohl eine Nikotindosis.

Sie holte noch einmal tief Luft, der Geruch von Sommerregen war unverwechselbar und begleitete Menschen von ihrer Kindheit an bis ins Grab. Eigentlich sollte man den Geruch mit möglichst vielen schönen Erinnerungen verbinden. Die Befragung eines mehr oder weniger Mordverdächtigen gehörte nicht dazu.

Klara schloss das Fenster und verließ ebenfalls den Raum. Sie suchten keinen Mann wie Oliver Lebenstedt, keinen egoistischen Charmeur mit gutbürgerlichen Wurzeln, der sich selbst umwerfend fand und doch in seinem Herzen spießig und angepasst war. Sie suchten jemanden, der auf der Grenze ging, der Susanne vor ihrem Tod missbraucht und Dennis als Bauernopfer an den Baum gehängt hatte. Einen, der ein zweites Ich verborgen in sich trug. Lebenstedt hatte nur ein Ich, ein kleines, eingebildetes, testosteronbesoffenes Ich.

Klara fand dieses Ich nicht gerade anziehend, aber es gehörte keinem Killer. Sie suchten jemand anderen, und sie sollten ihn finden, bevor in diesem Menschen erneut Dämme brachen.

***

Er war rasend vor Zorn. Nach einer schlaflosen Nacht war er früh am Morgen aufgestanden und wieder zu ihrem Haus gefahren. Er hatte es tun müssen, er musste in ihrer Nähe sein, er konnte sie nicht mit diesem anderen Mann allein lassen. Am Ende zwang er sie zu etwas, das sie nicht wollte.

Zuerst hatte er wieder die Hofeinfahrt gegenüber ihrer Wohnung angesteuert, aber als er den Kadaver der Katze dort liegen gesehen hatte, war er ein paar Häuser weiter gegangen bis zu einer Straßenbahnhaltestelle. Von dort aus hatte er die Fenster ihrer Wohnung nicht mehr direkt im Blick, aber den Hauseingang. Er konnte sehen, wenn jemand herauskam.

Er hatte an der Haltestelle gesessen und gewartet. Eine Bahn nach der anderen hielt an und fuhr weiter, ohne dass er einstieg. Mit in den Jackentaschen vergrabenen Händen starrte er auf den Hauseingang.

Und dann hatte sich die Tür geöffnet, und einen Moment später war sie lachend herausgekommen – direkt hinter ihr der Mann, der seinen Arm um ihre Hüften gelegt hatte, sobald die Tür hinter ihnen ins Schloss gefallen war. Gemeinsam gingen sie den Gehweg entlang, Constanze warf ihr dunkles Haar in den Nacken und lief mit beschwingten Schritten, die Hand des Mannes glitt ein Stück hinunter auf ihr Gesäß, und er zog sie noch näher an sich heran.

Was hatte er mit ihr gemacht? Sie schien gar nicht mehr sie selbst zu sein. Wie konnte sie sich so verhalten? So falsch. Aber sie kannte *ihn* ja auch noch nicht, er würde es ihr erklären. Wenn sie sich erst begegnet waren, wäre alles anders.

Er war Constanze und diesem Mann gefolgt, sein Herz war kalt gewesen. Die beiden liefen zwei- oder dreihundert Meter geradeaus, dann in eine Querstraße und stiegen schließlich gemeinsam in Constanzes Auto ein. Er sah, wie der weiße Kleinwagen ausparkte und davonfuhr. Fährt sie diesen Mann etwa noch nach Hause?, überlegte er. Oder zu seiner Arbeit? Arbeitet er auch in der Klinik?

Wie von Sinnen war er zurück zu seinem Wagen gelaufen und die wenigen Kilometer zum Versorgungszentrum gefahren. Auf dem Parkplatz sah er ihren Wagen, sie war also schon da. Sie konnte keine großen Umwege gefahren sein, entweder sie hatte diesen Mann unterwegs abgesetzt, oder er arbeitete tatsächlich ebenfalls auf dem Klinikgelände. Ein dunkelhaariger mittelgroßer Mann Anfang vierzig mit randloser Brille und sportlicher Figur. Ein Niemand.

Er war aus seinem Auto ausgestiegen, hatte sich gesagt, dass sein Gehirn funktionieren musste, er musste Fährten lesen und

Schlüsse ziehen, musste herausfinden, wer dieser Niemand war, und dann musste er Constanze von ihm befreien.

Später in der Wäscherei, in der feuchtwarmen Luft, war sein Zorn plötzlich hervorgebrochen, die Wut hatte ihn überschwemmt in einer gewaltigen Woge. Er sah auf eine der Waschtrommeln, und plötzlich drehte sich sein Gehirn mit, mit dem Wasser und der eitrigen Wäsche, mit den Flecken von Blut und anderen Körperflüssigkeiten. Und in einem flammenden Bild sah er den Mann auf Constanze liegen, zwischen ihnen nichts als ein Film aus salzigem Schweiß, salzig wie das Meer. Dafür musste dieser Mann bezahlen, der dumm und unwissend war. Aber das konnte ihn nicht vor seiner Strafe schützen.

Bei Susanne hatte es ihm nicht viel ausgemacht, dass er zwei Männer zu ihr hatte gehen sehen. Der, den er an den Baum gehängt hatte, war ihm am Ende nützlich, der andere ein eingebildeter Schönling gewesen, der wahrscheinlich nur ein bisschen Spaß wollte. Er hatte Susanne und ihn beobachtet, eines Abends, durch die halb zugezogenen Gardinen, hatte gesehen, wie Susanne sich hingegeben hatte, und es hatte ihn erregt wie in einem Vorgeschmack auf ein großes Finale.

Susannes Männer waren für ihn bedeutungslos gewesen, ein grüner Junge und ein Neureicher, die sich ein wenig am klaren Bach gelabt hatten. Susanne war so hell und so gut, natürlich zog sie Getier an, das aus ihr trank. Er hatte ihr verziehen. Wirklich besessen hatte nur er sie.

Bei Constanze war es anders, bei ihr konnte er niemand anderen dulden, nicht bei der Königin.

Unwillkürlich murmelte er ihren Namen vor sich hin und sah wieder auf die sich drehenden Waschtrommeln, fast schien es ihm, als würden die Maschinen mitbrummen, »Constanze, Constanze, Constanze …«

»Herr Hartung? Hat die Maschine Sie hypnotisiert?«

Die unangenehm grelle Stimme seiner Vorgesetzten drang von hinten an sein Ohr. Blitzschnell drehte er sich um und starrte direkt in das Gesicht der Frau, die sich unbemerkt hinter ihn gestellt hatte. Spott umspielte ihre verkniffenen Lippen.

Er öffnete den Mund, aber es kam kein Ton mehr heraus. Auf den einen glühenden Zorn hatte sich ein zweiter aufgesetzt, der ihn stumm machte. Er ballte die Fäuste und ging davon.

Die Stimme der Alten schallte ihm nach: »Kopfklinik, sechzehn Uhr Auslieferung. Nicht dass Sie es vergessen haben in Ihrer Hypnose.« Sie lachte ein meckriges Ziegenlachen, und er sah einen Wassereimer, in dem stinkender Kot schwamm, irgendwo in der Ecke eines verwahrlosten Stalls.

»Dich krieg ich auch noch«, zischte er zwischen seinen zusammengepressten Zähnen hervor und zog den Transportcontainer heran, der über das unterirdische Gangsystem aus der Kopfklinik gekommen war.

Augenoperationen, Kieferoperationen, Neurochirurgie. Gallertartige Gewebereste, Zahn- und Knochensplitter und das Blut von Menschen, denen man Teile des Gehirns weggeschnitten hatte. Braunviolette Flecken auf den blauen OP-Tüchern. Jeden Tag operierten die Neurochirurgen ein Dutzend Patienten und entließen sie mit veränderten Gehirnen oder Nerven. Immer wenn er die Blutspuren auf den Tüchern sah, fragte er sich, wie man sich fühlen musste, wenn einem jemand mit einem Skalpell im Kopf herumgefuhrwerkt hatte. Besser?

Manche erbrachen sich über ihre Bettwäsche, manche hatten Blase und Darm nicht unter Kontrolle. Das alles landete bei ihm, und er beseitigte die Nachwirkungen, die die glorreichen Taten der Herren Chirurgen mit sich brachten. Er war die letzte Instanz.

Energisch griff er in den Wäschecontainer. Womöglich waren das gerade die OP-Tücher, die die Schmeißfliege, die an Constanze hing, besudelt hatte, in affengesichtiger Ernsthaftigkeit mit dem Skalpell hantierend. Er würde es herausfinden.

***

Klara saß am Schreibtisch in ihrem Büro, vom Bildschirm ihres Computers starrte ihr ein schwarzes Augenpaar entgegen. Es befand sich im Gesicht eines fünfunddreißig- bis vierzigjährigen

Mannes, dessen niedrige Stirn von dunklem Haar umrahmt war und das nach unten hin in eine breite Kinnpartie mündete. Das Phantombild des Mannes, mit dem Dennis am Abend seines Todes im »Goldenen Huhn« gewesen war.

»Morgen, Klara.« Sebastian trat durch die halb geöffnete Bürotür, er war spät dran.

»Morgen.« Klara drehte sich zu ihm um und versuchte ein Lächeln. Aus lauter Ratlosigkeit waren sie zu einem zurückhaltend höflichen Umgang miteinander übergegangen.

»Wen haben wir denn da?« Sebastian kam heran, stellte sich hinter Klara und beugte sich ein Stück hinunter.

»Das Ergebnis unseres Tête-à-Têtes mit dem Wirt vom ›Goldenen Huhn‹.« Sie zoomte mit ein paar Mausklicks das Foto noch größer.

Sebastian richtete sich wieder auf und ging zu seinem Schreibtisch. »Sieht so jemand aus?« Er schaltete seinen Rechner an. »Also ich meine, außer dem Glöckner von Notre-Dame vielleicht.«

Sebastian hatte recht, das Gesicht wirkte fratzenartig und merkwürdig verzogen. Der Kollege, der das Bild angefertigt hatte, hatte sein Bestes gegeben, Klara war bei der Erstellung dabei gewesen. Der Wirt hatte sie verächtlich angesehen und in seinem schwer verständlichen Dialekt gemeint, dass er eine angesehene Gaststätte führe und »auf dere Polizeispitzel grad verzichte kann«. Klara hätte gern geantwortet, dass sie auf weitere Besuche im »Goldenen Huhn« ebenfalls verzichten könne, hatte sich aber zurückgehalten.

Dann war in einer etwa anderthalbstündigen Sitzung das eigenartige Bild entstanden. Entweder der gesuchte Mann sah tatsächlich so grässlich aus, dann durfte es aber kein Problem sein, entsprechende Hinweise aus der Bevölkerung zu erhalten. Oder es war beim Anfertigen des Porträts etwas mächtig schiefgelaufen – mit oder ohne Absicht des Wirts.

Sebastian sah hinter seinem Schreibtisch hervor. »Wenn der Chef das Bild an die Presse gibt, wird er eine Menge Hinweise bekommen.«

»Hm, ja. Von Horrorfilm-Fans.«

»Tja. Aber versuchen können wir's ja.«

»Müssen wir wohl, das ist zurzeit unsere einzige heiße Spur. Unser Pressereferent hat einen Text verfasst, morgen erscheint das Ding im Lokalblatt.« Klara schloss mit einem Mausklick das Phantombild auf ihrem Computer.

Sebastian lehnte sich in seinem Stuhl zurück und reckte die Arme nach oben. »Na, dann warten wir mal ab«, sagte er. Offenbar hatte er immer noch nicht ausgeschlafen, und Abwarten entsprach gerade seinem Gemütszustand.

Es klopfte am Türrahmen, Klara drehte sich ein Stück zur Seite und sah Harald mit einem ziemlich verkniffenen Gesichtsausdruck an der Bürotür stehen.

»Hallo, Harald. Was gibt's?« Sebastian machte mit einem seiner Arme, die immer noch in die Luft gereckt waren, eine einladende Bewegung.

Harald kam heran und setzte sich. »Monika Hansen hat eben beim Chef angerufen.«

»Und?« Sebastian und Klara fragten gleichzeitig, der Zweiklang, das übereinandergelegte Wort, hatte etwas ungewollt Intimes.

»Lebenstedt ist der Vater von Susannes Kind.«

Sebastian nickte. »Alles andere hätte uns überrascht.«

»Ja schon. Aber ihr wisst ja, was das bedeutet.«

»Tja. Jetzt ist der arme Lebenstedt dran.« Sebastian reckte sich erneut, und Klara bezweifelte, dass er Oliver Lebenstedt wirklich für so arm hielt. Womöglich betrachtete er das, was jetzt auf den Anwalt zukam, eher als einen gerechtfertigten Preis für dessen Affäre mit Susanne.

»Conrad hat für vierzehn Uhr eine Besprechung angesetzt. Planung der weiteren Ermittlungen und Aufgabenverteilung. Er hält es für denkbar, dass Lebenstedt einen Killer angeheuert hat.«

Sebastian kniff die Augen zusammen. »Der Mann auf unserem Phantombild.«

»Genau. Ein ordentlich finsterer Geselle.«

»Der ganze Tathergang weist doch in eine völlig andere Richtung«, murmelte Klara.

Harald begann, mit seinen gelben Fingern auf die Schreibtischplatte zu trommeln. »Vielleicht kannst du das ja dem Chef klarmachen«, brummte er. »Andererseits kann er Lebenstedt jetzt nicht links liegen lassen und das Ergebnis des DNA-Tests ignorieren. Und wer weiß, manchmal findet man ja auch an einem toten Ast irgendein Wurmloch, das einen weiterbringt. Ihr wisst schon.« Mit einem leisen Ächzen stand Harald auf. »So, und jetzt muss ich erst mal eine rauchen.« Er bewegte seine hageren Ein-Meter-Achtzig aus dem Büro.

»Was nun?«, fragte Klara nach einem kurzen Schweigen.

Sebastian zuckte mit den Schultern. »Der Chef will den Mann vom Phantombild, weil er ihn für einen Auftragsmörder hält. Auch wenn das die falsche Annahme ist, kann sie trotzdem zum Erfolg führen.«

»Du meinst, weil dieser Mann tatsächlich der Mörder ist, wenn auch nicht ein von Lebenstedt beauftragter Mörder?«

Sebastian nickte.

»Allerdings wird uns Lebenstedt selbst in der Angelegenheit wenig weiterbringen, da er den Mann ja vermutlich gar nicht kennt«, warf Klara ein.

»So sieht's aus. Der tote Ast. Möglicherweise kennt aber unser Mann den Herrn Lebenstedt. Wenn er Susanne kannte, dann wusste er womöglich auch, mit wem sie …«, Sebastian schien nach dem passenden Wort zu suchen, »… verkehrte.«

»Denkst du, Lebenstedt könnte ebenfalls in Gefahr sein, so wie Dennis? Kann es sein, dass der Mörder beide Männer, mit denen Susanne zusammen war, beseitigen will? Mord aus Eifersucht oder Rache?«

»Denkbar.«

Klara fragte sich, wie weit dieser Rachefeldzug dann in Susannes Vergangenheit zurückreichte. Stand Sebastian auch noch auf der Liste? Ihr Traum fiel ihr wieder ein. Sebastian mit ausgehöhlten Augen. Ein Frösteln überlief sie.

Nochmals öffnete sie die Datei mit dem Phantombild und klickte auf das Drucksymbol am oberen Rand des Bildschirms. Leise begann der Drucker zu surren.

»Ich würde gern der alten Frau Rothschenk das Foto zeigen.

Noch bevor es in der Zeitung erscheint.« Klara sah zu Sebastian hinüber. »Kommst du mit?«

»Ich denke, ich halte hier die Stellung«, antwortete er nach kurzer Überlegung. »Falls Conrad uns vor dem Meeting noch sprechen will.« Er wühlte in einem Stapel Papier auf seinem Schreibtisch herum. »Muss auch noch ein paar Sachen abarbeiten …«

»Okay.« Klara ging zum Drucker, zog das Blatt heraus und steckte es in ihre geräumige Ledertasche. Sie sah noch einmal zu Sebastian, der bereits angestrengt den Computerbildschirm fixierte. Dann verließ sie mit einem kurzen Gruß das Büro.

Die neuen Zeiten, dachte sie. Früher wäre Sebastian mitgekommen, allein schon, um mit mir zusammen zu sein. Früher.

Mit schnellen Schritten ging sie die Treppen der Wache hinunter, lief über den Parkplatz an der Nordseite des Gebäudes und stieg in einen der Dienstwagen.

Während der Fahrt nach Kirchheim ging sie in Gedanken die ungeklärten Mordfälle aus den letzten Jahren durch. Eine ermordete Rentnerin, eine Wasserleiche im Neckar mit Messerstichen in der Brust, eine verschwundene junge Frau, ein erschossener junger Albaner im benachbarten Mannheim.

Zwar gab es noch einige Fälle, die länger zurücklagen, vor ihrer Zeit bei der Kripo. Aber wenn sie davon ausging, dass in dem Täter etwas brannte, ein anderes Ich, eines jenseits der Grenze, das sich bei Susanne seinen Weg an die Oberfläche gebrochen hatte, so stellte sich die Frage, wie lange sich dieses andere Ich einsperren ließ. Ein Jahr, fünf Jahre, zehn Jahre? Was veranlasste den Täter zu morden, wann verließ er seine andere, die gesellschaftstaugliche Identität, was ließ die Bestie durchbrechen?

Wenn sexuelle Motive eine Rolle spielten, sollten sie sich noch einmal den Fall der spurlos verschwundenen jungen Frau ansehen. Es war nur eine Hypothese, vielleicht war der Täter bislang auch unauffällig geblieben oder erst vor Kurzem in den Rhein-Neckar-Raum gezogen. Möglicherweise hatte er irgendwo anders blutige Spuren hinterlassen, und es gab Parallelen zu offenen Fällen aus der Datenbank des BKA.

Klara beschloss, mit Sebastian und Harald darüber zu sprechen, Harald war der Erfahrenste von ihnen.

Sie passierte den Ortseingang von Kirchheim und lenkte den Wagen ein paar Kilometer weiter bis zum Haus von Edeltraut Rothschenk. Nachdem sie ihn am Straßenrand geparkt hatte, stieg sie aus und klingelte, ein knarziges »Ja bitte?« kam durch die Sprechanlage.

»Hallo, Frau Rothschenk, hier ist Klara Haag. Sie erinnern sich? Ich würde Ihnen gern etwas zeigen.«

Der Türöffner summte, und Klara eilte die Treppen hinauf. Oben angekommen, sah sie die alte Richterin bereits in der Wohnungstür stehen.

»Soso, junge Frau, Sie wollen mir etwas zeigen? Dann treten Sie ein.« Sie machte einen Schritt zur Seite und wies Klara den Weg ins Wohnzimmer.

»Bitte schön, setzen Sie sich«, sagte sie und deutete in Richtung Couch.

Klara nahm Platz und zog das Phantombild aus ihrer Tasche. »Kennen Sie diesen Mann?« Mit fragendem Blick reichte sie das Bild zu Edeltraut Rothschenk hinüber, die es mit ihrer altersfleckigen Hand annahm.

Während sie es betrachtete, beobachtete Klara ihr Gesicht und registrierte, wie sich die wachen hellgrauen Augen ein klein wenig weiteten, die schmalen Lippen noch schmaler wurden. Die Veränderungen waren minimal, aber es lag etwas eindeutig Abweisendes in diesem Ausdruck, ein fein gewebter Schleier breitete sich über dieses vom Leben gezeichnete Gesicht, hauchdünn und doch undurchdringlich.

Die Alte reichte Klara das Foto zurück. »Kenne ich nicht.«

»Sind Sie sicher?«

»Natürlich.« Edeltraut Rothschenk stand auf. »Nie gesehen.« Sie sah Klara auffordernd an. Die fühlte sich unerwartet schnell hinauskomplimentiert und wartete noch ein paar Sekunden ab. Doch der Gesichtsausdruck der Frau war unmissverständlich, sie hatte alles gesagt, was es zu sagen gab.

Klara stand ebenfalls auf, aber sie versuchte es noch einmal. »Es kann nicht sein, dass dieser Mann sich hier in der Nachbarschaft aufgehalten hat?«

»Sein kann alles. Aber ich kenne ihn nicht.« Edeltraut Rothschenk ging voran in den Flur und öffnete nach ein paar Schritten energisch die Wohnungstür. »Dann auf Wiedersehen. Vielleicht kann ich Ihnen ja ein anderes Mal behilflich sein.«

»Ja, vielleicht können Sie das.« Klara sah der ehemaligen Richterin direkt in die Augen. Polierter Marmor, kalt und abweisend. Dann drehte sie sich um und ging die Treppe hinunter. Das ging schnell, dachte sie, zu schnell.

Nachdenklich stieg sie in den Dienstwagen und startete den Motor. Auf der zweispurigen Straße Richtung Innenstadt gab sie Gas. Vor ihr lag die Einsatzbesprechung, bei der die weitere Überprüfung von Oliver Lebenstedt geplant werden sollte. Aber gerade beschäftigte sie mehr, wieso sich Edeltraut Rothschenk so ungewöhnlich verhalten hatte. Kannte sie den Mann vom Foto? *Er*kannte sie ihn, sah jemand tatsächlich so aus wie auf dem Bild? Und wenn ja, wieso gab sie keinen Hinweis, wieso wollte sie nicht mehr kooperieren?

Die Automatik des Scheibenwischers schaltete sich an, es hatte wieder zu nieseln begonnen. Klara seufzte, ließ das Seitenfenster ein Stück hinunter und roch den nassen Asphalt. In diesem Sommer war der Wurm drin. Vermutlich nicht nur in dem Sommer.

***

Am Abend nach einer zähen Besprechung, in der es nur um das Aufteilen von Arbeit gegangen war, saß Klara auf ihrem Balkon. Sie hatte sich in eine dicke Strickjacke gewickelt und sah in einen regnerischen Abendhimmel. Schwacher Zigarettengeruch wehte vom Balkon über ihr zu ihr herunter, vermutlich saß ihre Nachbarin Karin ebenfalls draußen und rauchte eine. Klara nahm sich vor, sie mal wieder auf ein Glas Wein einzuladen. Karins Wohnung stand voller Bücherregale, und Gespräche mit ihr erweiterten den Horizont.

Sie griff nach dem Glas Riesling und fragte sich, ob der auch den Horizont erweiterte. Sie mochte es, wenn der Wein älter war, Riesling gewann oft durch das Alter, ein Gedanke, den Klara allgemein tröstlich fand. Die 2006er Spätlese, die sie trank, schmeckte rund und immer noch klar und ohne Firn. Sie nahm noch einen Schluck, aber es fiel ihr schwer, abzuschalten. In Gedanken war sie nach wie vor bei der Arbeit.

Sie waren im Begriff, Zeit zu verlieren mit der Überprüfung von Oliver Lebenstedt. Conrad wollte ihn allzu gern als Täter dingfest machen, aber das gelang ihm wohl nicht.

Klara fragte sich zum wiederholten Male, ob die Person, die sie suchten, bei Susanne erstmals getötet hatte. Wenn es der Mann auf dem Phantombild war, ein Mann im mittleren Alter, dann waren seine Motive mit einer gewissen Wahrscheinlichkeit schon in den jüngeren Lebensjahren hervorgebrochen, in Jahren, die noch stärker von Testosteron und Risikobereitschaft geprägt gewesen waren.

Ein unbestimmtes Gefühl sagte Klara, dass es mehr Sinn hatte, sich ungeklärte Gewaltdelikte aus der Vergangenheit anzusehen, als in Oliver Lebenstedts Privatleben herumzuwühlen. Aber ihr Chef war davon wenig überzeugt gewesen.

Sie trank einen weiteren Schluck Wein, als das Telefon klingelte. Unwillkürlich zuckte sie zusammen. Dann stellte sie ihr Glas ab, ging hinein und sah auf das Display. Es war Jan.

»Hallo, Jan. Was gibt's? Josi schläft schon.«

»Ja, das habe ich mir gedacht. Ich wollte kurz etwas mit dir besprechen.«

Ohne dass Klara wusste, worum es ging, spürte sie ein unbehagliches Gefühl in sich aufsteigen. Jans Stimme klang freundlich, zu freundlich.

»Jaaa?« Klara dehnte die Frage in einer vagen Vorahnung.

»Es geht um die Sommerferien.«

Klara sagte nichts, ein paar Sekunden lag Stille in der Leitung.

»Wir möchten gern zwei Wochen mit Josi wegfahren.«

Klara spürte einen Adrenalinstoß. Zwei Wochen? Sie glaubte, sich verhört zu haben. Und dann noch dieses »Wir möchten«. Wer genau war wir, und wieso wollten mindestens zwei Personen mit Josi wegfahren? Zwei Wochen, zwei Personen, definitiv zu viel.

Klara holte Luft. »Zwei Wochen? Spinnst du?« Eine sichere Landung bei einem möglichst undiplomatischen Gesprächsbeitrag. Bei Jan gelang ihr das immer noch wie von selbst.

Am anderen Ende der Leitung entstand eine Pause. Dann kam es leise und ruhig, aber sehr bestimmt: »Klara, das ist mein Recht.«

Irgendetwas in Klara sah rot. »Wie? Recht? Du hast sie wohl nicht alle. Josephine war noch nie zwei Wochen von mir getrennt. Warum fährst du nicht einfach fünf Tage mit ihr in den Schwarzwald?«

»Klara, bitte.« Jans Stimme hatte den Ton eines Krankenpflegers angenommen, was Klara nur noch mehr reizte. Sie musste sich zusammenreißen, um nicht in den Hörer zu schreien. Eben hatte sie schon bedenklich schrill geklungen.

»Ach. Wer ist überhaupt *wir*? Deine Freundin kommt auch mit? Und wo wollt ihr hin? Denkst du, ich lasse Josi einfach so irgendwohin?« Vor Klaras geistigem Auge lag ihr Mädchen mit Gelbfieber oder einer anderen grässlichen Krankheit matt auf einem schmutzigen Lager.

»Es gibt keinen Grund, sich so aufzuregen, komm bitte mal runter. Wir wollen mit dem Wohnwagen nach Italien.«

Klara stutzte. »Quatsch. Du hast überhaupt keinen Wohnwagen.«

»Den kann man mieten.«

Jetzt flackerte ein anderes Bild vor Klaras Augen auf: Josi und sie liefen mit übergestreiften Capes, jede einen Koffer in der Hand, einen Bahnsteig entlang. Sie würde sich einfach mit ihrer Tochter aus dem Staub machen. Noch vor diesem … diesem Familien-Campingurlaub.

»Bist du noch dran?«, fragte Jan.

Klara wusste, dass es sinnlos war, ihn von seinem Vorhaben abbringen zu wollen. Natürlich hatte er das Recht, auch längere Zeit mit Josephine zu verreisen, und er würde nicht auf diesen Sommerurlaub verzichten. Wenn sie sich dagegenstellte, machte sie alles nur noch schlimmer – auch für ihre Tochter.

»Ja«, murmelte sie leise, »ich bin noch dran. Hast du schon mit Josi darüber gesprochen? Will sie das überhaupt?«

»Natürlich. Sie freut sich.«

»Wann wollt ihr los?«

»Ich kümmere mich um den Wohnwagen und sage dir noch einmal Bescheid.«

Klara legte auf. Sie fühlte sich matt und kraftlos. Zwei Wochen ohne ihr Mädchen, zwei lange Wochen. Beklommenheit überfiel sie. Sie trat hinaus auf den Balkon und trank ihr Glas leer. Wahrscheinlich hat Josi Spaß, ging es ihr durch den Kopf, und natürlich hat ihr Vater Spaß, und seine Freundin Billie hat auch Spaß. Die Einzige, die keinen Spaß hat, bin ich.

Aber um sie ging es hier wohl nicht. Klara spürte einen heftigen Druck auf ihrem Brustkorb, den sie wegzuatmen versuchte. Wie schwer es war, loszulassen. Es war schwer und unumgänglich.

***

Er war nun öfter in Handschuhsheim. In ihrer Nähe. Gestern Abend war er in ihrer Nachbarschaft umhergestreift und hatte festgestellt, wo sie ihr Auto geparkt hatte. Jetzt wartete er etwa fünfzig Meter entfernt in seinem Wagen, saß schon dort seit sieben Uhr morgens.

Er atmete den Tannenduft des Lufterfrischers ein, der am Rückspiegel hing. Einmal hatte er einen gekauft, der eine Meeresbrise versprach, er hatte ihn keine zwei Tage im Auto gelassen, das war keine Meeresbrise gewesen, sondern ein unverschämter Etikettenschwindel.

Heute wünschte er sich, dass dieser Mann mitkäme, heute wollte er ihn sehen. Er wollte seine Fährte aufnehmen, herausfinden, wer er war, ihn jagen und ihn stellen.

Nervös zog er kleine Hautstreifen von seinen Fingerkuppen ab. Wenn er unter Anspannung stand, spielte manchmal seine Haut verrückt – er war immer schon hautempfindlich gewesen, der Diabetes tat sein Übriges dazu. Kleine weiße Fetzen schwebten hinunter und lagen auf seiner braunen Cordhose wie die ausgerissenen Flügel von Eintagsfliegen. Mit einer ungeduldigen Handbewegung wischte er sie weg.

Die Turmuhr der benachbarten Kirche schlug halb neun. Constanze ließ sich Zeit. Er fragte sich, ob sie krank war, nicht zur Arbeit gehen konnte. Oder hatte sie verschlafen? Sein linkes Augenlid zuckte. Lag sie noch mit diesem Kerl im Bett?

Angestrengt sah er nach draußen, die Morgensonne versuchte, sich einen Weg durch die dunstigen Schleierwolken zu bahnen, und schaffte es nicht. Es blieb trüb, ein graumilchiger Tag, seine Mutter hatte das früher »Unfallwetter« genannt.

Plötzlich sah er Constanze um die Ecke kommen, Hand in Hand mit dem Mann. Sie trug einen rot gemusterten Rock und schmale Wildlederstiefel, es gefiel ihm. Seine Augen hingen an ihr, streiften ihren Körper hinauf und hinunter, den Mann an ihrer Seite nahm er nur als einen Schatten wahr – einen Schatten, den sie bald nicht mehr hatte.

Die beiden stiegen in Constanzes Auto. Kurz darauf leuchteten die Rückfahrscheinwerfer auf, sie parkte aus. Er startete ebenfalls den Motor und fädelte sich in kurzem Abstand zu ihr in den Berufsverkehr ein. Auf den Gehwegen liefen Schüler und Mütter mit Kinderwagen, zahllose Radfahrer fuhren Richtung Innenstadt, ein dörflicher Stadtteil war unterwegs in den Tag. Er verfolgte den weißen Kleinwagen aus Handschuhsheim heraus, ein Schneehase und ein Wolf, der diesem unbemerkt folgte.

Nach einer kurzen Strecke auf der zweispurigen Berliner Straße ordnete sich Constanze auf die rechte Fahrspur ein und bog auf das Klinikgelände ab, sie nahm diesen Niemand immer noch mit. An einer roten Ampel hielt sie an, fuhr dann weiter geradeaus und bog schließlich nach links ab, Richtung Zoo.

Ein spöttisches Lächeln huschte über sein Gesicht, und er fragte sich, ob der Mann ein Affenwärter war. Im selben Moment sah er, wie der Blinker aufleuchtete und Constanze kurz darauf in einem schwungvollen Bogen vor der neuen Frauenklinik hielt.

Rasch bremste er ab, fuhr an den Straßenrand und beobachtete aus ein paar Metern Abstand, wie der Mann sich im Auto zu

Constanze hinüberbeugte. Erneut verschwammen die beiden Umrisse, eine Hand griff in Constanzes Locken, ihr Kopf bog sich ein wenig zurück. Dann löste sich der Umriss des Mannes wieder ab, er stieg aus und lief mit einem dümmlichen Lächeln auf dem Gesicht zum Klinikeingang. Nach ein paar Metern drehte er sich noch einmal um und winkte Constanze zu, die im Begriff war, den Wagen zu wenden.

Er spürte Übelkeit in sich aufsteigen, starrte auf das schicke neue Klinikgebäude, das dort aufragte wie ein überdimensionierter Bungalow aus Glas und Stahl. Großflächige gelbe, orange und rote Farbplatten waren über die Fassade verteilt, warme Farbtöne für kreißende Frauen, er dachte an Menstruationsblut.

Der Würgereiz verstärkte sich, Speichel floss in seinem Mund zusammen, und widerliche Gedanken begannen zu kreisen. Ein Frauenarzt? Einer, der sich für besonders erfahren hielt, ein Spezialist, wenn es um Frauen ging? Einer, der wusste, wie es ging?

Er schluckte den schalen Speichel hinunter, es schüttelte ihn. Mit zitternden Händen legte er den Rückwärtsgang ein, wendete und fuhr wie ferngesteuert zum Parkplatz des Versorgungszentrums. Als er dort ankam, parkte Constanzes Wagen bereits in einer der Parkbuchten nahe dem Eingang.

Er stieg aus, schloss die Fahrertür mit einem kräftigen Tritt gegen das Blech und ging zu seiner Arbeit, hinüber in die feucht dampfende Wäscherei.

»Ah, der Herr Hartung. Ausgeschlafen?« Die grelle Stimme seiner Vorgesetzten kratzte ihn an, als er die Wäschereihalle betrat. »Dienstbeginn ist um acht Uhr, ist Ihnen das entfallen?«

Vor seinen Augen sah er einen Schleier aus dunkelrotem Blut, der hinablief wie an einer Glasscheibe. In Gedanken legte er seine Hände um den dürren Hals der alten Ziege und drückte zu.

»Mein Auto ist nicht angesprungen, Zündkerzen oder so …«, murmelte er und griff nach einem Wäschecontainer, den er an eine der freien Maschinen heranrollte.

»Dann fahren Sie eben mit dem Fahrrad. Bewegung hat noch keinem geschadet.« Die spitze Stimme traf auf sein Trommelfell und verursachte ihm fast augenblicklich Kopfschmerzen. Wollte diese Hexe ihm jetzt sagen, was er zu tun hatte? So wie seine Mutter?

Mit seinen schwieligen Händen krallte er die verschmutzten Laken aus dem Behälter und stopfte sie in die Waschtrommel der Maschine.

»Kommt nicht wieder vor«, zischte er und hoffte inständig, endlich seine Ruhe zu haben. Sonst konnte er für nichts mehr garantieren. Er hatte wirklich andere Sorgen, als sich mit dieser Ziege herumzuärgern. Nicht jetzt. Irgendwann wird sie ihr Ende finden, sagte er sich, am besten wie ein geschlachtetes Tier an einem Pflock hängend.

Um die Ecke waren die Versuchstiere der Uniklinik untergebracht, Ärzte konnten sich zu Forschungszwecken oder zum Üben Mäuse, Ratten, Schweine und Schafe bestellen. Schweine waren den Menschen in vielem besonders ähnlich. Außerdem wurden Kurse für die Mitarbeiter der Klinik angeboten, die sich mit Tierexperimenten befassten. Für einen geringen Aufpreis konnte auch das »Tötungsmodul« gebucht werden. Die Kurse waren bis auf ein halbes Jahr im Voraus ausgebucht.

Ein plötzliches Bild kam ihm vor Augen: Er sah im unterirdischen Gangsystem der Versorgungstunnel tote Tiere treiben, wie von der Sintflut hinweggespült, das Wasser hatte alles überflutet, Wäschestücke schwammen umher, und aus den Tunneln flutete immer mehr Wasser nach, in gewaltigen Wogen. Dann kamen Menschen, Männer in weißen Arztkitteln taumelten wie Korken auf der Wasseroberfläche, einige mit dem Gesicht im Wasser, andere mit leeren Augen nach oben starrend. Er glaubte, den Mann zu erkennen, der Constanze belästigte. Seine Brille war zerbrochen, sein Gesicht bläulich angelaufen. Er konnte von Glück sagen, dass das Wasser ihn im Tode reingewaschen hatte, nach dem, was er sich erlaubt hatte.

»Herr Hartung? Ich störe Sie ungern, aber wie viel Zeit wollen Sie noch mit dem Befüllen der Maschine verbringen? Bis zur Mittagspause?«

Die Stimme seiner Vorgesetzten schrillte ihm erneut in den

Ohren, er spürte einen Adrenalinstoß, der seinen Puls beschleunigte. Lange ließ er sich das nicht mehr gefallen.

Er schloss die Tür der Trommel und stellte die Maschine an. Dann ging er wortlos zur Warenausgabe. In den unterirdischen Tunneln konnte viel passieren.

***

»Haag. Was gibt's?« Klara hatte sich den Telefonhörer zwischen Ohr und Schulter geklemmt und tippte weiter auf der Computertastatur. Der Anruf war intern. »Ich habe hier einen Mann in der Leitung, der Hinweise zum Phantombild geben will«, hörte sie die Stimme eines Kollegen von der Bereitschaft.

»Okay, danke, stell ihn durch.«

Das Foto war vor zwei Tagen in der Zeitung erschienen. Seitdem hatte es etliche Anrufe gegeben.

Klara vernahm ein leises Knacken in der Muschel des Hörers, dann eine noch junge Männerstimme: »Hallo, hier ist Schmidt. Ich glaube, ich habe den Mann gesehen, den Sie suchen.«

»So?« Klara hörte auf zu tippen. »Wo denn? Kennen Sie den Mann?«

»Na ja, kennen wäre zu viel gesagt. Aber ich habe ihn gesehen.«

»Wann und wo?«

»Letzte Woche. In Paris.«

Klara verzog die Mundwinkel. »Ach. In Paris?«

»Ja, in der Gegend von Notre-Dame.«

Klara legte auf und sah genervt zu Sebastian. »Schon wieder so ein Scherzkeks, der sich für besonders originell hält. Können die das unten nicht besser vorsortieren?«

Sebastian zuckte mit den Schultern. Zwei Hinweise hatten bislang so seriös geklungen, dass sie ihnen nachgegangen waren. Einer hatte sie zu einem Hilfsarbeiter einer Druckerei geführt, der am Abend, an dem er angeblich mit Dennis im »Goldenen Huhn« gewesen sein sollte, mit Trinkkumpanen im »Anker« gezecht hatte, einer Spelunke im Wieblinger Industriegebiet. Die andere Spur hatte bei einem Patienten der benachbarten Wieslocher Psychiatrie geendet, der jedoch ebenfalls ausschied, weil er sich zu den Tatzeiten nachweislich in der Klinik aufgehalten hatte.

Die Kollegen von der Streife hatten mit dem Phantombild die Apotheken im jeweiligen Zuständigkeitsbereich ihres Reviers abgeklappert. Falls der Mann Diabetiker war, musste er sein Insulin ja irgendwoher beziehen. Aber verwertbare Hinweise hatten sie nicht bekommen. Conrad war noch unschlüssig, ob auch die örtlichen Allgemeinmediziner und Internisten befragt werden sollten, der Aufwand schien deutlich größer als die Erfolgsaussichten.

Mittlerweile kam Klara das Phantombild selbst wie ein Rätsel vor. Wieso hatte sich in Edeltraut Rothschenks Gesicht ein Erkennen abgezeichnet? Was hatte das zu bedeuten? Klara wäre gern noch einmal zu ihr gegangen, aber so, wie die Frau sie abserviert hatte, hätte sie wohl auch bei einem zweiten Besuch nicht mehr erfahren.

Sie waren bei Oliver Lebenstedts Ehefrau gewesen, einer zierlichen, auffallend attraktiven Halbasiatin. Sie hatte ihnen gegenübergesessen und freundlich erklärt, sie mache von ihrem Recht Gebrauch, die Aussage zu verweigern. In ihren Mandelaugen hatte sich nichts geregt, in ihrem Gesicht war nichts zu lesen gewesen, es war undurchdringlich wie eine Maske erschienen.

Harald hatte die Frau platt darauf hingewiesen, dass ihr Mann eine andere geschwängert hatte, aber selbst da hatte sich in der schönen Fassade keine Regung gezeigt, und Frau Lebenstedt hatte geschwiegen. Das bedeutete allerdings, dass sie das Alibi ihres Mannes für die Nacht, in der Dennis ermordet wurde, nicht bestätigte. Vermutlich hätte sie es bestätigen können, aber sie tat es nicht. Womöglich war das ihre Art von Rache, das Verweigern von Entlastung. Sie hatte sich nicht auf ein Recht im Sinne ihres Mannes zurückgezogen, sondern auf ein eher belastendes Schweigen.

Conrad kam das gerade recht, er biss sich weiter an Oliver Lebenstedt fest.

Nachdenklich richtete Klara ihren Blick auf den Aktenstapel, der auf ihrem Schreibtisch lag, Unterlagen zu einem etwa fünf Jahre alten Fall. Damals war die einundzwanzigjährige Andrea Kohlhaas spurlos verschwunden. Klara konnte sich noch gut an die Ermittlungen erinnern, aber nun, da nach Jahren die Akten wieder vor ihr lagen, waren die Gefühle, die sie seinerzeit gehabt hatte, fast präsenter als die Erinnerung an die Fakten.

Es war ihr erster Fall nach ihrer Elternzeit gewesen, das Verschwinden einer jungen Frau hatte sie anders betroffen, als es vor der Geburt ihrer Tochter der Fall gewesen war. Die Dimensionen hatten sich verändert, sie war empfindlicher geworden, zu Hause das kleine Kind und dort draußen die Mörder, das ging anfangs nur schwer zusammen.

Erneut sah Klara auf das Foto der jungen Frau. Sie hatte gewelltes blondes Haar und ein offenes Gesicht, die Nase schien etwas zu groß, die Lippen voll, sie lächelte unbedarft in die Kamera. Klara spürte ihren Gedanken nach.

Andrea Kohlhaas hatte damals in einem Gasthof in Schwarzach gearbeitet, einer Gemeinde im Odenwald. Am Tag ihres Verschwindens hatte sie nach Feierabend gegen zweiundzwanzig Uhr das Lokal verlassen und war seitdem nicht mehr gesehen worden. Ihrer Chefin gegenüber hatte sie geäußert, dass sie noch in das rund fünfzehn Kilometer entfernte Mosbach wolle, um Freunde zu treffen. Andrea hatte kein eigenes Auto, sie hatte möglicherweise versucht, per Anhalter dorthin zu kommen. Trotz einer aufwendigen Fahndung hatte sich niemand gefunden, der Andrea nach zehn Uhr abends noch gesehen hatte. Wenn sie getrampt war, dann hatte vielleicht schon im ersten Auto, das an jenem Abend auf der L 590 angehalten hatte, ihr Mörder gesessen.

Sie ermittelten damals unter anderem im Umfeld einer diakonischen Einrichtung, einer ehemaligen Erziehungs- und Heilanstalt für Geistesschwache. Klara war abgetaucht in eine andere Welt, jenseits des Gewohnten oder Normalen, in andere Realitäten, die verwirrend waren, weil sie in Frage stellten, dass es so etwas wie Realität überhaupt gab.

Sie erinnerte sich an Hans, der bei seiner Geburt zu wenig Sauerstoff bekommen hatte, ein Mann wie ein Bär mit dem Intellekt eines Vierjährigen. Er war in allem, was er tat, ungezügelt, in seiner Fröhlichkeit und in seinem Zorn. Mehrfach war er abends aus seiner Wohngruppe im »Haus Frühling« ausgebüxt und die Nacht über weggeblieben. Sie hatten damals mit seinen Betreuern gesprochen, denen er einige Wochen zuvor aufgefallen war, weil er eine andere Heimbewohnerin im Waschraum bedrängt hatte. Und sie hatten mit ihm gesprochen, seine Aussagen waren wirr und widersprüchlich gewesen, eine Version war nicht wahrscheinlicher oder unwahrscheinlicher als die andere erschienen.

Aber Hans war schließlich doch als Täter ausgeschieden, er konnte Andrea nicht beschreiben, er hätte sie außerdem kaum spurlos verschwinden lassen können, ohne Fahrzeug und ohne Gerätschaften, um sie zu vergraben oder zu zerteilen. Die Kleidung in seinem Schrank war vollständig und sauber gewesen, es ergaben sich keine sicheren Verdachtsmomente.

Sie hatten sich weiter auf Andreas soziales Umfeld konzentriert, hatten ihren Freund und andere Jugendliche aus ihrem Bekanntenkreis befragt. Die bestätigten, dass Andrea zuweilen per Autostopp fuhr – ohne eigenes Fahrzeug kam man in dieser Gegend kaum vom Fleck.

Die junge Frau galt als aufgeschlossen, fröhlich, kontaktfreudig, zuweilen redselig. Sie hatte irgendwann in einem Luxushotel oder auf einem Kreuzfahrtschiff arbeiten wollen, eine ihrer Bekannten hatte zu Protokoll gegeben: »Die Andrea hält sich für was Besseres, der ist das hier alles zu eng, die will raus.«

Klara strich mit ihren Fingern über den Aktendeckel.

»Sebastian, glaubst du, Andrea Kohlhaas war ein ähnlicher Typ Frau wie Susanne Scheidt?«

Missmutig sah Sebastian hinter seinem Computerbildschirm hervor. Er war damit beschäftigt, Lebenstedts Handyverbindungsdaten zu prüfen, und hatte schlechte Laune. »Keine Ahnung, ich kannte Andrea ja nicht. Von den Beschreibungen her ist das schon möglich. Aber die Gemeinsamkeit kann auch nur sein, dass beide Frauen an einem entscheidenden Punkt ihres Lebens zu vertrauensselig waren.«

Da Andrea spurlos verschwunden war und eine Leiche fehlte, gab es wenige Möglichkeiten, Parallelen im Tathergang festzustellen. Im Prinzip konnte noch nicht einmal eindeutig von einem Verbrechen ausgegangen werden. Es war unwahrscheinlich, aber dennoch nicht ausgeschlossen, dass Andrea einfach ihr altes Leben verlassen hatte und nun irgendwo ein neues führte. Wie es ihren Eltern heute wohl geht, nach fünf Jahren in der schlimmsten Ungewissheit, die man sich vorstellen kann?, überlegte Klara.

Aber wenn Andrea tatsächlich von demselben Täter umgebracht worden war wie Susanne, drängte sich die Frage auf, ob er sich bewusst diese Art von Frau aussuchte. Hübsch, kontaktfreudig, aufgeschlossen, in gewisser Weise unbedarft und naiv. Und wenn ja, warum? Weil er sich dann überlegen fühlen konnte? Weil er Kompliziertes, Reserviertes, Intellektuelles hasste? Weil es ihn überforderte? Weil ihn das Aussehen und zugleich die Kindlichkeit dieser Frauen anzogen? Oder war es einfach Zufall? Eine junge Frau steht am Straßenrand und fällt ihrem Mörder praktisch vor die Füße, sie steigt in sein Auto, in diesen intimen, abgeschlossenen Raum, vertrauensselig und arglos, und er muss nur zugreifen? Gelegenheit macht Mörder?

Klara betrachtete wieder den Computerbildschirm. Sie hatte sich gemeinsam mit Harald und Sebastian die ungeklärten Sexualmorde der letzten zehn Jahre aus der Datenbank des Bundeskriminalamtes angesehen. Die Zahl der Fälle war überschaubar, was daran lag, dass die Aufklärungsquote von Morden bei deutlich über neunzig Prozent lag.

Das Problem bestand darin, dass sie selbst nicht genau wussten, wonach sie suchten. Am ehesten nach Parallelen im Nachtatverhalten, nach aufgeräumten Tatorten, bei denen der Täter möglichst wenig Unordnung hinterlassen hatte, oder nach im Wasser oder an anderen besonderen Orten abgelegten Toten, nach Fällen, bei denen die Opfer jung und hübsch waren, nicht blindwütig verstümmelt, sondern erwürgt oder erdrosselt worden waren, sozusagen in einer unblutigen Demonstration von Macht und Überlegenheit.

Die Ermittler hatten bis spät in die Nacht hinein über den Fällen gesessen, aber sie waren nicht weitergekommen.

Da Conrad Oliver Lebenstedt die Taten nachweisen wollte, wurden die Ermittlungen in diese Richtung geplant, und das, was dafür abzuarbeiten war, nahm fast die ganze Arbeitszeit des Teams in Anspruch.

Klara rollte mit ihrem Bürostuhl ein wenig zur Seite und lugte zu Sebastian hinüber, sah sein jungenhaftes Gesicht hinter dem Bildschirm, die griesgrämigen Falten über seiner Nasenwurzel. Sie hatte sich wie in einem Reflex von ihm zurückgezogen, die Geschichte mit Susanne verletzte sie, bestätigte sie scheinbar in ihrem Mangel an Vertrauen. Dennoch vermisste sie ihn. Das Gefühl, ihm nahe sein zu wollen, ließ sich nicht so einfach abstellen. Sie wünschte sich, es ausknipsen zu können wie das Licht an einem Schalter, aber es gelang ihr nicht. Sie vermisste es, ihn zu berühren, vermisste das vertraute Verhältnis zwischen ihnen, das sich in eine vorsichtige Höflichkeit gewandelt hatte.

Seit ihrem letzten gemeinsamen Fall, bei dem Sebastian angeschossen worden war, hatte er eine lange Narbe am rechten Oberarm. Sie hatte unzählige Male über diese Narbe gestrichen, zwölf Stiche, die wie ein Zeichen ihrer Verbundenheit auf sie gewirkt hatten. Sie konnten seinerzeit zusammen diese Situation auf Leben und Tod für das Leben entscheiden, vielleicht hatte Klara Sebastian sogar das Leben gerettet oder vielleicht auch andersherum.

Nun war Klara wieder allein, fühlte sich allein, begann, ihre einsamen Abende zu hassen. Das war das Schlimme daran. Bevor sie mit Sebastian zusammengekommen war, hatte sie kein Problem damit gehabt, allein zu sein, hatte sich gut selbst aushalten können und war zufrieden gewesen mit einem Glas Riesling und einem spannenden Buch. Die Tage waren gute Tage gewesen, wenn ihre Tochter abends wohlbehalten im Bett lag und sie selbst mit ihrer Arbeit vorankam. Aber dann war Sebastian gekommen … Und nun, da er wieder weg war, reichte das alte Leben nicht mehr aus, nun war es wie ein Gerippe – das Wichtigste stand noch, aber es fehlte an Fleisch und Blut.

Was ist das nur, wie kann der gleiche Zustand sich so unterschiedlich anfühlen?, rätselte Klara. Wenn jemand kam und dann wieder ging, war es ganz anders als zuvor, als er noch nicht da gewesen war. Eins plus eins minus eins war nicht mehr eins, sondern irgendetwas in der Gegend von null Komma fünf. Ein halbes Ding.

Klara seufzte leise und gab weiter das Protokoll zu den Gesprächen ein, die sie mit Lebenstedts Angestellten in seiner Kanzlei geführt hatten. Es gab Tage, da ging einem alles auf die Nerven.

***

Es war nach Mitternacht. Mit seiner Chipkarte öffnete er die Tür des Versorgungszentrums und ging durch einen dunklen Gang Richtung Treppenhaus. Die kleinen gelben Lichter der Notbeleuchtung sahen wie übergroße Glühwürmchen aus, deren schwaches Licht durch seinen Schatten zerrissen wurde. Leise öffnete er die Brandschutztür und stieg die Treppe hinunter.

Die vertraute Umgebung wirkte bei Nacht ganz anders, sie schien sogar anders zu riechen, intensiver. Er betrat den Aufenthaltsraum und drückte auf den Lichtschalter. Die Neonröhren erhellten zuckend den Raum. Er setzte sich auf eine der Holzbänke und nahm eine kleine Kamera aus seiner Tasche.

Einen Moment lang dachte er nach. Es war besser, ein paar Dinge zu dokumentieren, so konnte er besser planen. Sein Blick schweifte unruhig umher, der Geruch von Schweiß und Desinfektionsmittel zog in seine Nase.

Seine Augen erfassten eine zerlesene Zeitung auf einem der Tische – dann sah er das Foto, das von der obersten Seite prangte. Er streckte seine Hand danach aus und betrachtete das Bild. Es zeigte einen Mann mit einem seltsam verzerrten Gesicht, dunklem Haar, schwarzen Augen und einem breiten, eckigen Kinn. Die Proportionen in diesem Gesicht stimmten nicht, es sah nicht real aus.

Über dem Bild las er: »Die Polizei bittet um Ihre Mithilfe.« Es ging um ein Gewaltverbrechen, aber in den wenigen Zeilen unterhalb des Fotos gab es keine konkreteren Informationen.

Wieder blickte er auf das Gesicht. Er wusste, wer dieser Mann war, wusste, dass das Bild ihn selbst darstellte. Es war das Erkennen des Ichs, wenn einen die anderen nicht erkannten. Er wusste, um was und um wen es ging. Aber das Foto war schlecht geraten, sehr schlecht. Anhand dieses Bildes würde ihn kaum jemand identifizieren können, der Mann dort sah hässlich aus, unnatürlich und missgestaltet. *Er* war nicht hässlich, er sah nicht schlecht aus, es gab wesentlich hässlichere Typen.

Warum hatte die Polizei die Angelegenheit wieder aufgenommen, kurz nachdem man den Täter auf einer Pressekonferenz präsentiert hatte? Was hatte das zu bedeuten? Hatten sie eine Spur gefunden?

Er spürte, wie Ärger in ihm aufstieg, ahnte in einem kurzen Schauer eine Meute auf seinen Fersen. Das konnte er nicht gebrauchen, nicht jetzt, da er wichtige Dinge zu erledigen hatte. Aber er war klüger als die Bullen.

Er fragte sich, ob diese Polizistin dahintersteckte, die, die er seinerzeit im Schwimmbad und kurz darauf auf dem Foto zu der Pressekonferenz gesehen hatte. Die Frau mit dem kleinen Mädchen im roten Badeanzug. Wie lächerlich, dachte er. Mit der wurde er fertig, die brauchte einen Warnschuss. Vielleicht aber auch mehr. Von der ließ er sich seine Pläne nicht durchkreuzen.

Er faltete die Zeitung zusammen und steckte sie in seine Jackentasche. Dann ging er aus dem Aufenthaltsraum, den Gang entlang bis zu einer weiteren Brandschutztür und schließlich in den Wäschereiraum. Die Maschinen ruhten, es war ein ungewohnter Anblick, sie standen dort mit geöffneten Türklappen, die aussahen wie aufgesperrte Mäuler, gierig auf Futter wartend.

Langsam ging er durch den gefliesten Raum bis zum Warenein- und -ausgang. Von hier aus gelangte man in das unterirdische Tunnelsystem. Er schob den Vorhang aus breiten Kunststoffstreifen ein Stück zur Seite und trat in den Versorgungsgang, der Tag und Nacht von Neonlicht erleuchtet war. Nachts fuhren weniger

Transportcontainer, aber auch dann ruhte die Beförderung niemals ganz.

Auf dem hellgrauen Betonboden waren gelbe Markierungen angeordnet wie schräg stehende Zebrastreifen, die Luft war warm und dumpf. Er lief weiter, die Gummisohlen seiner Schuhe quietschten auf dem glatten Zement. Nach etwa dreißig Metern gelangte er an eine Gabelung der Tunnelgänge, nahm den rechten Gang und sah kurz darauf einen Container an den Edelstahlschienen heranschweben, langsam und wie von Geisterhand gezogen.

Nah bei der Wand ging er weiter, der Container fuhr mit ein paar leeren Mineralwasserkisten als Fracht an ihm vorbei, dann verschwand er wieder im Nichts des Tunnelsystems. Ein Roboter mit einem programmierten Ziel.

Aufmerksam horchte er auf jeden Laut. Die Uniklinik beschäftigte unzählige Mitarbeiter, natürlich kamen immer wieder einige von ihnen auf die Idee, sich nachts in den Tunneln herumzutreiben. Der glatte, kilometerlange Betonboden war eine ideale Spielwiese für Skater – junge Assistenzärzte, Pfleger oder Labormitarbeiter fuhren hier manchmal nachts herum. Er konnte also nicht davon ausgehen, völlig unbeobachtet zu sein. Entsprechend trug er Arbeitskleidung, Stahlkappenschuhe und eine blaue Arbeitsjacke. Falls ihn jemand ansprechen sollte, würde er vorgeben, eine Kontrolle am Schienensystem durchzuführen.

Mittlerweile hatte er herausgefunden, wer der Mann war, der an seiner Constanze klebte wie eine lästige Fliege: Oberarzt Dr. Andreas Schimmel. Schimmel sollte man beseitigen, mit reichlich klarem Wasser.

Den neonbeleuchteten Gang entlang ging er weiter. Die Frauenklinik lag nur ein paar hundert Meter vom Versorgungszentrum entfernt, in der unterirdischen Verbindung war der Weg noch kürzer.

Unbeirrt setzte er einen Schritt vor den anderen, hielt sich dicht an den Wänden und blieb immer wieder stehen, um zu horchen. Ab und an kam ein Versorgungscontainer an den Schienen der Elektrohängebahn angeschwebt, tagsüber wurden neben der Wäsche auch Essenstabletts und Medikamente durch das Tunnelsystem gefahren. Er hatte sich schon mehrfach gefragt, was eigentlich passierte, wenn jemand auf der Strecke zwischen Zentralapotheke und Klinik die Medikamente austauschte.

Über ihm zischte etwas, unwillkürlich zuckte er zusammen, dann entspannte er sich wieder. Es war eine Sendung in der Rohrpostanlage, die nach wie vor rege genutzt wurde – Blutproben konnten nicht über das Internet transportiert werden. Außerdem verliefen durch die Tunnel Telefon- und Wasserleitungen. Ein Lächeln huschte über sein Gesicht, beides sollte man durchtrennen.

Entschlossen lief er weiter. Seine Orientierung funktionierte auch unter der Erde, es war nicht schwer, den Weg bis zur neuen Frauenklinik zu finden. Immer wieder machte er Fotos und versuchte, sich jeden Meter der Strecke einzuprägen. Daneben suchten seine Augen die Rohre der Rohrpostanlage ab. Da konnte es immer einmal einen Defekt geben. Auch mit Sendungen, die Proben der Patientinnen von Dr. Schimmel transportierten.

Er ging weiter durch die betongrauen Gänge. Auf eine gewisse Art fühlte er sich verbunden mit der Klinik, sie war ein eigener Kosmos, hier gab es Geburten und Todesfälle im Akkord, Krankheit und Heilung, Freude und Leid, das gesamte Leben komprimiert auf wenige Quadratkilometer Klinikgelände. Er hatte es weit gebracht, weiter als die Ärzte. Er war die letzte Instanz.

Seine Mutter hatte sich oft abfällig über die Weißkittel geäußert. »Von wegen Halbgötter in Weiß. Drecksäcke in Weiß.« Nach ihrem Tod hatte er den Grund dafür erfahren. In seiner Geburtsurkunde stand: »Vater unbekannt«. Er konnte sich an den Gesichtsausdruck der Frau auf dem Einwohnermeldeamt erinnern, als er mit achtzehn einen Reisepass beantragt hatte, an ihre Stimme, schwankend zwischen Mitleid und Verachtung.

Als er vor einigen Jahren den Nachlass der Mutter geordnet hatte, hatte er es dann gesehen. In einem abgegriffenen Schuhkarton lagen ein paar Briefe, die alle ungeöffnet zurückgekommen waren – Briefe von seiner Mutter an seinen Vater. Der war

Chefarzt der Urologie in einer Klinik in Süddeutschland gewesen, Professor Günther Rothschenk. Seine Mutter hatte offenbar eine kurze Affäre mit ihm gehabt, eine Affäre mit Folgen.

Natürlich war sein Erzeuger verheiratet gewesen, und natürlich hatte er nichts von seinem unehelichen Sohn wissen wollen. Vielleicht hatte er gezahlt, das Geld in bar per Post geschickt, vielleicht aber auch nicht. Es gab keine Kontoeinträge und auch sonst nichts, was der Vater dem Sohn hinterlassen hätte. Die Briefe der Mutter waren bitter und vorwurfsvoll, Schimpftiraden, die ungelesen ins Leere gelaufen waren.

Sein Erzeuger war zwei Jahre vor seiner Mutter gestorben. Man hatte ihn eingeäschert und seine Urne auf irgendeinem Friedhof beigesetzt. Es war vorbei, aus und vorbei. Es gab keine Möglichkeit mehr, die Vaterschaft nachzuweisen, er hatte keine Chance, an seinen Teil des Erbes zu gelangen. Voller Bitterkeit hatte er die Witwe seines Erzeugers ausfindig gemacht, die seinerzeit in Mannheim wohnte, hatte dort vor der Tür gestanden und geklingelt. Eine harte Frau mit wasserblauen Augen hatte ihn kalt abblitzen lassen. »Was wollen Sie? Ich kenne Sie nicht, verschwinden Sie.«

Kurze Zeit später hatte er das blonde Plappermäulchen am Straßenrand aufgelesen, den sprudelnden Wasserfall.

Es hatte gutgetan, als endlich Ruhe gewesen war.

***

Schon wieder der stampfende Bass aus den vergammelten Boxen. Dazu eine muffige Hitze, die Klara den Schweiß auf die Stirn trieb. Die Luft stand wie zäher Kleister. Totaler Stillstand – wie derzeit in Klaras gesamtem Leben. Sie kamen nicht voran, die Ermittlungen stockten seit etlichen Tagen und verloren sich im Abarbeiten von kleinteiligen Rechercheaufgaben.

Nun war sie wieder mit Sebastian im »Goldenen Huhn«. Sie brauchten ein neues Phantombild. Mit dem, das sie hatten, kamen sie nicht weiter. Es musste noch andere Gäste geben, die Dennis an seinem letzten Abend hier mit dem unbekannten

Mann gesehen hatten, Stammgäste, die immer hier waren, die den Mann besser beschreiben konnten, als der Wirt es konnte oder wollte. Der kam gerade mit zu Schlitzen verengten Augen und ärgerlichem Gesicht hinter seinem Tresen hervor auf die beiden Ermittler zu.

»Ach, die Herrschaften von der Polizei. Privat hier oder dienstlich?« Sein Ton war unfreundlich, das Hochdeutsch aufgesetzt.

»Privat. Zwei Pils bitte.« Sebastian antwortete, ohne zu zögern, und steuerte einen der klebrigen Barhocker an. Mit spitzen Fingern angelte Klara ein Haargummi aus der Tasche ihrer Jeans, band ihr Haar nach oben und setzte sich auf den Stuhl neben ihm.

Doch, es gab eine Veränderung in ihrem Leben, in diesem lausigen Sommer des Stillstands. Heute Morgen hatte Jan Josephine abgeholt. Er hatte es tatsächlich fertiggebracht, mit Wohnwagen und Freundin in der Weststadt vorzufahren und zu hupen wie ein verliebter Gockel vor dem Fenster seiner Angebeteten. Dann war er strahlend die Treppe heraufgekommen und hatte die ebenfalls strahlende Josephine herumgewirbelt und gerufen: »Komm, Schatz, es geht los.«

Was für ein Theater, hatte Klara gedacht.

Nun war Josephine weg, zwei lange Wochen, auf irgendwelchen Campingplätzen bei Stechmücken und sengender Sonne. Und Klara saß mit einem dumpfen Gefühl im Magen hier in dieser Spelunke neben einem distanzierten Sebastian. Sie trank einen Schluck Bier, das kühl und frisch war, der einzige Lichtblick in diesem modrigen Laden.

Sebastian leerte sein Pilsglas in einem Zug bis zur Hälfte und trommelte nervös mit den Fingerkuppen auf die schauderhaft geflieste Theke. Schon den ganzen Tag über hatte er unruhig und abwesend gewirkt.

»Ich mische mich mal unters Volk. Von dem Wirt bekommen wir eh keine Informationen mehr.« Er stand auf, nahm sein Glas und schlenderte zu den beiden Typen, die am Spielautomaten standen.

Klara sah, wie er in seiner Hosentasche kramte, ein paar Münzen zutage förderte, sie in den Automaten einwarf und auf die blinkenden Knöpfe drückte. Kurz darauf begann er mit einem der beiden jungen Männer ein Gespräch.

Sebastian konnte das gut, mit Leuten reden. Klara hingegen tat sich schwer darin, Smalltalk lag ihr nicht, und die Gäste vom »Goldenen Huhn« wirkten auch nicht besonders konversationsfreudig.

Sie nahm ihr Bier und ging ein paar Schritte zu einem Pärchen mittleren Alters. Der Mann trug ein weißes Feinripp-Unterhemd mit einer Lederweste darüber, die Frau hatte sehr hell blondiertes Haar mit orangefarbenen Strähnchen darin.

Passend zur Theke, dachte Klara und sagte möglichst leutselig: »Gutes Bier.« Sie hob ihr Glas. »Seid ihr öfter hier?«

Die Wasserstoffblonde sah sie argwöhnisch von oben bis unten an, der Mann in der Lederweste nickte. »Alla geh, jo, simma scho. Warum?«

Liebend gern wäre Klara direkt zum Punkt gekommen. Stattdessen wärmte sie die Geschichte von der trauernden Cousine wieder auf, die wissen musste, wie es Dennis an seinem letzten Abend ergangen war, und verkündete betroffen, dass sie seinen Tod immer noch nicht fassen könne.

Die Frau blickte verständnisvoll drein und wechselte ein paar Sätze mit ihrem Begleiter. Dann erklärte sie, dass die beiden an dem Abend, an dem Dennis starb, auf der Geburtstagsfeier der Schwägerin gewesen seien.

»Schade«, sagte Klara enttäuscht. »Kennt ihr denn jemanden, der hier war?«

»Ei, der Thomas un der Marco sin meistens hier, do driwwe die zwei an dere Automat.«

Klara sah zu dem Spielautomaten, an dem auch Sebastian stand. Er war richtig gelandet. Sie bedankte sich, trank noch einen Schluck Bier und stellte ihr leeres Glas auf der Theke ab. Ihr Gesicht glühte, was bei dieser Hitze kein Wunder war.

Sie sah sich im Gastraum um. Zur Toilette ging es links am Tresen vorbei. Mit roten Wangen bahnte sie sich einen Weg durch die volle Kneipe und stieg kurz darauf eine schmale Treppe hinunter in einen katakombenartigen Gang. An dessen Ende befanden sich gegenüberliegend zwei braun gestrichene Türen mit Messingschildern daran, »Ladies« und »Gentlemen«.

Passt echt, dachte Klara, trat ein und wusch sich die Hände. Es roch nach einem billigen Raumspray, das beige Waschbecken stammte vermutlich original aus den Siebzigern, die Flüssigseife auf dessen Rand vom Discounter.

Klara betrachtete sich im Spiegel. Sie war müde, ihre blauen Augen glänzten fast fiebrig, ihre Lippen waren blass. Sie hielt die kühlen Hände an ihre Wangen. Der Fall raubte ihr Energie, sie hatte den Eindruck, ein Phantom zu jagen, das abgründig und intelligent war und dem bislang Glück und Zufall zu Hilfe gekommen waren. Darüber legte sich das Gefühl, dass in ihrem eigenen Leben gerade irgendetwas auseinanderbrach.

Noch einmal feuchtete sie ihr Gesicht mit kaltem Wasser an. Gleich sollte sie wieder hinaufgehen und – für den Fall, dass Sebastian doch nicht weitergekommen war – möglichst unauffällig noch ein paar andere *Ladies* und *Gentlemen* befragen.

Gerade zog sie ein paar Papierhandtücher aus dem Spender an der Wand, als die Tür geöffnet wurde. Eine junge Frau in engen Jeans und einem lachsfarbenen Top kam herein, sie lächelte Klara kurz an und stellte sich neben sie vor den Spiegel. Ihr rundes Gesicht war ziemlich stark geschminkt, das braune Haar zu einem schwingenden Zopf gebunden. Aus ihrer kleinen Handtasche zog sie einen Kajalstift und begann, sich den Lidstrich nachzuziehen. Um ihr Handgelenk waren etliche Lederbändchen geschlungen, die Fingernägel leuchteten neonpink.

»Ganz schön schwül heute, oder?« Sie rollte mit den Augen.

»Ja, wirklich. Ist ein komischer Sommer«, erwiderte Klara lächelnd. »Aber wenn wir Glück haben, wird's ja noch.«

»Ach ja, hoffentlich. Mein Freund und ich wollen zelten gehen. Ende August. Auf den Campingplatz in Eberbach.«

»Oh schön.« Klara schwindelte, sie konnte sich weitaus Schöneres vorstellen, aber womöglich lohnte es sich, mit der jungen Frau ein paar Worte zu wechseln. Sie richtete ihren Haarknoten und befestigte ein paar lockere Strähnen.

»Ist ja eine nette Kneipe«, meinte sie dann. »Bist du öfter hier?«

Die junge Frau packte den Kajalstift wieder ein. »Na ja, mein Freund trinkt hier gern ein paar Bier. Da komme ich dann halt mit.«

Klara entschloss sich, direkt zu fragen. »Kanntet ihr den Dennis?«

In dem fast kindlich weichen Gesicht zeichnete sich Betroffenheit ab. »Ja klar kannten wir den. Das ist echt eine furchtbare Sache.«

»Er war mein Cousin«, sagte Klara. Auf ein paar Lügen mehr oder weniger kam es jetzt auch nicht mehr an. »Ich glaube, an seinem letzten Abend war er noch hier.«

»Ach wirklich?«

»Ja, am achtzehnten, das war ein Dienstag.« Klara sah die Frau aufmerksam an. »Habt ihr ihn da noch gesehen?«

»Hm …« Erneut rollten die großen braunen Augen nach oben, dieses Mal offenbar in Nachdenklichkeit. »Dienstags hat mein Freund Fußballtraining, da sind wir eigentlich nicht hier. Aber Sie können ja mal Thomas und Marco fragen, die sind fast jeden Abend da. Heute auch. Die stehen oben am Spielautomaten.«

»Ah ja, danke schön. Dann frage ich die beiden.« Klara lächelte und warf die Papierhandtücher in den Mülleimer. »Habt ihr Dennis eventuell mal zusammen mit einem dunkelhaarigen Mann Anfang vierzig gesehen? Es kann sein, dass er irgendwie auffällig aussieht, nicht sehr attraktiv.«

Die Frau schien erneut nachzudenken. »Nein. Eigentlich kam Dennis meist allein her und unterhielt sich dann eben mit Leuten, die er kannte. Ein paar Mal hatte er auch eine Freundin dabei, so eine hübsche Blonde. Aber in der letzten Zeit nicht mehr.« Sie zögerte. »Also, ich kann mir gar nicht vorstellen, dass er jemanden … umgebracht haben soll.«

»Ich mir auch nicht.« Das war die Wahrheit. Mit den Händen kühlte Klara ihren Nacken und wartete noch einen Moment. Als die junge Frau nichts mehr sagte und nur traurig dreinblickte, griff Klara schließlich nach der messingfarbenen Türklinke.

»Also, tschüss dann. Und viel Spaß im Campingurlaub.« Das Wort gab ihr einen Stich ins Herz. Sie verließ den Waschraum, ging den engen Gang entlang und die Treppe hinauf nach oben in die muffige Gaststube.

Sebastian stand nach wie vor am Spielautomaten. Klara bestellte noch ein Bier und betrachtete ihn von Weitem. Seine Muskeln zeichneten sich unter dem T-Shirt ab, wenn er den Arm hob, um auf die Knöpfe zu drücken, der Stoff spannte am Oberarm. Ab und zu lachte er, sodass sich die Grübchen auf seinen Wangen vertieften.

Klara spürte, wie ihr der Schweiß den Nacken hinunterlief. Ihr Blick schweifte zwischen Sebastians Schultern und seinen Kniekehlen auf und ab und blieb immer wieder da hängen, wo er nicht hängen bleiben sollte.

Hastig trank sie einen großen Schluck Bier, so als wolle sie Erinnerungen hinunterspülen, und blieb einfach an die Theke gelehnt stehen. Keine falschen Bewegungen, es reichte, wenn ihre Augen die machten.

Nach einer Weile sah Klara, wie sich Sebastian kumpelhaft von Marco und Thomas verabschiedete. Er kam zum Tresen und stellte sich neben sie.

»Das sind zwei Stammgäste in diesem Etablissement.«

»Weiß ich schon«, sagte Klara, »Marco und Thomas. Und?«

Lässig lehnte Sebastian an der Theke. Der Laden war so voll, dass er dicht bei Klara stand, sie musste sich zusammenreißen, sich nicht an ihn zu drücken. Heute war kein guter Tag, überhaupt nicht.

»Die beiden können sich daran erinnern, dass Dennis an einem Dienstagabend mit einem Mann, den sie vorher noch nicht gesehen hatten, an diesem Tresen saß. Sie beschreiben ihn als dunkelhaarig, ziemlich groß, Anfang oder Mitte vierzig, kräftige Statur. Aber Dennis und der Typ saßen mit dem Rücken zu ihnen, genau beschreiben können sie sein Gesicht wohl nicht.«

Sebastian machte eine Pause, die er zum Biertrinken nutzte. Dann folgten ein lapidares »Tja« und eine weitere Pause. Schließlich fuhr er fort. »Allerdings haben sie beobachtet, wie die beiden zusammen das Lokal verlassen haben. Marco sagte, Dennis habe abwesend gewirkt und sei ein bisschen geschwankt. Merkwürdig sei gewesen, dass Dennis Marco zwar angesehen, aber offensichtlich nicht erkannt habe. Zumindest hat er seinen Gruß nicht erwidert, sondern nur ins Leere gestarrt.«

»Entweder war Dennis ziemlich betrunken, oder er hatte noch etwas anderes als Bier in seinem Glas«, sagte Klara. »Reicht es bei den beiden für ein Phantombild?«

Sebastian fuhr sich mit der Hand durchs Gesicht. Er schwitzte. »Ich habe die Handynummer von Marco, wir sollten es versuchen. Beide haben übrigens gesagt, dass der Mann nicht auffallend unattraktiv war, Thomas hielt ihn sogar für recht ansehnlich.«

»Dann heften wir das alte Bild am besten zu den Akten«, murmelte Klara.

Aus den Augenwinkeln sah sie, dass Sebastian nickte. Direkt ansehen konnte sie ihn nicht. Sie lauschte der Rockmusik, die vom Stimmengewirr der Gäste überlagert wurde.

»Klara, ich habe nachgedacht«, sagte Sebastian schließlich.

Klara horchte auf. Diese Worte waren der klassische Start für ein klassisches Ende. Sie merkte, wie ihr Atem flacher wurde.

»Das mit uns … Das ist irgendwie schwierig geworden.«

Ah, dachte Klara, tatsächlich.

»Die Mordopfer sind jetzt schon Bekannte von mir. Ich kriege die Bilder von Susanne nicht aus dem Kopf. Die Stadt hier ist irgendwie zu … klein. Es ist alles so eng. Ich weiß auch nicht …« Sebastian druckste herum.

Nein, es ist keineswegs alles eng, widersprach Klara innerlich. Einiges fliegt gerade ganz weit auseinander.

»Also, ich denke, ich muss mal hier raus.« Er schlug die Augen nieder und sah auf den Boden. »Mal was anderes sehen.«

Was anderes oder wen anderes?, überlegte Klara.

»Also«, Sebastian zögerte, »also … ich stelle einen Versetzungsantrag.«

Klara traute ihren Ohren nicht. »Was?«

»Ich möchte nach Hamburg.«

»Wie bitte?« Entgeistert sah Klara Sebastian an und fragte sich, ob der Wirt aus Boshaftigkeit etwas in sein Bier gemischt hatte. *»Wohin?«*

»Hamburg ist ja nicht aus der Welt«, sagte Sebastian leise.

Nicht aus der Welt? Was will er denn ausgerechnet in Hamburg?, fragte sich Klara aufgebracht. Dienst schieben auf der Reeperbahn? Kann man sich überhaupt in andere Bundesländer versetzen lassen? Warum geht er nicht direkt nach Hongkong? Oder auf den Mond?

»Klara, ich möchte mit dir zusammenbleiben, aber ich habe das Gefühl, du bist dir deiner Sache überhaupt nicht sicher und hältst mich auch nicht für wirklich beziehungsfähig. Das mit Susanne tut mir schrecklich leid, das war ein Riesenfehler, in zweifacher Hinsicht. Kannst du dir vorstellen, wie ich mich fühle? … Als sei ich vor eine Wand gelaufen.« Sebastian senkte erneut den Blick. »Aber irgendwie muss es weitergehen. Und ich wollte immer schon in den Norden. Ans Wasser.«

Klara schwieg. Ans Wasser. Er wollte weg, weg von ihr. Und nicht nur das. Wenn Sebastian weg wäre, würde sie irgendeinen neuen Partner zugeteilt bekommen, einen, mit dem man nicht seine Gedanken austauschen konnte, sodass sie zu einem gemeinsamen Ganzen zusammenwuchsen. Einer, der ihr gegenübersitzen, seine Leberwurststulle essen und sie aus matten Augen ansehen würde.

Plötzlich fühlte sich Klara unglaublich schwach. »Weiß Conrad schon Bescheid?«, fragte sie.

»Ich habe gestern mit ihm gesprochen. Natürlich war er nicht begeistert. Aber er kann ja niemanden hier festbinden.«

Festbinden?, dachte Klara. Oder fest binden? Ihr war elend zumute. »Aber du kannst doch nicht einfach aus einem laufenden Fall aussteigen.«

»Klara, irgendein Fall läuft immer. Da komme ich nie hier weg. Und wer weiß? Möglicherweise sind wir ja doch schon nah an der Aufklärung.«

»Ach so?« Klara hob fragend die Augenbrauen. Dann wusste sie nichts mehr zu sagen. Sie war leer, gleichzeitig tobten in ihr tausend Gefühle. Sollte sie Sebastian zum Bleiben überreden? Aber sie hatte keine Kraft dazu – oder war zu stolz. Es fehlte nur noch, dass er sagte, sie könne ihn ja mal besuchen kommen.

»Du und Josi, ihr könnt mich ja mal besuchen kommen.« Sebastian versuchte ein Lächeln.

Klara schluckte. »Ich glaube, mir ist gerade nicht so gut. Ich fahre wohl besser nach Hause.« Sie stellte ihr halb volles Bierglas ab und drängte sich wie in Trance an den Gästen vorbei Richtung Ausgang. Durch das Stimmengewirr klangen aus der Musikanlage die Dire Straits, »So far away«. Ihr war schwindelig.

Mit Mühe erreichte sie die Tür und trat in den schwülen Abend hinaus. Einen Moment lang lehnte sie sich neben dem Eingang an die Hauswand. Ihre Gedanken kreisten. Das war's jetzt also, so schnell kann es gehen, dachte sie. Abserviert im »Goldenen Huhn«. Sebastian macht sich aus dem Staub. Er wollte immer schon ans Wasser … Soll er sich in Heidelberg auf die Alte Brücke setzen und auf den Neckar gucken.

Klara atmete tief ein und aus, versuchte, die Beklemmung und dieses elende Gefühl des Verlassenwerdens abzuschütteln. Nach ein paar Atemzügen spürte sie durch Traurigkeit und Kränkung hindurch Zorn und Trotz in sich aufkeimen. So ein Idiot.

Vielleicht hat er ja recht, dachte sie plötzlich, vielleicht ist es hier wirklich zu eng.

Weite, eine wunderbare Landschaft, ihre alte Heimat an der Mosel … Am Wochenende fand dieses Open-Air-Festival im Hunsrück statt, auf dem sie in ihrer Jugend wilde Nächte verbracht hatte. Ich fahre hin, entschied sie spontan, treffe viele alte Bekannte, amüsiere mich und bilde mir ein, ich wäre noch mal zwanzig. Genau.

Klara schloss ihr Fahrrad auf. Der Tag heute war gelaufen, die Sache mit Sebastian war gelaufen. Möglicherweise sollte sie sich ohnehin einen neuen Job suchen. Sie musste darüber nachdenken. Aber zuerst kam der Kurzurlaub zwischen Mosel und Hunsrück, Urlaub von sich selbst.

Energisch trat sie in die Pedale, fuhr nach Hause in ihre leere Wohnung und legte sich in ihr leeres Bett. Das Wochenende erschien ihr wie eine Rettungsinsel, auf der sie nicht mehr mit ihrem Ex-Freund und zukünftigen Ex-Kollegen ermitteln musste, überhaupt konnte sie sich kaum noch vorstellen, wie sie den Fall zusammen aufklären sollten.

Sie hatte es immer schon geahnt: Berufliches und Privates zu vermischen brachte nur Ärger.

***

»Oh mein Gott.« Klara hatte das Gefühl, dass ihr jeden Moment der Kopf wegfliegen würde. War er überhaupt noch dran? Doch, musste er, sie konnte einen widerlich pelzigen Geschmack im Mund feststellen. Vermutlich hatte sie auch noch Arme und Beine, auch wenn die sich in kraftlose Puddingschläuche verwandelt hatten.

Dunkel erinnerte sie sich, dass sie zumindest letzte Nacht auch noch ein paar andere Körperteile gehabt hatte.

Und Carsten auch.

Scheiße.

Klara öffnete die Augen. Über ihr wölbte sich ein olivgrünes Zeltdach, durch das das helle Tageslicht schien und alles im Zeltinneren grünlich färbte. In der Nordsee gab es eine Untiefe namens Kotzenloch. Vielleicht war die über Nacht in den Hunsrück gewandert.

Die Nordsee … Ans Wasser.

Sebastian.

Nochmals Scheiße.

Im Zelt war es warm und stickig wie in einer Kunststoffblase, in der man froh sein musste über jedes Sauerstoffmolekül. Klara drehte den Kopf zur Seite. Carsten schlief noch. Geübte Trinker konnten irgendwie länger schlafen.

Strähnen ihres langen dunklen Haars hingen ihr übers Gesicht und rochen nach Bier. Ein paar Sekunden lang lag sie so da. Dann wechselte ihr Körperzustand langsam, aber sicher von einem dumpfen, elenden Gefühl in Alarmbereitschaft. Sie musste aus diesem Zelt hinaus. Dringend.

Am unteren Ende der olivgrün gefärbten Höhle des Schreckens entdeckte sie ihre Jeans und ihr T-Shirt, über den unteren Teil eines Hosenbeins hatte sich eine umgefallene Bierflasche ergossen.

Nasses T-Shirt wäre schlimmer, dachte Klara.

Ihr Schädel brummte. Steif schälte sie sich aus einer übel riechenden Wolldecke, Carsten grunzte. Vorsichtig bewegte sie sich ein Stück nach vorn und sammelte ihre Kleider zusammen. Die Strümpfe waren irgendwo im Kotzenloch verschollen. Klara verzichtete darauf, sie zu suchen, und klemmte ihre Turnschuhe unter den Arm. Mit zitternder Hand öffnete sie leise den Reißverschluss des Ausgangs und kroch hinaus.

Endlich Luft.

Wie schneeblind blinzelte Klara in den schon hellen Sommertag und streifte so schnell es ging Jeans und T-Shirt über. Ihr war hundeelend, sie fühlte sich wie die letzte Trümmerlotte und sah wahrscheinlich auch so aus. Es war ihr völlig schleierhaft, was sie sich dabei gedacht hatte. Sie war keine zwanzig mehr, sie vertrug Sekt nicht flaschenweise.

Der Kater war die Hölle, eine bitterböse Rache für die feuchtfröhliche Nacht und, wie es ihr jetzt schien, ein viel zu hoher Preis.

Und dann auch noch mit Carsten.

Carsten-kann-immer.

Vor Klaras Augen flimmerte es. Mit einem Jugendfreund, damals eine kurze, aber heftige Geschichte. Reflexartig schüttelte sie den schmerzenden Kopf. Und ihr war nichts Besseres eingefallen, als das wieder aufzuwärmen? Hätte sie letzte Nacht vorher, nachher und währenddessen wenigstens den Mund gehalten, aber das Schlimme an diesen unseligen intimen Begegnungen mit der Vergangenheit war ja, dass man sich auch noch alles erzählte, sein halbes Leben, dass man diesen alkoholgetriebenen Drang hatte zu reden.

Ausgefranste Satzfetzen kamen ihr wieder in den Sinn, »Es war damals schon so toll mit dir«, »Weißt du noch, was du immer so gernhattest …?« Klara spürte einen Brechreiz, sie brauchte dringend eine Flasche Wasser.

Eilig richtete sie sich auf und ging los. Sie musste quer über den Zeltplatz, ihre Knie waren weich, ihr Kreislauf drohte sie im Stich zu lassen. Überall auf der Wiese standen bunte Zelte und Wohnwagen, Festival-Atmosphäre, aber ihr stand der kalte Schweiß auf der Stirn. Sie lief weiter.

Vor einem der Wohnwagen saßen drei Gestalten, die offenbar durchgemacht hatten. »Ähj, hasdes eilisch? Komm, trink noch en Bier.«

Klara fühlte erneuten Brechreiz in sich aufsteigen. Sie hatte für eine Nacht die Welten gewechselt, hatte tatsächlich nicht mehr an den laufenden Fall gedacht und irgendwann auch nicht mehr an Sebastian. Hatte mit Carsten am Sektstand gelehnt, geflirtet, was das Zeug hielt, und war schließlich abgetaucht in den gnadenlosen Anachronismus »Sex mit dem Ex«. Aber jetzt kam die andere, die tatsächliche Realität wie ein Fausthieb zurück. Zwei Mordopfer und Sebastian, der wegging. Unter die Übelkeit mischte sich eine vage Angst. Alles wirkte grell und bedrohlich, zu viel Alkohol brachte den Kopf durcheinander.

So schnell wie möglich wollte Klara zu ihrem Auto. Das stand ungefähr fünfhundert Meter entfernt auf einem Stoppelfeld, das als Parkplatz diente. Die Entfernung kam ihr vor wie fünf Kilometer. Ihre Schritte klangen in ihren Ohren wie ein Rhythmus, »nie wieder, nie wieder, nie wieder«.

Endlich sah sie den alten Volvo, gleich hatte sie ihr Ziel erreicht. Sie ging weiter, die Augen auf die Fahrertür geheftet. Ein paar Momente später schloss sie das Auto auf, ließ sich hinter das Steuer fallen und öffnete die Flasche, die auf dem Beifahrersitz lag. Ein Teil des lauwarmen Sprudelwassers zischte heraus und durchnässte ihr Shirt, sie hob die Flasche an die Lippen und trank.

Mit jedem Schluck versuchte sie, ein Stück der Nacht hinunterzuspülen, Worte und Taten. Aber ein Rest blieb haften, das klebrige Gefühl, jemand anderem viel zu nahe gekommen zu sein.

Klara hatte das dringende Bedürfnis, viele Kilometer zwischen sich und den Hunsrück zu bringen. Sie startete den Motor, setzte ihre Sonnenbrille auf und machte sich auf den Heimweg. Ihr graute jetzt schon vor der kommenden Woche.

***

Wieder trug er den Blaumann. »Kleider machen Leute«, wie seine Mutter manchmal gesagt hatte. Oft hatte sie wenig getragen, aber damals hatte er noch nicht gewusst, was das bedeutete.

Er hatte sich eine billige Lesebrille aufgesetzt und eine rotbraune Perücke, die ihn eine Stange Geld gekostet hatte. Aber sie musste echt aussehen. Das lange Haar hatte er zu einem Zopf gebunden, daran würde man sich erinnern, ein Mann mit rotbraunem langem Haar. Es gab Männer, auf deren Haar Frauen neidisch waren. So sah er aus.

Bis zum späten Nachmittag hatte er gewartet. Die Tagesschichten der Ärzte gingen von acht bis siebzehn Uhr. Viele arbeiteten länger, aber auch sie waren irgendwann weg, zu Hause bei Frau und Kindern. Oder eben ganz weg.

Vom Versorgungszentrum aus machte er sich auf durch das unterirdische Gangsystem. Den Weg hatte er sich beim letzten Mal gut eingeprägt, er ging zielsicher und schnell. In der linken Hand trug er einen blauen Plastikeimer, seine rechte Hand streifte beim Gehen hin und wieder den Hammer in der Seitentasche seiner Arbeitshose, den oberen Teil des Holzstiels und das kühle Metall. Er musste es versuchen, es war einen Versuch wert. Wenn es nicht klappte, fiele ihm etwas anderes ein. Aber loslassen konnte er nicht mehr. Dazu war es zu spät.

Eilig ging er weiter durch den Tunnel. Er war vom Technischen Dienst, zumindest würde er sich dafür ausgeben. Man würde es ihm glauben, das war nicht das Problem.

Zurzeit waren etliche Transportcontainer in den Gängen unterwegs, das Abendessen wurde verschickt. Jeder der armen bettlägerigen Patienten wollte etwas in den Magen, wollte spüren, dass er noch lebte, etwas schmecken, verdauen, glauben, dass er wieder zu Kräften kam.

Die Container mit den gestapelten Tabletts glitten durch die

Tunnel, beladen mit Brot, Wurst und Käse, dazu noch ein kleiner Becher Joghurt, den sich viele aufhoben für die Nacht, wenn sie nicht schlafen konnten. Als nützte das etwas.

Er lief weiter. In dem Gang, der direkt zur Frauenklinik führte, kam ihm ein kleiner Gabelstapler entgegen. Er grüßte den Fahrer mit einem Kopfnicken, so wie man es unter Kollegen tat. Seine Schritte waren fest und sicher, der Kopf des Hammers klopfte leicht gegen seinen Oberschenkel.

Ein paar Meter vor dem Zugang zur Frauenklinik hielt er an und sah nach oben. Die Rohrpostanlage verlief in etwa zwei Meter Höhe entlang der Tunnelwand. Links neben ihm befand sich eine Nische vor dem Eingang zu einem Betriebsraum, der durch eine Brandschutztür abgetrennt war. Er atmete tief ein, ging weiter und öffnete die Metalltür, die in das Klinikgebäude führte.

Im Untergeschoss waren Kreißsäle, OPs und die Frühgeborenen-Station untergebracht, hier fand jeden Tag Klinikbetrieb statt. Er lief ein paar Schritte über den sandgelben Kunststoffboden. Schon nach wenigen Metern gelangte er zu Toilettenräumen. Er ging hinein und füllte den Eimer mit Wasser. Alles, was er tat, gehörte zu seinem Job beim Technischen Dienst, er musste sich nicht verhalten wie ein Dieb in der Nacht, er folgte seinem Plan mit großer Selbstverständlichkeit. Es war wichtig, keine Zweifel zu haben.

Seine Augen blickten in den Spiegel über dem Waschbecken. Er hatte keine Zweifel.

Als der Eimer voll genug war, hievte er ihn aus dem Becken, ging damit zurück durch die Metalltür und stellte ihn in der Nische bei dem Betriebsraum ab. Die Jagd hatte begonnen.

Entschlossen ging er in das Klinikgebäude zurück. Die Grundfläche der Frauenklinik war groß, das Untergeschoss weitläufig. Er orientierte sich kurz und ging dann durch einen langen Gang Richtung Treppenhaus. Es roch nach Neubau, die hellen Holztüren, die Wände, alles schien frisch und noch ohne Geschichte.

Eine Schwester kam ihm entgegen. Er grüßte mit einem

Kopfnicken. Nach ein paar weiteren Metern zog er die Glastür zum Treppenhaus auf und eilte über die hellen Granitstufen hinauf ins Erdgeschoss.

Oben angekommen, sah er direkt auf den Empfang – ein Tresen aus hellem Holz, von dem Glasscheiben aufragten wie bei einem Bankschalter. Nur ein schmaler Abschnitt blieb frei, durch den hindurch man sich unterhalten konnte.

Eine etwa fünfzigjährige Frau saß in dem kleinen verglasten Raum. Er ging geradewegs auf sie zu und lächelte sie an. Beiläufig erfasste er das Namensschild an ihrer Bluse, Frau Gräf. Sie schien eine von den Resoluten, Korrekten zu sein, nicht sonderlich hübsch, aber gepflegt, der Typ Chefsekretärin.

»Guten Tag«, begann er in einem jovialen Ton. »Schulze vom Technischen Betriebsdienst. Es gibt ein Problem mit der Rohrpost, eine der Rohrpostbüchsen hat sich verklemmt und ist beschädigt worden, mit den ganzen Laborproben drin.«

Er sah der Frau direkt in die Augen und stützte sich mit einem Arm auf den Tresen des Empfangs auf. »Teilweise kann man sie vielleicht noch verwenden und weiterschicken ans Labor, aber da muss mal jemand draufgucken …«

Für einen Moment richtete er den Blick auf das Dekolleté der Frau und sprach dann weiter. »Auf den Röhrchen steht ›Schimmel‹ als zuständiger Arzt, also, uns wär's am liebsten, der könnte mal kurz nachsehen.«

»Ah, der Dr. Schimmel. Ja, aber der ist gerade auf Station.« Die Frau wirkte zögerlich. »Können Sie die Büchse nicht mit hochbringen, und der Doktor sieht sich's dann hier oben an?«

»Geht leider nicht, das ist alles so zersplittert. Ich fass das nicht an ohne Handschuhe, mit dem ganzen Blut und allem. Außerdem ist ein Teil der Proben in der Rohrpoströhre gelandet, ich habe noch nicht alle rausbekommen, vielleicht kann der Doktor die rausfischen.« Er grinste. »Der fischt doch auch Babys aus dem Bauch.«

Skeptisch sah Frau Gräf ihn an.

»Dauert wirklich nur zwei Minuten«, sagte er beschwichtigend. »Aber ich meine, Sie müssen ja wissen, ob Sie die Proben dringend untersucht haben müssen oder ob es nicht so schlimm ist, wenn was nicht ankommt.«

»Natürlich müssen die alle untersucht werden«, antwortete die Frau resolut. »Aber ich weiß nicht, ob Dr. Schimmel gerade Zeit hat. Ich kann ja mal auf Station nachfragen.«

»Das wäre nett. Wissen Sie, wir machen ja alle nur unsere Arbeit.« Er lächelte wieder und beugte sich ein Stück nach vorn.

Die Frau griff nach dem Hörer des Telefons neben ihr und erklärte kurz darauf offenbar einer Stationsschwester, um was es ging. Dann nickte sie, sagte »Ist gut, danke« und legte auf.

»Meine Kollegin funkt den Doktor an. Am besten, Sie warten kurz, bis wir wissen, ob er runterkommen kann.« Sie zögerte erneut. »Ich dachte, die Rohrpostanlage wäre ganz neu?«

»Das Neue funktioniert auch nicht immer einwandfrei«, antwortete er mit einem Achselzucken. »Mir wär's auch lieber, ich wäre schon im Feierabend.«

Er schob die Hände in die Taschen seines Blaumanns und sah sich um. Neben dem Empfang befand sich ein Wartebereich mit hellen Kunststoffstühlen, eine Fototapete zierte die Wand, die Nahaufnahme einer Wiese. Darüber stand mit großen Buchstaben: »FRÜHLING«. Wer denkt sich so etwas aus?, fragte er sich. Wenn man wenigstens ein Foto vom Meer genommen hätte.

Vor der Glasfront zu dem Lichthof im Zentrum des Gebäudes ging eine Frau mit einem riesigen Bauch im breiten Entengang auf und ab, ein Mann schlich neben ihr her und tätschelte ihre Hand. So sah das junge Familienglück aus. Aus dem Leim gegangene Frauen und Männer unterm Pantoffel. Er wandte sich ab.

Kommt der Schimmel jetzt oder kommt er nicht, kreiste es in seinem Hirn. Er wurde ungeduldig und spürte, wie seine Kopfhaut unter der Perücke juckte, ihm war heiß. Mit seinen Fingerspitzen berührte er den metallenen Kopf des Hammers und strich darüber. Die glatte kühle Oberfläche fühlte sich gut an.

Das Telefon am Empfang läutete, die Frau ging ran und hörte ein paar Sekunden zu. »Ach so … gut. Danke«, meinte sie dann und sagte an ihn gewandt: »Der Doktor schickt eine Schwester runter, die kann das erledigen.«

Er registrierte, wie ein Schweißtropfen seine Stirn hinablief. Noch bevor er nachdenken konnte, hörte er seine eigene Stimme sagen: »Nee, nee, nee, gute Frau.«

Frau Gräf sah ihn erstaunt an. Ihre Augen weiteten sich ein kleines Stück, und die Lippen wurden schmal. Im Gegenzug beugte er sich unwillkürlich noch weiter zu ihr hinüber, bis sein Gesicht dicht vor ihrem war.

Eine Sekunde verging, dann noch eine und noch eine. Dann hatte er es.

»Sie glauben doch nicht, dass ich mit einer Frau allein in den Tunnel da unten gehe. Das ist mir viel zu heiß. Wenn ich die aus Versehen mit dem Ellbogen berühre, hab ich ruck, zuck was am Hals von wegen sexueller Belästigung. Da runter in den Keller gehe ich nicht allein mit so einer Schwester, das können Sie vergessen. Nicht mit mir. Entweder der Doktor kommt mit, oder ihr könnt eben die ganzen schwangeren Frauen noch mal quälen und alle Proben neu abnehmen.«

Er hielt direkten Blickkontakt mit den grünbraunen Augen ihm gegenüber, das linke Augenlid der Frau zuckte, die getuschten Wimpern sahen aus wie Spinnenbeinchen. Dann wanderte ihr Blick aus den Fängen seiner schwarzen Augen auf die Unterlagen vor ihr. Sie war unsicher, wusste nicht genau, was sie tun sollte. Frauen wie sie hatten Angst, Fehler zu machen. Das musste er ausnutzen.

Er richtete sich auf und schickte sich an zu gehen. »Ist ja im Grunde genommen auch nicht mein Problem. Dann mache ich jetzt eben Feierabend. Ist mir ohnehin lieber.«

Langsam entfernte er sich ein paar Schritte vom Empfang. Es war seine letzte Chance. Ärger brandete in ihm auf, diese dumme Kuh. Dann vernahm er ihre Stimme.

»Gut, warten Sie. Ich versuche, den Doktor zu bekommen.«

Er blieb stehen. »Ja, machen Sie das.«

Die Frau telefonierte erneut. Er verschränkte die Arme vor der Brust und hörte sie reden. Als sie aufgelegt hatte, sagte sie:

»Der Doktor versucht, in fünf Minuten unten zu sein. Er klang nicht sehr erfreut.«

»Erfreut sind wir alle nicht. Aber wie gesagt, ich mache hier nur meinen Job.«

Er wandte sich dem Lichthof zu und ging ein paar Schritte auf und ab. Dort draußen stand eine riesige Skulptur, eine Giraffe mit weit gespreizten Beinen. Direkt neben der Frauenklinik lag die Kinderklinik, beide Gebäude waren durch einen breiten Gang miteinander verbunden. Vermutlich sollte der Anblick der Giraffe den Kindern Spaß machen. Er dachte an die unsanfte Geburt von Giraffenjungen, ein freier Fall aus zwei Meter Höhe.

Seine Augen wanderten gen Himmel, durch die Wolkendecke zwängten sich ein paar Sonnenstrahlen und fielen durch die Glasscheiben. Er blinzelte, das Brillengestell drückte auf seine Nasenwurzel. In der Hosentasche ballte er eine Faust und spürte, wie sich sein Bizeps anspannte und die Muskeln seines Unterarms hart wurden.

Die Luft flimmerte ein wenig vor seinen Augen, so wie die Luft über heißem Sand, dem Sand, hinter dem das azurblaue Meer lag. Bald war er am Ziel.

Er schlenderte ein Stück den Gang entlang, der zur Kinderklinik führte, dann wieder zurück, wartete, drängte in Gedanken Schimmel, sich gefälligst zu beeilen. Wahrscheinlich musste er noch bei irgendeiner frisch Entbundenen nach dem Rechten sehen, sich wichtigtun, mit seinen schmierigen Händen irgendetwas abtasten. Bei seiner letzten Patientin.

Endlich sah er, wie ein Arzt herangeeilt kam, mit offenem Kittel, die Seiten blähten sich wie Segel. Es war der, den er erwartet hatte, und er kam mit schnellen Schritten auf ihn zu.

»Schimmel, hallo. Um was geht es? Beschädigte Laborproben?« Die braunen Augen hinter den entspiegelten Brillengläsern sahen ihn fragend an, die dunklen Haare des Mannes waren nach hinten gegelt, die beiden oberen Knöpfe seines weißen Hemds geöffnet, und dichtes Brusthaar wurde sichtbar.

»Ja, eine Rohrpostbüchse mit Proben Ihrer Patientinnen.

Können Sie kurz mit in den Keller kommen?« Er sah den Arzt nicht direkt an, während er redete. Es ekelte ihn.

»Okay, dann schnell.« Schimmel machte eine Handbewegung, wie um zu sagen: »Nach Ihnen.« »Sie haben Glück, dass ich gerade Feierabend habe«, fügte er hinzu, während sie zum Treppenhaus gingen.

Des einen Glück, des anderen Unglück, dachte er.

»Ah so. Dann wollen Sie sicher schnell nach Hause zu Frau und Kind?«

Schimmel deutete ein Lächeln an. »Zur Frau.«

Spätestens jetzt war er tot.

Sie erreichten die Glastür, die ins Treppenhaus führte. Er öffnete sie und ließ Schimmel vorangehen, der mit federnden Schritten die Stufen hinuntereilte. Am Treppenabsatz blieb er stehen. »Wo geht es lang?«, fragte er.

»Hier rüber.«

Nebeneinander gingen sie durch den langen Gang. Schimmel zog sein Handy aus der Kitteltasche, tippte auf das Display und schien eine Nachricht zu lesen. Erneut huschte dieses Lächeln über sein Gesicht. Das Lächeln eines Narren, der einen tödlichen Fehler begangen hatte.

Sie erreichten die Brandschutztür, die in die Transporttunnel führte. Er öffnete sie und ließ den Arzt wieder vorangehen. »Nach Ihnen.«

Schimmel ging an ihm vorbei in den Gang.

Er nahm einen Hauch Rasierwasser wahr, es roch ledrig und nach Moschus. Es roch nicht nach Meer. Seine Hand griff nach dem Hammer in der Seitentasche seines Blaumanns. Langsam zog er ihn heraus.

Als die Tür hinter ihnen ins Schloss fiel, traf das harte Metall mit seiner Spitze auf berstenden Schädelknochen. Er hörte ein splitterndes Krachen, spitz und dumpf zugleich, ein Geräusch, das am Ende eines Lebens stand. Auch wenn man ein derartiges Geräusch noch nie gehört hatte, wusste man, dass es das Ende bedeutete.

Blut trat aus dem Loch heraus und sickerte in dunkles Haar

ein, der Schimmelkopf hatte ein großes Loch, der helle Knochen, der die Wunde umsäumte, färbte sich rot. Man konnte durch das Loch hineinsehen in den Kopf, auf das Gehirn, das aussah wie eine Ansammlung grauer Darmschlingen. In ihnen hatten sich so viele unzüchtige Gedanken bewegt. Jetzt bewegte sich dort nichts mehr. Schimmel sank zu Boden.

Er steckte den blutigen Hammer zurück in die Tasche und schleifte eilig den leblosen Körper in die Nische vor dem Betriebsraum. Dann beugte er den schlaffen Rumpf und steckte den blutenden Kopf in den Eimer. Wasser schwappte heraus und floss über den Betonboden, ein schwaches Zucken durchlief den Torso, wahrscheinlich ein Reflex. Aber er war kein Arzt, er kannte sich da nicht aus.

Er wartete ab, sah, wie der Sekundenzeiger auf seiner Uhr lief, und drückte den Kopf in das sich immer dunkler färbende Wasser. Schließlich zog er ihn aus dem Eimer und den Rumpf nach oben. Das nasse Haar klebte Schimmel im Gesicht, der Mund stand offen. Dann ließ er los, der Tote sackte in sich zusammen. Es war vollbracht.

Einem plötzlichen Impuls folgend, griff er nach dem Henkel des Eimers und schüttete einen Teil des Wassers über Schimmel. Er wollte sehen, wie sich das Blutwasser über dem weißen Kittel verteilte. Es färbte ihn rosa. Wie albern das aussah.

Mit dem Fuß drückte er die Leiche ganz in den Winkel der Nische, vom Transportgang aus war sie nicht zu sehen. Dann nahm er ein dunkles Tuch aus seiner Hosentasche, wischte die Pfütze auf dem Boden auf und entfernte eilig ein paar Blutspuren auf dem Gang vor der Nische. Anschließend bedeckte er den Eimer mit dem Tuch und hob ihn an. Er sah sich noch einmal um und machte sich auf den Rückweg zum Versorgungszentrum.

Ihm war nach Pfeifen zumute, und er pfiff. »Auf, auf zum fröhlichen Jagen.«

***

Klara spürte das Blut aus ihrem Gesicht weichen. Ihr Magen hatte sich gerade erst wieder beruhigt, die Nachwehen des Hunsrücks waren hartnäckig gewesen. Es half nichts, die Zeiten, in denen sie trinkfest und »geländegängig« gewesen war, waren wirklich vorbei – und sie um eine Erkenntnis reicher. Den Rest ihres Ausflugs aufs Land versuchte sie zu vergessen.

Sie hatte sich ein paar Tage ruhiges Arbeiten auf dem Revier gewünscht. Und jetzt das.

Mit Sebastian und Harald stand sie im Neuenheimer Feld unter der Erde, in einem Warentransporttunnel, in den kein Tageslicht fiel, und vor ihr lag ein Toter mit eingeschlagenem Schädel. Ein eigenartiger Geruch ging von ihm aus, wie der von abgestandenem Brackwasser.

Der Tote trug einen nassen, rötlich braun gefärbten Arztkittel, lag zusammengekrümmt auf der Seite, eine Brille hing schräg über seinem rechten Ohr, und feuchte Haarsträhnen klebten ihm über Stirn und Gesicht. Aus seinem Schädel war Blut ausgetreten, das in einem dunkelbraunen Rinnsal auf dem Betonboden geronnen war. Eine kleine Menge graue gallertartige Masse befand sich neben dem Kopf, um sie herum eine wässrige Flüssigkeit, ringförmig, wie das Eiweiß bei einem aufgeschlagenen Ei.

Hinter den Ermittlern waren zwei Scheinwerfer aufgestellt worden, die die Szenerie in kaltweißes Licht tauchten. Klara unterdrückte einen Anflug von Beklemmung. Sie befand sich hier unter der Erde mit diesem Toten, und es kam ihr einen Moment lang so vor, als seien sie alle in sein Grab hinabgestiegen.

»Wer ist der Mann?« Sie trat einen Schritt näher an die Leiche heran und ging in die Hocke. Leere braune Augen starrten sie an.

»Dr. Andreas Schimmel, Oberarzt in der Gynäkologie. Er ist heute Morgen nicht zum Dienst erschienen. Kurze Zeit später hat ein Techniker die Leiche gefunden, als er in den Betriebsraum hier unten wollte.« Der Streifenbeamte rückte seine Brille zurecht. »Zwei Kollegen sind gerade oben auf der Station und sprechen mit den Ärzten und Schwestern.«

»Ah, mit den Ärztinnen und Pflegern«, erwiderte Klara. Sie

fühlte sich unwohl und spürte, dass dieses Unwohlsein rasch zu einer Welle siedend heißer Genervtheit heranwuchs. Vielleicht waren es die im Hunsrück entgleisten Hormone, oder es war Sebastian, der mit den Händen in den Hosentaschen neben ihr stand und in Gedanken wahrscheinlich schon auf der Außenalster segelte.

»Äh ja, oder so.« Der Streifenbeamte sah Klara verständnislos an.

»Warum ist der Tote nass?«, fragte sie an Harald gewandt. »Was ist das für eine braunrote Flüssigkeit? Wurde er damit übergossen?«

»Was es ist, wissen wir erst nach der Laboranalyse. Es könnte irgendeine chemische Substanz drin sein, vielleicht wurde er zuerst damit angeschüttet und erst dann erschlagen – betäubt oder benommen von der Substanz?«

»Hm …« Klara überlegte. Die Flüssigkeit schien keine Säure oder etwas ähnlich Ätzendes zu sein, der Stoff des Kittels war unversehrt. Was sonst schüttet man jemandem entgegen, den man töten will?

»Und wenn es andersherum war?«, fragte sie.

»Du meinst, erst wurde der Mann erschlagen und dann mit einer Flüssigkeit übergossen?« Sebastian zog die Hände aus den Taschen und verschränkte die Arme vor der Brust. Kein wesentlicher Fortschritt in der Körpersprache.

»Mit Wasser übergossen? Eingefärbtem Wasser? Ist das blutiges Wasser?« Klara sah Harald und Sebastian an. »Schon wieder Wasser im Nachtatverhalten?«

Eine bleierne Stille legte sich für ein paar Sekunden über die Szene. Harald musterte die Spitzen seiner robusten Waldläuferschuhe. »Was ist das hier? Johannes der Täufer?«, murmelte er schließlich mit rauer Stimme.

Klara horchte auf. Spielten tatsächlich religiöse Motive eine Rolle? Schuld und Sühne, Laster und Läuterung, ein apokalyptischer Rächer, der sich als Herr über Leben und Tod aufschwang? Erst die lebensfrohe Susanne mit den vielen Männern, ihr Freund als Bauernopfer und jetzt ein Frauenarzt, jemand, der die Ursprünge des Lebens begleitete oder auch beendete? Oder hing dieser letzte Mord nicht mit den beiden ersten zusammen?

»Suchen wir tatsächlich jemanden, der eine besondere Beziehung zur Religion hat, zu religiösen Symbolen wie dem Wasser, zu Ritualen, zur Bibel?«, fragte Klara leise.

»Kann schon sein.« Harald räusperte sich. »Ich sage nur: Lasst eure Lenden umgürtet sein und eure Lichter brennen.« Er entblößte seine gelben Zähne in einem schiefen Grinsen. Als er Klaras fragenden Ausdruck bemerkte, fügte er fast entschuldigend hinzu: »Na ja, aus dem Lukasevangelium. Viel mehr kenne ich nicht.«

Um angesichts eines Toten mit zertrümmertem Schädel auf dieses Bibelzitat zu kommen, brauchte es schon eine Portion Galgenhumor und ein dickes Fell. Harald hatte beides.

Klara richtete ihren Blick wieder auf die Leiche. Der Mann war attraktiv gewesen, ein junger Arzt in der Blüte seiner Jahre, intelligent, vermutlich sympathisch … War er verheiratet, hatte er eine Freundin? Haralds Worte hallten in Klaras Ohren nach, und sie fragte sich, ob es um Begierde, Lust, Eifersucht ging. Hatte der Tote auch zum Kreis von Susannes Verehrern gehört? Hatte sein Licht für sie gebrannt?

Ein junger Kollege von der Streife kam heran und wandte sich an Harald: »Wir haben oben mit einer Krankenschwester gesprochen. Sie sagt, Dr. Schimmel wurde gestern am späten Nachmittag in den Keller gerufen, er sollte irgendetwas nachsehen wegen einer kaputten Rohrpostbüchse.«

»Rohrpostbüchse?«, wiederholte Harald. »Okay, wir kommen hoch.«

Kurze Zeit später saßen Klara, Sebastian und Harald im Aufenthaltsraum einer jungen Schwester gegenüber. Hin und wieder klangen die Schreie neugeborener Babys über den Gang. Die Vorstellung, dass derjenige, der sie ins Leben geholt hatte, kurz darauf aus dem Leben befördert worden war, war makaber.

Die junge Frau knüllte nervös ein Papiertaschentuch in den Händen. Augenscheinlich nahm sie der Tod des Oberarztes sehr mit. Wer konnte es ihr verdenken.

Die Ermittler hörten ihr eine Weile zu. Schließlich fragte

Sebastian: »Gesehen hat diesen Techniker, der Dr. Schimmel in den Keller rief, also die Kollegin am Empfang?«

»Ja, die Frau Gräf.«

»Arbeitet sie heute auch? Könnten Sie sie hochrufen?«

»Ja sicher.« Die junge Frau stand auf, ging ein paar Schritte hinüber zu einem Telefon und griff nach dem Hörer.

Klara sah, wie ihre Hand zitterte.

»Ja, hier ist die Betty. Ist die Sigrid da?« Die Frau stand mit gesenktem Kopf in der Nähe der Tür und hörte ein paar Sekunden lang stumm zu, das Telefon mit weißen Fingerknöcheln umklammernd. Dann fragte sie: »Was? Zusammengeklappt? … Beim Dr. Richard im Zimmer? Ist sie ansprechbar? … Okay, gut.« Sie legte auf und war noch blasser geworden. »Frau Gräf hat Probleme mit dem Kreislauf. Als sie gehört hat, dass der Doktor tot ist, ist sie zusammengebrochen. Jetzt liegt sie unten im Arztzimmer von Dr. Richard auf der Liege, aber es geht ihr schon wieder etwas besser.«

»Ist ja auch nicht alltäglich, dass jemand erschlagen wird.« Harald nickte verständnisvoll. Manchmal kam er Klara so feinfühlig wie ein Presslufthammer vor.

Die Schwester starrte einen Moment ins Leere und brach dann in Tränen aus.

»Können Sie uns hinunterbringen zu Frau Gräf?«, fragte Sebastian mit betont sanfter Stimme. Seine Feinfühligkeit hingegen ging Klara gehörig auf die Nerven.

Die Schwester schluchzte auf. »Ja, natürlich.« Sie zog ein frisches Taschentuch aus ihrem Kittel und schnäuzte sich. Ihre Augen waren gerötet, ihr Gesicht fleckig. »Kommen Sie, ich bringe Sie hinunter.«

Zu viert verließen sie das Schwesternzimmer und gingen ins Erdgeschoss. Das Dienstzimmer von Dr. Richard lag schräg gegenüber dem Empfang, wahrscheinlich hatte man die schwächelnde Frau Gräf gerade noch bis hierher befördern können.

Die Ermittler traten ein und begrüßten eine leichenblasse Frau, die mit hochgelagerten Füßen auf einer Arztliege lag. Aber sie wollte sprechen.

»Doch, doch, es geht schon wieder«, beteuerte sie. Dann kam es in einem Redeschwall aus ihr heraus, die gestrigen Ereignisse, dieser merkwürdige Mann, der unbedingt wollte, dass Dr. Schimmel mit in den Keller kam … Zwischendurch fasste sie sich immer wieder an die Herzgegend und jammerte, dass sie schuld sei am Tod des Doktors. Die Frau war in ihren Grundfesten erschüttert. »Hätte ich ihn nur nicht heruntergerufen, hätte ich diesen Techniker einfach gehen lassen, als er gehen wollte. Dann wäre das alles nicht passiert.«

Klara versuchte ihr Bestes. »Sie konnten doch nicht wissen, dass die Sache so ausgehen würde. Bitte, Frau Gräf, Sie haben es doch nur gut gemeint.«

Es nützte wenig. Und genau genommen hatte Frau Gräf recht: Wie die Dinge lagen, wäre der Mord zumindest so nicht passiert, wenn sie dem Drängen des Technikers nicht nachgegeben hätte. Dr. Schimmel schien kein Zufallsopfer gewesen zu sein, der Täter hatte es offenbar auf ihn abgesehen. Womöglich hätte er so oder so alles darangesetzt, ihn umzubringen.

Ein gezielter Schlag auf den Kopf, kurzer Prozess, keine Umwege, Dr. Schimmel sollte einfach sterben. Er sollte weg, es sollte ihn nicht mehr geben. War es Rache?, fragte sich Klara. Hatte er in der Wahrnehmung des Täters etwas getan, was seinen Tod rechtfertigte oder erforderte? Oder hatte er irgendjemandem im Weg gestanden? Aber wieso war die Leiche nass und beschmutzt? Blutiges Wasser? So wie Fruchtwasser?

»Wissen Sie, ob Dr. Schimmel in letzter Zeit eine Geburt begleitet hat, die nicht gut verlaufen ist?« Klara sah in das blasse Gesicht von Frau Gräf.

Die schien zunächst nicht zu verstehen. »Sie meinen, die Rache eines Vaters, der sein Kind verloren hat oder so etwas?«, erwiderte sie schließlich.

»Ja, etwas in der Art.«

»Wir betreuen hier allein durch unser Frühgeborenen-Zentrum viele Risikoschwangerschaften, und es gibt immer wieder schwierige Geburtsverläufe. Für die letzten Monate ist mir aber nichts unerwartet Dramatisches bekannt …« Frau Gräf sah auf den sandgelben Fußboden. »Natürlich ist das alles bei uns in den Akten dokumentiert.« Sie griff nach dem Wasserglas neben ihr. In ihre Wangen war ein wenig Farbe zurückgekehrt.

»Gut, Frau Gräf«, Klara erhob sich von dem weißen Kunststoffstuhl, »erholen Sie sich noch ein wenig, vielen Dank für Ihre Auskünfte, Sie haben uns sehr weitergeholfen.« Sie war sich selbst nicht sicher, ob »weitergeholfen« der richtige Ausdruck war. Ein Mann mit Brille und rotbraunem langem Haar. Das passte nicht auf die Beschreibung, die sie von Dennis' letztem Kontakt am Abend seines Todes hatten. Und ein Techniker war der Mann vermutlich auch nicht gewesen. Allerdings wohl jemand, der sich in diesen Transporttunneln auskannte, möglicherweise ein Mitarbeiter der Klinik. Davon gab es jedoch an die zwölftausend.

Und wo war die Verbindung zu den Morden an Susanne und Dennis? Wenn es sie denn gab. Die Spuren schienen sich eher zu zerfasern, als zu verdichten. Falls die Ermittlungen ergaben, dass Dr. Schimmel höchstwahrscheinlich keinen Kontakt zu Susanne gehabt hatte, konnte es dann noch eine Verbindung zwischen den Taten geben?

Conrad geriet mit diesem dritten Mord weiter unter Druck. Wahrscheinlich ließ er Oliver Lebenstedt als Verdächtigen immer noch nicht aus den Fängen, was in Klaras Augen die Zeit des Ermittlerteams nur unnötig beanspruchte.

Als sie gemeinsam mit Harald und Sebastian das Arztzimmer von Dr. Richard verließ, fiel Klaras Blick auf die Fototapete im Wartebereich gegenüber dem Empfang. »FRÜHLING«? In einem anderen Bereich im Erdgeschoss hatte sie bereits die große Aufschrift »SOMMER« gesehen. Zurzeit fühlte sie sich nach tiefstem Winter.

***

Regentropfen liefen in langen Schlieren an der Scheibe hinunter. Was für ein Wetter, dachte Klara. Kalte Wassertropfen fielen aus dem grauen Himmel, und sie fröstelte. Kalte Leichen, eine nach der anderen.

Klaras Augen wandten sich vom Fenster ab. In ihr war etwas Raues, wie Sandpapier, das Gefühl, an einem klammen Herbstmorgen aus dem Haus zu gehen und das Unheil in der Luft zu riechen, durch dichten Nebel die Schreie der Zugvögel zu hören, die herabriefen: »Deine Welt zerbricht.«

Unruhe flimmerte in Klara wie ein Grundrauschen. Sie war nervös. Es war eine Ahnung, dass diese Morde anders waren, ihr zu nahekamen, obwohl sie die drei Toten nicht gekannt hatte. Außerdem fühlte sie sich einsam, wie jemand, der bleiben musste, wenn alle anderen aufbrachen. Ein Teil von ihr wollte nicht, dass Sebastian wegging, und sie hatte Sehnsucht nach ihrem Kind.

Klaras Blick begegnete dem von Monika Hansen, den wachen hellgrauen Augen. Sie glaubte, darin Verständnis zu sehen, ein mitfühlendes Erkennen ihres Gemütszustandes. Irgendwie tröstete es sie.

Conrad hatte Monika mit zur Besprechung aufs Revier eingeladen, um die Ergebnisse aus der Rechtsmedizin zeitnah im Team auswerten zu können, wie er sich ausgedrückt hatte. Immer wieder räusperte er sich. Die Ärmel seines akkurat gebügelten Hemds waren hochgekrempelt, Schweißperlen funkelten auf seiner Stirn. Spätestens der dritte Mord war einer zu viel für ihn. Klara hatte ihn hinter seinem Schreibtisch fluchen gehört, als er von Dr. Schimmel erfahren hatte: »Verdammt, sind wir hier in der Bronx?«

Klaras Mundwinkel hatten unwillkürlich gezuckt. Von diesem Stadtteil war Heidelberg so weit entfernt wie eine Puppenstube von einem Guerilla-Camp. Aber tatsächlich war die Mordserie mehr als ungewöhnlich – und wo drei Morde passierten, konnte es durchaus bald einen vierten geben.

Das war auch den Heidelberger Bürgern bewusst. Sie waren es gewohnt, abends sicher vom Theater nach Hause zu gehen, ihre Kinder auf einen sicheren Schulweg zu schicken, sicher in ihren Gärten und auf ihren Balkonen zu sitzen und mit sicheren Menschen zu verkehren. Das Leben in Heidelberg war teuer, dafür konnte man ein wenig Sicherheit erwarten, für deren Gewährleistung nicht zuletzt die Polizei verantwortlich war.

Conrad stand unter massivem Druck, an jedem weiteren Tag

ohne Ermittlungserfolg wurde die Luft dünner. »Also, Frau Hansen, können Sie dem Team bitte berichten?«, begann er.

»Dr. Andreas Schimmel ist ertrunken«, sagte Monika Hansen mit ihrer dunklen Altstimme.

Fragend kniff Conrad die Brauen zusammen.

»Nun ja, den Schlag auf den Kopf hätte er nicht überlebt, aber als Wasser in seine Lungen eindrang, hat er noch gelebt, das heißt, er atmete noch. Wenn auch sehr flach.«

Klara nahm ein Pochen hinter ihren Schläfen wahr, wohl ihren eigenen Puls. Ertrunken auf dem Zementboden unterirdischer Katakomben, keine Luft zum Atmen mehr, Wasser dort, wo es eigentlich nicht sein sollte.

»Der Schlag auf den Kopf erfolgte mit einem Gegenstand, der eine abgeflachte Spitze von etwa vier Zentimeter Breite aufweist«, fuhr Monika Hansen fort. »Es könnte ein handelsüblicher Hammer gewesen sein. Der Schlag wurde mit großer Kraft ausgeführt, die Schädeldecke ist glatt durchschlagen, die Läsion geht bis in die Windungen des Großhirns hinein. Der Winkel, in dem das Tatwerkzeug aufgetroffen ist, lässt vermuten, dass der Täter oder die Täterin in etwa gleich groß oder etwas größer ist als das Opfer. Wie die Spurensicherung ergab, hat der Schlag ja unweit der Fundstelle der Leiche stattgefunden, kurz hinter der Brandschutztür zwischen Versorgungstunnel und Klinikgebäude. Er wurde von hinten ausgeführt, das heißt, der Täter oder die Täterin stand hinter Schimmel.«

Conrad machte Notizen auf die Wandtafel an der Frontseite des Raums. »Frau Hansen, was heißt bitte ertrunken? Wie soll man sich das vorstellen?« Seine Stimme klang ungewohnt ratlos.

Monika Hansen legte ihre Hände auf der Tischplatte übereinander und lehnte sich in ihrem Stuhl zurück. Ihre Altstimme füllte erneut den Raum. »Die Untersuchung der Leiche lässt im Prinzip nur einen Tatablauf zu: Erst wurde Dr. Schimmel niedergeschlagen, sagen wir mit einem Hammer, dann in die Nische geschleift, und dort muss sein Kopf eine längere Zeit unter Wasser gehalten worden sein. Es fand sich, wie gesagt, Wasser in der Lunge, aber auch Wasser in der Schädelhöhle, das durch die

Läsion eingedrungen ist.« Sie sah in die Runde. »Weitere äußere Verletzungen haben wir im Übrigen nicht gefunden.«

»Das reicht ja auch«, murmelte Harald. Damit hatte er im doppelten Sinne recht, es reichte wirklich.

»Mit welcher Flüssigkeit wurde Dr. Schimmels Kittel übergossen?«, fragte Klara.

»Wasser mit Beimengungen von Blut. Und von Gehirnflüssigkeit.«

»Also mit dem Wasser, in das zuvor sein Kopf eingetaucht worden war?«

»Sieht so aus.«

Für ein paar Sekunden war es still im Raum.

»Wieso Wasser? Wieso wurde er ertränkt?«, fragte Klara schließlich.

Monika Hansen zuckte mit den Schultern. »Bei dem Warum kann ich euch nicht weiterhelfen. Aber meiner Ansicht nach hat das Wasser hier schon eine bestimmte Bedeutung. Es wäre nämlich nicht nötig gewesen, Dr. Schimmel zu ertränken, er wäre auch so innerhalb kürzester Zeit verstorben.«

»Warum schüttet der Täter das Wasser auch noch über die Leiche?« Klara wusste bereits, dass sich die Frage nach dem Warum nur sehr bedingt beantworten ließ. Weil es einer inneren Befindlichkeit des Täters entsprochen hatte, einem Bedürfnis, seiner eigenen Realität, die fremdartig war und die sie niemals würde wirklich nachvollziehen können. Womöglich wollte sie das auch gar nicht.

»Tja. Oder der Täter hielt es einfach für besser, nicht den vollen Wasserbehälter, sagen wir einen Eimer, zurückzutragen, und hat ihn deshalb ausgeleert?« Sebastian verschränkte die Hände hinter dem Kopf.

Klara sah ihn an. Was ist nur mit ihm los?, dachte sie. Ist er wirklich schon halb weg, und sein Verstand ruht sich bei irgendwelchen platt-pragmatischen Vermutungen aus?

»Nachdem ein Kopf drinsteckte, ist ein Eimer doch sowieso schon mindestens halb leer.« Harald sah zu Sebastian hinüber. »Wasserverdrängung.«

Der hob die Schultern. »Trotzdem ist es einfacher und unauffälliger, einen leeren Eimer zu transportieren.«

Conrad fuhr mit der flachen Hand über seine Stirn und atmete gepresst aus. »Was ist mit dem Todeszeitpunkt?«, fragte er.

»Montag zwischen siebzehn und achtzehn Uhr.«

»Hat Oliver Lebenstedt für diese Zeit ein Alibi?«

Harald hustete seinen bestens bekannten Raucherhusten, es rasselte bedrohlich, und jedes Mal stellten sich beim Hörer automatisch wenig appetitliche Bilder ein.

»Haben wir schon überprüft, Lebenstedt war in einem Mandantengespräch.« Er hustete erneut und keuchte hervor: »Chef, lassen Sie den Lebenstedt von der Angel, der war's nicht.«

»Ach. Was macht dich da so sicher?« Conrad sah Harald teils matt, teils herausfordernd an.

»Wir suchen einen Psychopathen. Der Lebenstedt ist keiner, der ist bloß ein Lackaffe.«

»Bislang ist noch völlig unklar, ob die drei Morde überhaupt von ein und derselben Person verübt wurden. Und für die beiden ersten lasse ich Lebenstedt noch nicht von der Angel.« Conrad setzte sich auf den Stuhl schräg neben der großen Wandtafel und schob energisch die Aktenhefter auf dem Tisch zurecht. »Also, für wen sind die unterirdischen Versorgungstunnel zugänglich? Der Täter kannte sich ja offenbar dort aus. Kommen da alle Klinikmitarbeiter hinein oder nur ein bestimmter Kreis oder auch fremde Personen?«

»Aus irgendeinem der Klinikgebäude wird man wohl auch als Außenstehender hineingelangen können«, antwortete Harald. »Trotzdem sollten wir erst einmal die Mitarbeiter vom Technischen Dienst durchgehen, da wird man uns auch mehr sagen können zum Zutritt in das Tunnelsystem.«

»Richtig«, pflichtete Conrad bei. »Vermutlich war es keiner der Techniker, das wäre nun doch zu einfach. Aber wir überprüfen die Mitarbeiter. Diese Frau Gräf muss mit unserem Zeichner sprechen, wir brauchen ein weiteres Phantombild.« Er zögerte einen Moment. »Apropos Phantombild«, meinte er dann, »die zweite Version zu dem Mann, mit dem Dennis Scharf am Abend seines Todes gesehen wurde, liegt vor. Klara und Sebastian haben sich ja dankenswerterweise darum gekümmert.«

Klara fragte sich, ob sie einen Anflug von Ironie in der Stimme ihres Chefs vernommen hatte.

»Thomas Schneider und Marco Gerling, Stammgäste im ›Goldenen Huhn‹, waren bei der Erstellung des Bildes behilflich.« Conrad hob den Farbdruck einer Zeichnung von den Unterlagen auf, zeigte ihn kurz in die Runde und ließ ihn dann herumgehen. »Das bekommt ihr nachher als Datei per Mail zugeschickt. Außerdem geht das Bild heute noch an die Presse.«

Wenig später hielt Klara die Zeichnung in ihren Händen. Das war nicht mehr der entstellte Kerl, das war ein normal aussehender, etwa vierzigjähriger Mann, nicht unattraktiv. Ihr Blick blieb an den schwarzen Augen des Mannes haften, so als wolle sie Kontakt mit ihm aufnehmen. Wer bist du, und was willst du? Was ist an Dennis' letztem Abend passiert? Doch vor ihr war nur ein stummes Blatt Papier, das Bild eines Phantoms.

Ist das ein Wassermensch? Mit diesem kantigen Gesicht und den schwarzen Augen?, schoss es ihr in den Sinn.

Wieder sah Klara aus dem Fenster in den regnerischen Tag. Ob bei Josephine wohl die Sonne scheint?, fragte sie sich. Bestimmt. In Italien schien ja immer die Sonne. Vielleicht spielte ihre Tochter gerade am Strand? Am Wasser?

»Was ist mit dem privaten Umfeld von Dr. Schimmel? Habt ihr in der Klinik etwas erfahren?« Conrads Stimme schreckte Klara aus ihren Gedanken auf. »War Susanne Scheidt möglicherweise seine Patientin? Oder kannten sich die beiden privat?«

Sebastian schlug unter dem Tisch ein Bein über das andere, seine Arme waren immer noch über der Brust verschränkt.

Bau doch gleich eine Mauer um dich rum, dachte Klara. Dann vernahm sie seine immer noch viel zu angenehme Stimme. »Frau Gräf konnte uns ein paar Informationen geben. Dr. Schimmel war ledig und kinderlos, hatte seit einiger Zeit aber eine neue Freundin. So etwas spricht sich scheinbar herum in einer Klinik. Frau Gräf sagte, dass er in den letzten Wochen auffallend guter Stimmung gewesen sei.«

»Jaja, die Liebe …«, grummelte Harald. Klara hätte ihm unter dem Tisch gern gegen sein Schienbein getreten.

»Die gute Stimmung macht es wiederum unwahrscheinlicher, dass er sich vor seinem Tod bedroht gefühlt hat«, sagte Sebastian. »Im Übrigen ist Susanne Scheidt in der Datenbank der Klinik nicht als seine Patientin aufgeführt, das hatten wir noch am Empfang überprüft. Ob er sie privat kannte, wissen wir noch nicht.«

»Wisst ihr, wer die Freundin von Dr. Schimmel ist?«

»Offenbar eine Apothekerin aus der Klinikapotheke. Den Namen wusste Frau Gräf aber nicht.«

»Okay, findet den heraus und sprecht mit ihr. Klara, Sebastian, das übernehmt ihr.«

Klara verdrehte die Augen, ihr stand nicht der Sinn danach, in das Ende einer großen Liebe einzutauchen. Schwestern im Geiste. Beide waren ihren Freund los.

»Gut. Dann weiter.« Conrad faltete seine Hemdsärmel noch ein Stück nach oben und verteilte weitere Aufgaben. Das private Umfeld von Dr. Schimmel und seine Tätigkeit an der Klinik in den letzten beiden Jahren mussten überprüft werden, dazu die Männer des Technischen Dienstes. Sobald die Ergebnisse der Kriminaltechnik vorlagen, ging es außerdem an den Abgleich der DNA-Spuren.

Schließlich beendete er die Besprechung. »Also, an die Arbeit, wir brauchen Erfolge.« Während alle Mitarbeiter aufstanden und sich anschickten, den Raum zu verlassen, murmelte er wie zu sich selbst: »Dringend.«

***

Eine halbe Stunde später saß Klara mit Sebastian im Dienstwagen auf dem Weg zur Zentralapotheke. Zweimal wurden sie auf der Brücke hinüber auf die andere Neckarseite von Krankenwagen mit Martinshorn und Blaulicht überholt, die Heidelberger Uniklinik hatte regen Zulauf. Das ohrenbetäubende Geräusch der Sirene war beinahe angenehm, vertrieb es doch die drückende Stille, die zwischen Klara und Sebastian lag.

Dass er bei einem neuen Fall erst einmal schwieg, kannte Klara ja. Er dachte nach, bewegte seine Gedanken nach vorliegenden Fakten, Wahrscheinlichkeiten und instinktiven Ahnungen geordnet hin und her, hielt Vermutungen fest oder verwarf sie, und das alles nach präzisen Mustern. Aber heute war das Schweigen anders, zumindest empfand es Klara so.

Als sie ins Neuenheimer Feld abbogen, ließ Sebastian endlich lapidar sein typisches »Tja« verlauten. Dann entstand wie immer eine Pause. Eigentlich passt er ganz gut in den Norden, dachte Klara, da kann er wortkarg mit ein paar Fischern an der Reling stehen, jeder sagt mal »Tja«, und das war's für den ganzen Abend.

Sie verlangsamte das Tempo des Wagens, im Neuenheimer Feld galt eine strikte Geschwindigkeitsbegrenzung.

»Denkst du, alle drei Morde gehen auf das Konto eines Täters?« Sebastian sah Klara mit seinen dunkelgrünen Augen an.

Klara sah angestrengt nach vorn. Die Frage war einfach und gleichzeitig zentral für die weiteren Ermittlungen.

»Ich denke ja«, sagte sie, »aber es ist erst einmal nur eine Vermutung.« Sie vermied den Ausdruck »ein Gefühl«. »Einen Beleg haben wir, wenn DNA-Spuren, die bei Susanne gefunden wurden, mit Spuren aus dem Transporttunnel übereinstimmen. Der Abgleich wird aber eine Weile dauern.« Sie setzte den Blinker und bog auf den Parkplatz des Versorgungszentrums ein.

»Das Gefühl habe ich auch.« Sebastian rutschte auf seinem Sitz nach oben. »Dass wir nur einen Täter suchen, meine ich. Aber wo liegt die Verbindung zwischen Susanne, Dennis und Dr. Schimmel? Wenn Susanne etwas mit Schimmel hatte, ist es klar, aber wenn nicht? Beide sind tot, unter Umständen finden wir nie heraus, ob sie sich privat kannten.«

Wenn der Mörder alle umbringt, die etwas mit Susanne hatten, machst du dich am besten möglichst schnell auf den Weg nach Hamburg, dachte Klara. Sie schwieg und parkte den Wagen auf einem der gekennzeichneten Felder.

»Vielleicht kann uns die Freundin von Dr. Schimmel weiterhelfen.« Klaras Mundwinkel hoben sich ein Stück nach oben. Sie hoffte, dass das Lächeln, das sie Sebastian zuwarf, nicht zu hilflos aussah.

Der zögerte kurz und fragte dann: »Was ist, wenn die Verbindung nicht bei Susanne und Schimmel liegt, sondern bei den beiden Männern?«

»Dennis und Schimmel? Welche Verbindung soll das sein?«

Sebastian zuckte mit den Schultern. »Oder sie liegt bei den Frauen. Bei Susanne und Schimmels Freundin. Irgendeine Gemeinsamkeit.«

Klara öffnete die Fahrertür und stieg aus. Sie überlegte. Waren beide der gleiche Frauentyp, vielleicht auch einmal mit dem gleichen Mann zusammen gewesen? Oder gab es irgendeine andere Verbindung in der Vergangenheit? Aber was bedeutete das? Susanne und ihr Freund Dennis waren umgebracht worden, Dr. Schimmel ebenfalls. War jetzt auch seine Freundin in Gefahr?

Gemeinsam mit Sebastian ging Klara zum Gebäude, in dem die Klinikapotheke untergebracht war. Sie umrundeten den hellgrauen Funktionsbau. Auf der Rückseite befanden sich eine breite Ladezone und ein Eingang. Sebastian meldete sich über die Sprechanlage an. Kurz darauf ertönten der Summton des Türöffners und eine Frauenstimme: »Kommen Sie bitte hoch in den ersten Stock.«

Die Ermittler traten ein und gingen anschließend zwei Treppen hinauf. Auf dieser Etage waren offenbar die Büroräume der Zentralapotheke untergebracht, aber wie sollten sie die richtige Apothekerin finden? Das Beziehungsleben der Mitarbeiterinnen konnten sie sicher nicht einfach bei deren Chef abfragen. Allerdings wussten die Kolleginnen und Kollegen untereinander wahrscheinlich schon, wer mit wem zusammen war. Da werden wir uns wohl durchfragen müssen, dachte Klara.

Eine brünette Frau Ende dreißig kam den Ermittlern entgegen und begrüßte sie freundlich. Klara erklärte ihr kurz, wen sie suchten, aber die Frau konnte ihnen nicht helfen. Sie verwies sie weiter. »Versuchen Sie es einmal bei Frau Teichmann, die ist für gewöhnlich gut informiert. Das letzte Büro auf der rechten Seite.«

»Danke schön.« Klara ging mit Sebastian bis zum Ende des Gangs. Die Tür zu Frau Teichmanns Büro stand offen, die erste Voraussetzung für einen ordentlichen Informationsfluss.

Eine korpulente Mittvierzigerin saß hinter ihrem Computer. Klara klopfte an die offene Tür. »Frau Teichmann?«

Die Frau sah auf. »Ja?«

»Mein Name ist Klara Haag, das ist mein Kollege Sebastian Langer. Kripo Heidelberg. Wir hätten eine Frage an Sie.«

»Kripo?« Die Augen der Frau weiteten sich. »Dann stimmt es also, dass drüben in der Frauenklinik ein Mord passiert ist?«

Die Buschtrommel funktionierte offenbar gut. Aber Klara hatte keine Lust, sie weiter anzuheizen und unnötig Zeit zu verlieren. »Wissen Sie zufällig, ob eine der Mitarbeiterinnen der Apotheke mit einem Dr. Andreas Schimmel zusammen ist?« Klara vermied es, mit der Vergangenheitsform neue Gegenfragen heraufzubeschwören. Trotzdem erntete sie statt einer Antwort eine Frage.

»Wieso? Hat der was ausgefressen?«

»Nein, nein. Frau Teichmann, wir brauchen wirklich nur den Namen von Herrn Schimmels Freundin und die Information, wo wir sie hier im Gebäude antreffen können.«

»Ist der Dr. Schimmel am Ende der Tote?« Die Teichmann machte große Augen.

Klara fühlte einen heftigen Anflug von Ungeduld. »Frau Teichmann, bitte. Können Sie uns den Namen von Dr. Schimmels Freundin sagen, ja oder nein?«

»Der Schimmel, das ist doch so ein dunkelhaariger Adretter, oder?«, kam es zurück. »Oder *war*?«

Hörbar atmete Klara aus. Wenn diese Frau noch eine Frage stellte, statt zu antworten, würde sie sie aufs Revier mitnehmen.

Sebastian schien den gespannten Geduldsfaden seiner Kollegin zu bemerken. »Frau Teichmann, wahrscheinlich fragen wir doch besser den Chef … Also dann, danke für Ihre Mithilfe.« Er drehte sich um und machte ein paar Schritte Richtung Ausgang.

»Warten Sie«, die Frau wedelte mit ihrer linken Hand, »also ich glaube, unsere neue Mitarbeiterin, die Constanze Hellborn, ist mit dem Doktor zusammen. Ein wirklich schönes Pärchen, muss man sagen. Die Constanze ist ja auch wirklich ein Bild von einer Frau …«

Na also, es ging doch.

»Und wo finden wir sie?«, fragte Sebastian.

»Nun ja, die müsste unten im Magazin sein. Im Erdgeschoss. So eine Hübsche mit langen dunklen Locken. Also die Hübscheste, die Sie da sehen, das ist sie. Soll ich Sie runterbringen?«

»Nein, nein, nicht nötig.« Sebastian winkte ab. »Nochmals vielen Dank für die Auskunft.« Er zischte Klara ein leises »Komm« zu, was so viel bedeutete wie »Nichts wie raus hier«.

Zusammen gingen sie hinunter ins Erdgeschoss und betraten nach Anmeldung das Magazin. In dem weitläufigen Raum reihte sich ein weißes Metallregal an das andere, darin unzählige Medikamentenschachteln, braune Pappkartons und Flaschen mit farbigen Flüssigkeiten. Es roch nach Desinfektionsmittel.

»Kann ich Ihnen helfen?« Eine junge Frau mit Brille und kurzem aschblondem Haar kam auf sie zu.

»Wir suchen Constanze Hellborn. Ist sie hier?«

»Frau Hellborn? Ja, die ist dort drüben.« Die Frau zeigte in eine Ecke des Raums. Dort stand eine dunkelhaarige Frau mit dem Rücken zu ihnen vor einem Computerbildschirm.

Klara und Sebastian gingen auf sie zu.

»Frau Hellborn?«, fragte Sebastian.

»Ja?«, erwiderte die Frau und drehte sich um.

Niemals zuvor hatte Klara derartig blaue Augen gesehen. Wobei, eigentlich waren sie nicht blau, sondern türkis. Hellgrün-blau und so leuchtend, dass es irritierend war. Constanze Hellborn war nicht hübsch, sie war schön. Ihre Haut war hell, die Wangen waren leicht gerötet, die Lippen ein wenig nach oben geschwungen, die ungewöhnlichen Augen umrahmt von dunklen Wimpern. Dabei sah sie so freundlich aus, dass man versucht war, sich bei ihr unterzuhaken und ihr seine halbe Lebensgeschichte zu erzählen. Sie wirkte strahlend wie ein Kind und gleichzeitig tief und klug.

Klara registrierte, wie Sebastian hüstelte. Was er dachte, wollte sie gar nicht wissen. Sie hatten vorher nicht abgesprochen, wer der Frau die Todesnachricht überbringen sollte. Nun wollte es keiner mehr tun.

»Worum geht es denn?« In Constanze Hellborns Gesicht lag immer noch ein fragender Ausdruck.

Klara fand, dass Sebastian dran war. Und tatsächlich begann er: »Frau Hellborn, wir sind von der Kripo Heidelberg, können wir irgendwo ungestört mit Ihnen sprechen?«

»Kripo? Ist etwas passiert?«

»Gibt es einen Aufenthaltsraum? Oder haben Sie ein Büro?«

»Dort hinten hinter den Regalen ist eine kleine Sitzgelegenheit, wir können dort sprechen.« Sie wies mit einer schlanken Hand in eine andere Ecke des Raums und ging den Ermittlern voran.

Klara beobachtete, wie die Frau sich bewegte. In einer geraden Haltung mit fließenden Schritten, in einem Körperbewusstsein und gleichzeitig mit großer Selbstverständlichkeit. Aus den Augenwinkeln nahm sie Sebastians Blick wahr. Unter dem weißen Apothekerkittel verbarg sich eine perfekte Figur.

Sie kamen zu der Sitzecke und nahmen auf hellgrünen Bürosesseln Platz.

»Was kann ich denn für Sie tun?«, fragte Constanze Hellborn.

»Frau Hellborn, ist es richtig, dass Sie mit Dr. Andreas Schimmel zusammen sind?«

Als sie nickte, fuhr Sebastian fort. »Wir müssen Ihnen leider eine traurige Mitteilung machen … Dr. Andreas Schimmel ist tot.«

Klara fixierte das Gesicht der Frau. Der Moment der Todesnachricht, nur ein paar Sekunden, die einem, wenn man geübt war, einen ganzen Roman erzählen konnten.

In Constanze Hellborns Augen schien etwas zu zerbrechen, wie bei einem Spiegel, der einen Sprung bekommen hatte. Ihr Gesicht blieb ruhig, aber die Augen verloren ihren Glanz. »Tot?«

»Ja. Er wurde umgebracht.«

Constanze Hellborn saß weiterhin aufrecht, doch ihr Strahlen war völlig verschwunden, sie war blass geworden. »Wie ist es passiert?«

»Er wurde erschlagen. Danach wurde sein Kopf in einen Wasserbehälter getaucht.« Sebastians Stimme war auffallend sanft gegenüber dem übertrieben sachlichen Ton, den Klara sonst in diesen Situationen von ihm kannte. »Haben Sie irgendeinen Verdacht, wer das getan haben könnte?«

Constanze Hellborn schwieg, in sich gekehrt und ruhig. Nach einer Weile sagte sie: »Er war ein liebenswerter Mensch, wissen Sie. Aufrichtig und gerade. Er hat seinen Beruf sehr ernst genommen und immer sein Bestes gegeben. Er sagte, er habe den schönsten Job der Welt, direkt verbunden mit dem Wunder des Lebens. Er hat so vielen geholfen. Wieso tötet ihn jemand?«

»Wir wissen es nicht. Ein Motiv ist noch nicht erkennbar«, antwortete Klara und beobachtete jede Regung in Constanze Hellborns Gesicht. »Ist zwischen Ihnen einmal der Name Susanne Scheidt gefallen? Oder Dennis Scharf? Oder kennen Sie eine der beiden Personen?«, fragte sie dann.

Die Frau zögerte, schien zu überlegen. »Nein, nicht dass ich wüsste.«

»Hat Herr Schimmel in der letzten Zeit von einem besonderen Vorfall in der Klinik erzählt, etwa von einer dramatischen Geburt? Oder gab es Ärger im Kollegenkreis?«

Langsam schüttelte Constanze Hellborn den Kopf. »Nein. Andreas ging gern zur Arbeit. Und meines Wissens ist auf seiner Station in den vergangenen Monaten weder eine Frau noch ein Kind ernsthaft zu Schaden gekommen.«

»Wann haben Sie ihn zuletzt gesehen?«, fragte Sebastian.

»Am Montag früh. Wir haben das Wochenende zusammen verbracht und sind morgens gemeinsam hier ins Neuenheimer Feld gefahren.« Constanze Hellborn machte eine kurze Pause. »Das nächste Wochenende wollten wir zu seinen Eltern fahren. Er wollte, dass ich sie kennenlerne«, fügte sie leise hinzu.

»Wie lange waren Sie schon zusammen?«

»Seit sechs Monaten. Aber ich bin erst vor Kurzem aus Mainz hierhergezogen. Ich war sehr froh, die Stelle bekommen zu haben. So konnten wir näher beieinander sein.«

Sebastian warf Klara einen Blick zu. Sie sollte übernehmen. Die unangenehme Frage nach dem Alibi.

Klara beugte sich ein Stück nach vorn. »Frau Hellborn, was haben Sie gestern zwischen siebzehn und achtzehn Uhr gemacht?«

Die türkisen Augen blickten erstaunt und wurden dann ein wenig schmaler.

»Entschuldigen Sie, aber wir müssen Sie das fragen«, ergänzte Klara.

»Ich habe bis kurz nach achtzehn Uhr hier gearbeitet. Später am Abend habe ich Andreas noch eine Nachricht geschickt und mich gewundert, dass er nicht antwortete.« Sie sah nach unten. »Jetzt weiß ich, warum«, fügte sie tonlos hinzu.

Klara beobachtete die Frau mit einer gewissen Faszination. Sie schien zutiefst erschüttert und gleichzeitig gefasst, immer Haltung bewahrend. Einerseits wirkte sie verletzlich wie ein Kind, das nicht weiß, wie es jetzt weitergehen soll, und andererseits wie jemand, der den Tod einfach annimmt, ohne Klagen. Was nützte es schon zu klagen? Die Erde drehte sich doch weiter, die Elemente blieben ungerührt. Die Erde, das Wasser, die Luft.

Versunken sah Klara in das schöne, traurige Gesicht der Frau ihr gegenüber. Diese Augen hatten die Farbe des Meeres in der Südsee, die des Wassers, das eine kleine Insel umgibt. Es gab diese Luftaufnahmen, saftiges Grün im Inselinneren, ein Streifen weißer Sand am Inselrand entlang und dann das türkise Wasser. Kalenderblätter, Postkarten, Reiseprospekte – der Traum vom Meer. Vom Wasser.

Ein anderes Wasser als das, mit dem Dr. Schimmel übergossen worden war. Dazwischen lagen Welten.

Klara lenkte ihre Gedanken zurück. »Ist Ihnen in der letzten Zeit irgendetwas Ungewöhnliches aufgefallen? Egal, was. Ungewöhnliche Anrufe, Nachrichten, Menschen, die Ihnen merkwürdig vorkamen …«

Constanze Hellborn senkte die Augenlider. »Ich weiß nicht, ich glaube nicht. Kann ich Sie erreichen, wenn mir etwas einfällt?«

»Ja, natürlich. Melden Sie sich beim Polizeirevier in der Römerstraße. Es wäre auch gut, wenn wir Ihre Telefonnummer hätten, falls wir noch weitere Fragen haben.«

Mit leiser Stimme gab Constanze Hellborn ihre Nummer an. Sebastian tippte die Ziffern in sein Diensthandy. »Gibt es jemanden, der sich jetzt um Sie kümmert?«, fragte er anschließend.

»Es geht schon.« Sie drückte ein wenig ihren Rücken durch und saß noch gerader. Dann stand sie auf. »Ich muss die Bestellung fertig machen, die Medikamente müssen raus, das kann nicht warten.«

Klara fing einen leicht verwunderten Blick von Sebastian auf, in dem die Frage lag, ob Constanze Hellborn wirklich so diszipliniert und pflichtbewusst war. Ihr Verhalten wirkte seltsam anziehend, wie eine innere Stärke, die dem Schicksal trotzt.

»Die Katze meiner Nachbarin wurde getötet«, sagte Constanze Hellborn plötzlich, als die Ermittler bereits im Gehen begriffen waren.

»Die Katze Ihrer Nachbarin wurde getötet?« Sebastian klang verwundert.

»Ja. Sie fragten doch, ob in letzter Zeit etwas Ungewöhnliches passiert sei.«

Klara und Sebastian sahen sich an. Für eine Sekunde überlegte Klara, ob das nun als vierter Mordfall zu werten sei.

»Gut, Frau Hellborn, falls Ihnen noch etwas einfällt, melden Sie sich bei uns«, sagte Sebastian und lächelte sanft.

Kurze Zeit später saßen die Ermittler im Auto. Klara bemerkte zu ihrem Erstaunen, dass sie in der Gegenwart dieser Frau irgendwie ruhig geworden war, zum ersten Mal an diesem Tag. Sie fragte sich, woran das lag. Sie hatte sich nach dem Überbringen einer Todesnachricht noch nie ruhig gefühlt, es war höchst sonderbar.

»Haben Constanze Hellborn und Susanne Scheidt etwas gemeinsam?«, fragte sie nach einer Weile.

Schweigend sah Sebastian aus dem Seitenfenster. Erst auf der Brücke zurück zur anderen Neckarseite meinte er: »Sie sind beide ganz hübsch.«

»Sie sind beide ganz hübsch?« Klara sah ihn schräg von der Seite an.

»Okay. Constanze Hellborn ist eine andere Klasse. Ich kann mir kaum vorstellen, dass sie den gleichen Typ Mann anziehen.«

»Ich mir schon. Den Typ Mann mit Augen im Kopf.« Die Ampel vor ihnen schaltete auf Rot. Klara bremste ab.

»Als ginge es nur ums Äußere«, murmelte Sebastian.

Klara schwieg und wartete ungeduldig darauf, dass sie weiterfahren konnten. Wenn es so etwas wie Schwingungen gab, waren die im Auto gerade zum Davonlaufen. Außerdem mussten sie zurück aufs Revier. Heute würde es spät werden, Conrad hatte für alle verlängerten Dienst angeordnet.

***

Schon vor anderthalb Stunden hatte Klara eine bleierne Müdigkeit überfallen. Der Tag, der mit einer Leiche in einem unterirdischen Transporttunnel begonnen hatte, war fast vorbei. Kein guter Tag. Jetzt bog sie in den Hof ein und stellte ihr Fahrrad hinter dem Haus ab.

Zumindest musste sie kein schlechtes Gewissen haben, wenn es spät wurde, Josephine war ja ohnehin nicht da. Sie schlief wahrscheinlich gerade auf einer schmalen Pritsche in einem völlig überhitzten Wohnwagen, mit roten Wangen, die Decke weggestrampelt.

Wie schön wäre es, wenigstens eine Postkarte von ihr zu bekommen, »Hallo, Mama«, geschrieben in Josis noch wackeliger Handschrift.

Klara nestelte den Schlüsselbund aus ihrer Tasche und ging zum Briefkasten. Für einen Moment waren Aufregung und Freude in ihr. Gab es doch eine Karte aus *bella Italia*? Sie öffnete die kleine Metalltür des Kastens, ihre Augen suchten den Innenraum ab. Nur zwei weiße Umschläge, Rechnungen. Enttäuscht nahm Klara sie heraus und schloss die Tür fester als nötig, der metallene Knall hallte durch die Abendluft.

Sie ging zur Haustür, schloss auf und trat ein. Wie soll so ein

Tag auch mit etwas Schönem enden?, fragte sie sich. Vielleicht morgen.

Auf dem Treppenabsatz lag ein Päckchen. Es war in Computerschrift an Klara adressiert. Sie erwartete nichts. Zögernd hob sie das Paket auf, es war nicht besonders schwer, der Absender war eine Firma, die sie nicht kannte und bei der sie nichts bestellt hatte. Verwundert nahm sie die Sendung mit hinauf, ging in ihre Wohnung und legte sie auf den Tisch in der Küche.

Ohne Josephine wirkten die Räume leer. Klara bildete sich ein, dass es auch anders roch, wenn ihr Kind nicht da war. Irgendwie verlassen und nach nichts.

Sie nahm eine Flasche Wasser aus dem Kühlschrank und goss sich ein Glas ein. Bei diesem Wetter könnte man die Flasche auch auf die Fensterbank statt in den Kühlschrank stellen, dachte sie und trank einen Schluck. Dann sah sie wieder auf das Päckchen. Ein Werbegeschenk? Oder einfach ein Irrläufer? Sie nahm das Brotmesser von der Ablage neben dem Kühlschrank und schlitzte das Klebeband auf.

Das Erste, was sie sah, war eine kleine Hand. Klaras Herz blieb stehen. Für eine Sekunde oder zwei. Dann erst wurde ihr bewusst, dass die Hand sehr klein war – und aus Kunststoff. Es war die einer Puppe, die in dem Karton lag wie in einem kleinen Sarg, nackt und mit abgeschnittenem braunem Haar. Auf das Puppengesicht waren mit schwarzem Filzstift Tränen gemalt, senkrecht hinunter über die vollen Wangen.

Klara wollte schlucken und konnte es nicht. Die braunen Augen der Puppe starrten sie an, aus diesem grotesk vermalten Gesicht, das zerschnittene Haar stand wirr vom Kopf ab. Dann fiel ihr Blick auf das weiße Blatt Papier, das unter dem Puppenkopf lag, zweimal gefaltet, wie ein dünnes Kissen.

Der Boden bewegte sich unter Klara, sie spürte, wie das, was sie sah, sie ins Wanken brachte. Sie stützte sich am Rand des Tisches ab und atmete ein paarmal tief ein und aus. Dann nahm sie ein Küchenhandtuch und hob damit vorsichtig die Puppe an. Mit spitzen Fingern angelte sie das Blatt darunter hervor und faltete es auseinander.

Die schwarze Schrift stach in ihre Augen, jedes Wort brannte sich ein und schnitt ihr die Luft ab.

Du bist gestorben und weißt es nicht,
Erloschen ist dein Augenlicht,
Erblichen ist dein rotes Mündchen,
Und du bist tot, mein totes Kindchen.

In einer schaurigen Sommernacht
Hab ich dich selber zu Grabe gebracht;
Klaglieder die Nachtigallen sangen,
Die Sterne sind mit zur Leiche gegangen.

Klara taumelte und ließ sich auf einen Stuhl fallen, das beschriebene Blatt fiel zurück in den Karton. Vor ihren Augen flimmerte es.

Du bist gestorben und weißt es nicht.

Ein Gedicht wie das, das von Dennis' Handy an Susanne geschickt worden war. Und jetzt war sie dran. Noch schlimmer. Es ging um ihre Tochter.

Es war eine klare Drohung, unmissverständlich. Jemand schickte ihr offensichtlich die Botschaft, dass es ein schwerer Fehler war, zu ermitteln. Dass es spätestens jetzt an der Zeit war, sich aus dem Fall herauszuhalten, aufzugeben, loszulassen. Derselbe Jemand, der Susanne und Dennis auf dem Gewissen hatte, der Jemand, der bestimmte Dinge mit Versen ausdrückte. Und dieser Mensch wusste, dass sie eine Tochter hatte, die ihr das Liebste war.

Wenn er das wusste, was wusste er noch?, durchzuckte es sie. Es war denkbar, dass er sie schon seit Wochen beobachtet hatte, wusste, wie sie aussah, wie ihr Tagesablauf war, in welchen Kindergarten ihre Tochter ging. Und er wusste, dass sie in den beiden Mordfällen ermittelte.

Klara stöhnte auf und rieb sich mit den Handflächen durchs Gesicht. Natürlich, dieses unsägliche Foto von der Pressekonferenz, das in der Zeitung erschienen war … Und jetzt war ihr kleines Mädchen in Gefahr, das, was sie immer am meisten gefürchtet hatte, war eingetreten.

Wieder sah sie auf das leblose Puppengesicht, auf die schwarz gemalten Tropfen, die wie entstellende Tätowierungen wirkten, wie dunkle Brandmale. Unwillkürlich sprang sie auf, zerrte einen Müllbeutel aus einer der Küchenschubladen, stülpte ihn über den Karton und ließ ihn hineingleiten. Sie ertrug den Anblick keine Sekunde länger.

Mit zitternden Händen verschloss sie den Beutel und trug ihn hinaus in den Flur, wo sie ihn neben der Wohnungstür ablegte. Die Kollegen von der Kriminaltechnik mussten irgendetwas finden, irgendeine Spur, etwas, das sie über die Datenbank des Bundeskriminalamtes zu diesem Monster führte. Es musste so sein, es musste alles wieder gut werden.

Ein Wimmern entfuhr ihr, sie hörte sich selbst und erkannte ihre Stimme kaum.

Langsam ging sie über den Flur hinüber in Josephines Zimmer. In dem roten Holzbett lag der große Plüsch-Eisbär mit dem lächelnden Gesicht, Josis Liebling. Klara setzte sich auf das Bett und streichelte über das weiße Fell.

Ob sie Sebastian anrufen sollte? Aber was sollte er tun, heute Abend noch? Ihr sagen, dass es sicherer wäre, wenn sie bei ihm übernachtete? Sie lief vor diesem Killer nicht davon.

Klara ließ sich zur Seite fallen und rollte sich auf Josis Bett zusammen, den Eisbären an sich gedrückt. Sie war unendlich erschöpft, wie ausgehöhlt, die Angst war so übermächtig, dass sie mehr und mehr in eine leere Verzweiflung überging. Morgen würde sie wissen, was zu tun war, morgen. Heute Nacht war Josephine sicher, tausend Kilometer entfernt, mit Jan und seiner Freundin in einem engen Wohnwagen.

Klara war so müde.

Irgendwann fühlte sie, wie ein Schleier über sie fiel. Sie schlief ein.

***

Es war dunkel im Zimmer. Und still. Erst bemerkte sie ein seltsames Gefühl im Magen, es schlich langsam aus dem Schlaf heraus, der gerade endete, hinauf ins Bewusstsein. Wenige Sekunden später war sie hellwach, in ihrem Kopf zog sich etwas zusammen, anschließend in ihrem Bauch. Sie spürte kalten Schweiß und hatte das Gefühl, ohnmächtig zu werden, obwohl sie lag.

Dann schlug sie ein, mit voller Wucht, die nackte Angst. Sie brandete über den ganzen Körper wie eine Wasserwalze, erfasste ihn, drückte auf den Brustkorb, ließ Arme und Beine zittern. Klara bekam keine Luft mehr, sie richtete sich auf, Adrenalin flutete durch ihre Adern, die Augen suchten im Dunkeln nach Orientierung.

Panisch stieg sie aus dem Kinderbett und eilte ins Bad, gekrümmt und mit gesenktem Kopf. Sie wusste nicht, was sie tun sollte, sie war nicht fähig, einen klaren Gedanken zu fassen. Für einen Moment glaubte sie, dass jetzt alles zu Ende sei, dass sie zusammenbrechen und ihr Herz zu schlagen aufhören würde.

Bis vor ein paar Minuten hatte ihr Körper noch geschlafen, nun war er in höchster Alarmbereitschaft.

Klara ging in die Küche und trank einen Schluck Wasser, dann taumelte sie ins Wohnzimmer, machte Licht, hatte keine Ahnung, was sie in dem Raum sollte, ging in ihr Schlafzimmer, legte sich auf das Bett, stand wieder auf, hastete zurück in die Küche, holte die Wasserflasche und wankte wieder in ihr Schlafzimmer. Sie wusste nicht, was sie eigentlich tat, sie hatte den Drang, sich zu bewegen, die Angst war übermächtig, sie raubte ihr den Verstand und brannte wie Säure in ihr.

Eine Panikattacke um zwei Uhr nachts, wie aus heiterem Himmel, wie ein Überfallkommando. Das Päckchen und das Gedicht. In den drei Stunden, die Klara geschlafen hatte, hatte sich die Angst gesammelt, hatte Anlauf geholt und sprang sie nun wie eine wilde Bestie an. Klara versuchte, die Kontrolle zurückzugewinnen, ruhig zu atmen, abzuwarten, die Panik einfach geschehen, durch sich durchfließen zu lassen.

Sie wäre jetzt so gern bei Josephine, mit ihr irgendwo auf

einer sonnigen Insel, weit weg. Kein Fall war es wert, dafür das Liebste aufs Spiel zu setzen. Sie war raus aus den Ermittlungen, am Morgen würde sie direkt zu Conrad gehen und es ihm sagen. Wenn sie nicht mehr ermittelte, war Josi wieder in Sicherheit, dann gab es keinen Grund mehr, sie zu bedrohen. Es war vorbei. Klara würde lieber Parktickets verteilen, als noch weiter an diesem Fall zu arbeiten.

Ihr Atem wurde etwas gleichmäßiger. Sie würde den Fall abgeben und es irgendwie dem Täter mitteilen, würde eine Pressemeldung herausgeben oder Plakate in der Stadt anbringen, es jedem erzählen, völlig egal. Und dann ließ dieses Monster ihre Tochter in Ruhe.

Der Gedanke war wie ein rettender Strohhalm, an den Klara sich klammerte, es war noch nicht zu spät, ihrem Kind ging es gut, und sie würde alles dafür tun, dass es so blieb.

Das Zittern ließ langsam nach, sie legte sich in ihr Bett und zog die Decke über sich. Alles würde gut werden, sie wusste jetzt, was zu tun war, sie hatte ein Stück Kontrolle zurückgewonnen.

Klara versuchte, sich weiter zu entspannen, schloss die Augen und dachte an einen gemeinsamen Urlaub mit ihrer Tochter. Vor ihrem geistigen Auge lief sie mit Josi einen weißen Strand entlang, das Meer war azurblau, das Geräusch der Wellen beruhigend. Es war paradiesisch schön an diesem Strand, und es war sicher. Am anderen Ende der Welt.

Zusammengekauert lag Klara im Bett und hielt sich an diesen Bildern fest, Minute um Minute. Irgendwann hörte sie eine Kirchturmuhr dreimal schlagen und spürte, wie ihr Körper sich zunehmend schwerer anfühlte, ihre Beine zuckten. Kurze Zeit später fiel sie in einen unruhigen Schlaf.

Ihre Gedanken wanderten ab in wirre Träume. Sie lief durch die Heidelberger Fußgängerzone und verteilte Handzettel, auf denen stand, dass sie ihren Dienst quittiert hatte. Dann saß sie mit Josi im Flugzeug, sie flogen in die Ferien, aber plötzlich meldete sich der Pilot über Funk: »Wir haben ein technisches Problem und versuchen, notzuwassern.« Im Traum lachte

Josephine und zog ihren roten Badeanzug aus ihrem kleinen Rucksack.

Als Nächstes stand sie in diesem Badeanzug am Beckenrad eines Freibads und rief: »Komm, Mama, wir gehen schwimmen.« Aber während sie Klara zuwinkte, wurde sie auf einmal von einer Wasserfontäne erfasst, die einfach aus dem Becken sprang und sie mitriss. Josi schrie, laut und verzweifelt, dann war sie im Wasser verschwunden.

Schweißgebadet schreckte Klara hoch, ihr Herz raste. Sie riss die Augen auf und starrte in die Dunkelheit. Und dann, plötzlich, wusste sie es, das Bild kam wie ein Schlag ins Gesicht.

Sie kannte den Mann. Den Mann auf dem Phantombild.

Sie hatte ihn vor einiger Zeit im Schwimmbad gesehen. Er hatte Josis Ball gehabt und wollte ihn ihr nicht zurückgeben. Sie kannte den Mann, und er kannte sie. Er war mit ihnen im Freibad in Neckargemünd gewesen.

Klara war jetzt hellwach, sie stand auf und ging in die Küche. Immer wieder rief sie das Bild des Mannes aus ihrem Gedächtnis ab, versuchte, es festzuhalten. Ein hellhäutiger, kräftiger Mann mit dunklem Haar. Sie erinnerte sich, wie ihre Tochter vor ihm gestanden hatte, wie er sie angesehen und ihren Ball festgehalten hatte – ein Mörder.

Sie musste diesen Mann finden, sie wusste, wie er aussah, wusste es als Einzige im Team. Sie konnte nicht zu Hause sitzen, untätig und darauf vertrauend, dass ihre Kollegen es schon richteten. Sie konnte nicht aussteigen, im Gegenteil, sie musste ihre ganze Energie darauf konzentrieren, den Mann zu stellen.

Plötzlich fühlte Klara eine glühende Wut in sich aufsteigen. Sie würde das Schwein kriegen, er hatte einen entscheidenden Fehler gemacht mit diesem Päckchen. Nun wusste sie, wie er aussah, und sie würde ihn finden.

Noch war Josi in Sicherheit, mit ihrem Vater im fernen Italien. Vielleicht konnten sie noch eine Woche dranhängen. Klara musste Jan anrufen, ihn informieren, sich seine Vorhaltungen anhören. »So, Klara, jetzt haben wir die Bescherung, das musste ja irgendwann so kommen …«

Sie seufzte. Dann ging sie ins Bad und duschte. Die Nacht war für sie vorbei.

***

Kurz vor sieben Uhr betrat Klara mit dunklen Ringen unter den Augen das Revier und gab den Plastikbeutel mit dem Päckchen unten bei einem Kollegen ab. »Für die Kriminaltechnik, es ist dringend«, sagte sie, ging hinauf in den ersten Stock und öffnete die Tür ihres Büros. Zu ihrem Erstaunen war Sebastian schon da.

Er runzelte die Stirn. »Morgen. Schlecht geschlafen?«

»Kann man so sagen.« Klara ließ ihre Ledertasche neben ihrem Schreibtisch auf den Boden fallen und setzte sich. Dann sagte sie leise: »Du bist gestorben und weißt es nicht.«

Sebastian hob die rechte Augenbraue. »Heinrich Heine, ›Altes Lied‹.« Er brachte es nach wie vor fertig, Klara zu überraschen.

»Du kennst das?«

»Hatten wir irgendwann mal in der Schule. Ist aber schon ziemlich lange her.«

»Ich habe gestern ein anonymes Päckchen bekommen, darin eine Puppe, der Tränen übers Gesicht gemalt waren, und dieses Gedicht.«

Einen Moment lang sah Sebastian sie erstaunt an. Dann stand er auf und ging ans Fenster. »Das heißt, wir müssen ihn kriegen. Und zwar schnell.«

»Ja. Ich weiß, wie er aussieht. Ich habe ihn gesehen, als ich mit Josi im Schwimmbad war. Es ist der Mann auf dem zweiten Phantombild.« Klara erzählte Sebastian von der Begegnung in Neckargemünd.

»Würdest du ihn wiedererkennen?«, fragte der.

Klara nickte, und Sebastian begann, auf und ab zu gehen. »Okay, lass uns nachdenken. Nehmen wir einmal Folgendes an: Er besucht das Schwimmbad in Neckargemünd, das heißt, er wohnt hier in der Gegend, er hat Zugang zu den Transporttunneln im Neuenheimer Feld, und er hat Zugriff auf Insulin. Er hat zuletzt den Freund einer Apothekerin umgebracht und dessen Kopf unter Wasser getaucht.«

»Anschließend hat er noch das Wasser über ihn geschüttet. Und er hat Susannes Leiche in einer vollen Badewanne abgelegt«, ergänzte Klara.

»Er verschickt Gedichte. Akademiker? Apotheker? Ein Kollege von Constanze Hellborn?«

»Aber was hat es mit dem Wasser auf sich?«

»Nur Zufälle? Er nutzte einfach Wasser zum Verwischen von Spuren. Und ins Schwimmbad geht ja jeder mal im Sommer.«

Klara schwieg ein paar Sekunden lang, sie hielt diese Zufälle für unwahrscheinlich. »Kann ein Psychopath eigentlich normal arbeiten?«, fragte sie schließlich.

»Kommt darauf an. Kann sein, dass er in seinem Job völlig unauffällig ist und seine andere Seite nur unter bestimmten Umständen hervortritt.« Sebastian ging weiter vor dem Fenster auf und ab.

Klaras Blick blieb auf ihn gerichtet. Sie merkte, dass er wieder da war, wieder präsent, und sie wusste, dass sie zusammen viel größere Chancen hatten, in dem Fall weiterzukommen. Plötzlich war sie ihm unendlich dankbar, dass er sie nicht hängen ließ – nicht wenn es um Josephine ging.

Sebastian blieb stehen und lehnte sich wieder mit dem Rücken ans Fenster. »Erinnerst du dich, wie ordentlich Susannes Wohnung hinterlassen war?«

»Natürlich. Es sah dort nicht so aus, als habe ein Gewaltverbrechen stattgefunden. Das aufgeräumte Wohnzimmer, der in der Spüle abgestellte Teller, von dem der Täter vermutlich noch gegessen hat … Das ordentliche Bett, obwohl er Susanne dort wahrscheinlich missbraucht hat …«

»Sind Apotheker nicht ziemlich genau? Ich meine, das müssen sie ja sein, ein paar Milligramm zu viel von irgendetwas, und der Patient ist hinüber. Auch Sauberkeit spielt für sie eine gewisse Rolle …«

Klara dachte nach. »Kann sein. Aber irgendwie sah der Mann im Schwimmbad nicht aus wie ein Apotheker. Ich kann es nicht recht erklären, er hatte so etwas Grobschlächtiges, so eine grobe Art.«

Skeptisch kräuselte Sebastian die Lippen. »Na ja, auch unter Apothekern werden nicht nur Feingeister sein.«

»Ich weiß. Aber der Mann sah eher so aus wie jemand vom Reinigungspersonal.«

Sebastian schob die Hände in die Taschen seiner Jeans und kniff seine dunkelgrünen Augen zusammen. »Dieses gefaltete Kissen auf Susannes Bett fand ich ziemlich merkwürdig«, sagte er.

»Du meinst, der Mann ist jemand, der das aus einer Art Gewohnheit heraus gemacht hat?«, entgegnete Klara. »Dann passt es doch, Aufräumen, Saubermachen … Reinigungspersonal. Außerdem sagte Monika, dass diese Wirksubstanz in K.-o.-Tropfen, die Dennis womöglich bekommen hat, auch in Grundstoffen für Reinigungsmittel vorkommt.«

»Ja, das könnte passen. Aber wieso wurde Dr. Schimmel umgebracht? Der Freund einer ungewöhnlich hübschen Frau. Kennt unser Täter sie?«

»Dr. Schimmel könnte unseren Mann vom Reinigungspersonal vor Kurzem zurechtgewiesen haben, weil er nicht zufrieden war. Oder er hat ihn bei der Verwaltung wegen irgendetwas angeschwärzt. Da hat sich der Täter gerächt.«

»Dann wäre es eher Zufall, dass neben Susanne und Dennis auch Dr. Schimmel dran glauben musste?«, fragte Sebastian.

»Hm …«, Klara überlegte, »natürlich kann es sein, dass der Täter als Klinikmitarbeiter Constanze Hellborn kennt und es bei dem letzten Mord irgendeinen Zusammenhang mit ihr gibt.« Sie dachte an die ungewöhnlichen Augen der Frau, das türkisgrüne Meer, unendlich weites Wasser. Und an einen Täter, der Susanne nach der Tat reinwaschen wollte, vielleicht auch Dr. Schimmel … einen Täter, für den Wasser ein Thema ist und auch Sauberkeit, Reinheit, der Kissen faltet …

Sebastian durchbrach die Stille. »Ist im Gebäude des Versorgungszentrums nicht auch die Klinikwäscherei untergebracht?«

Er sprach Klaras Gedanken aus, kurz bevor sie ihn gefasst hatte.

»Wo Tausende Liter Wasser fließen und alles wieder sauber wird«, sagte sie atemlos.

In Sebastians Augen funkelte etwas auf. »Dann lass uns hinfahren, bevor Conrad kommt und uns mit anderer Arbeit eindeckt.«

***

Kurze Zeit später saßen die Ermittler im Büro der Wäschereileitung, es war noch früh am Morgen, aber Frau Strauss war schon da. Sie saß ihnen gegenüber hinter ihrem Schreibtisch, eine resolute Frau Ende vierzig mit bordeauxrot gefärbtem Kurzhaarschnitt und lauter Stimme.

»Kripo? Um was geht es bitte?«

»Frau Strauss, hat einer Ihrer männlichen Mitarbeiter langes rotbraunes Haar?« Klara kam direkt zur Sache.

»Nein«, antwortete die Frau wie aus der Pistole geschossen.

Klara zog den Ausdruck des Phantombilds aus ihrer Tasche und reichte ihn Frau Strauss. »Und dieser Mann? Arbeitet der hier?«

Die Frau nahm das Papier an und setzte eine Lesebrille mit grün-schwarz gemustertem Gestell auf. Sie zögerte, hielt das Blatt näher an sich heran, dann wieder etwas weiter weg.

»Könnte sein, dass das der Hartung ist. Der ist aber seit gestern krankgemeldet.«

»Hartung?«, fragten Klara und Sebastian gleichzeitig.

»Ja, Fred Hartung. Arbeitet seit knapp drei Jahren hier. Guckt mich manchmal an, als ob er mich fressen wolle. Aber mit dem werd ich schon auch fertig.«

Seien Sie sich da mal nicht so sicher, dachte Klara. »Können wir seine Personalakte sehen? Darin steht doch sicher auch seine Anschrift?«, fragte sie.

Die Frau zog skeptisch ihre zu schmalen Strichen gezupften Brauen zusammen, die Furche über dem Nasenbein wurde noch tiefer. »Ich weiß nicht, brauchen Sie für so was nicht einen Beschluss? Nicht dass ich nachher dran bin, von wegen Datenschutz und so.«

»Frau Strauss«, Sebastian legte seine Moderatorenstimme auf, »hier geht es um Gefahr im Verzug, da brauchen wir keinen Beschluss. Also bitte.«

»Gefahr im Verzug?« Wieder kniff die Frau die Augen zusammen. »Hab ich mir doch gedacht, dass der Kerl nicht ganz echt ist. Wirkt wie ein Kessel unter Dampf, unberechenbar irgendwie.« Energisch stand sie auf, ging zu einem Aktenschrank und blätterte das Register durch. Schließlich reichte sie den Ermittlern eine Akte.

Klara schlug sie auf. Fred Hartung, wohnhaft in Heidelberg-Rohrbach, geboren am 13.11.75, mittlere Reife, Ausbildung zum Groß- und Einzelhandelskaufmann, seit drei Jahren und zwei Monaten in der Wäscherei.

Klara blätterte in der Akte herum und betrachtete das Lichtbild, die stechenden schwarzen Augen, das kantige Gesicht. Es war der Mann aus dem Schwimmbad. Sie nickte Sebastian zu. Noch einmal blätterte sie um. Hinter das Bewerbungsschreiben war der Bericht vom Amtsarzt geheftet, die Eintrittsuntersuchung bei einer Beschäftigung im öffentlichen Dienst.

In schwarzen Lettern prangte Klara »Diabetes mellitus« entgegen. Sie schob Sebastian die Akte ein Stück hinüber und zeigte auf die Diagnose.

»Bingo«, murmelte er zwischen seinen Zähnen hervor. »Dann auf nach Rohrbach.«

Klara stand auf. »Vielen Dank, Sie haben uns sehr geholfen. Die Akte müssen wir mitnehmen, Sie bekommen sie natürlich wieder.«

Noch bevor die herbe Frau Strauss widersprechen konnte, verließen die Ermittler das Büro und liefen eilig zu ihrem Wagen.

»Wir müssen Conrad benachrichtigen und Verstärkung anfordern.« Sebastian griff nach seinem Handy und rief auf der Wache an.

Wenige Sekunden später schallte die laute Stimme ihres Chefs bis zu Klara herüber: »Was? Wo wart ihr? Was soll das heißen, ihr habt ihn? Was sind das wieder für Alleingänge?«

Sebastian hielt das Telefon von seinem Ohr weg und verzog

das Gesicht. Er ließ die Rauchwolke erst einmal verpuffen. Dann erklärte er Conrad mit ruhiger Stimme die Situation, hörte wieder zu, murmelte »Okay, gut« und legte schließlich auf. »Conrad schickt einen Mannschaftswagen nach Rohrbach, er sagt, wir sollen nichts unternehmen, bevor die Kollegen da sind.«

Etwa zwanzig Minuten später brachen sechs Polizisten in Spezialausrüstung die Tür der Wohnung von Fred Hartung auf und stürmten mit Pistolen im Anschlag hinein.

Die Wohnung war leer.

Klara hörte Conrad fluchen. Dann rief er im Revier an und ließ Hartung zur Fahndung ausschreiben. Die Kollegen von der Kriminaltechnik waren bereits informiert. Es galt, die Räume zu durchsuchen und Spuren zu sichern für den Abgleich mit DNA aus dem Transporttunnel und aus Susannes Wohnung.

Klara war sicher, dass sie auf der richtigen Fährte waren. Aber wo war Hartung?

***

Seit gestern Nacht war sie bei ihm. Seine Frau. Er hatte sie aus ihrer Wohnung mitgenommen, dort musste sie jetzt nicht mehr allein leben. Hatte sich mit dem Arztausweis, den der Schimmel bei sich getragen hatte, ein wenig Chloroform besorgt – mit diesen Ausweisen bekam man alles Mögliche in der Apotheke.

Am späten Nachmittag schon war er zu ihr gefahren, hatte bei einer Nachbarin geläutet und sich als Handwerker ausgegeben. Die Haustür war mit einem Summton geöffnet worden. Dann hatte er bis abends gewartet, irgendeinen verborgenen Winkel gab es in diesen alten Häusern immer. Aber es war noch besser gewesen: Vom Flur aus gelangte man durch eine unverschlossene Tür in den Keller des Hauses, dort hatte er in Ruhe warten können.

Am Abend hatte er an ihrer Tür geklingelt. Als sie öffnete, hatte er sie mit seinem ganzen Gewicht in die Wohnung gedrängt, das Tuch mit dem Chloroform fest auf ihr Gesicht gepresst. Nach wenigen Sekunden war sie zusammengesunken. Er hatte sie zu ihrem Bett getragen, ihre Gesichtszüge waren entspannt gewesen, die Augen geschlossen.

Endlich waren sie zusammen … wie schön sie war.

Später in der Nacht hatte er die Wohnung noch einmal verlassen, er hatte ja jetzt ihren Schlüssel. Es hatte sich gut angefühlt, ganz selbstverständlich Türen aufschließen zu können. Er war zu seinem Auto geeilt, um es direkt vor der Haustür zu parken, und dann hatte er seine schöne Frau hinuntergetragen und auf den Beifahrersitz gesetzt.

Nun war er mit ihr hier, in ihrer Höhle, ihrem Schutzraum. Dort, wo sie niemand finden würde.

Bald würde sie aufwachen und ganz für ihn da sein. Sie würde schnell erkennen, dass sie zusammengehörten, und dann würde er mit ihr ans Meer fahren, in ihrer beider Heimat.

Er kratzte sich am Nacken, seine Haut juckte und schuppte, in seiner Kehle brannte der Durst. Es war finster in ihrer Höhle, er hatte nur eine Campinglampe dabei. Dennoch erstrahlte für ihn alles in den schönsten Farben. Ein paar Schweißtropfen liefen über seine Stirn und brannten in dem Ekzem an seiner Schläfe, er wischte sie mit einer schmutzigen Hand weg.

Dann schlug Constanze die Augen auf.

***

Es war später Nachmittag, das Team war zu einer weiteren Besprechung zusammengekommen. Die Anspannung im Raum war greifbar. Conrad hatte rote Flecken im Gesicht, und Harald fluchte darüber, dass Rauchen in den Räumen der Wache verboten war. »Früher konnte man sich hier wenigstens noch eine ins Gesicht stecken, wenn man nachdenken musste. Ähj, scheiß die Wand an, wie soll man sich da konzentrieren können, wenn man dauernd vor die Tür muss zum Quarzen?«

»Kauf dir endlich Nikotinkaugummis«, raunte Sebastian.

»Ah, geh fott. Soll ich da auf so ’ner Chemie rumkauen, wenn ich genauso gut echten Tabak haben kann?«

Sebastian verdrehte die Augen. Alle waren gereizt. Sie waren ein Stück weitergekommen, es gab eine heiße Spur, aber keinerlei Hinweise darauf, wo sich Hartung aufhielt. Dazu kam, dass Constanze Hellborn nicht erreichbar war. Klara und Sebastian hatten noch einmal mit ihr sprechen wollen, um zu erfahren, ob sie Hartung kannte. Doch sie war nicht ans Telefon gegangen und, wie sich kurze Zeit später herausgestellt hatte, heute unentschuldigt nicht zur Arbeit erschienen.

Conrad saß der Druck im Nacken, ein viertes Opfer konnte ihn seinen Job kosten. Die lokale Tageszeitung hatte bereits auf der ersten Seite getitelt »Mordserie reißt nicht ab«, ständig riefen beunruhigte Bürger auf dem Revier an. Er hatte eigens zwei Beamte abgestellt, um die Anrufer zu beruhigen. Dabei schien er selbst nicht überzeugt zu sein von der ausgegebenen Losung »Im Prinzip besteht keine Gefahr«.

Klara fühlte sich fiebrig. Immer wieder versuchte sie, einen Gedanken zurückzudrängen, weil er ihr unwahrscheinlich und viel zu weit hergeholt erschien. Dennoch fraß er in ihr und füllte ihr Innerstes mit Angst. Was war, wenn Hartung unterwegs nach Italien war?

Conrad stand auf und ging vor an die große Wandtafel. »Ich fasse zusammen: Nachdem Frau Gräf, die Mitarbeiterin aus der Frauenklinik, Hartung nach dem Phantombild mit großer Wahrscheinlichkeit als den angeblichen Techniker identifiziert hat, gehen wir davon aus, dass er des Mordes an Dr. Schimmel tatverdächtig ist. Möglicherweise gehen die beiden anderen Morde ebenfalls auf sein Konto. Eine Apothekerin der Klinikapotheke, die Freundin des getöteten Dr. Schimmel, ist zurzeit nicht auffindbar.«

Er griff nach dem Wasserglas auf dem Tisch vor ihm und trank einen Schluck. Dann fügte er mit einem ungeduldigen Blick auf einen jungen Kollegen hinzu: »Wir gehen nicht davon aus, dass Hartung und Hellborn gemeinschaftlich auf der Flucht sind, nachdem sie den Mord an Dr. Schimmel zusammen geplant hatten.«

»War ja nur eine Hypothese.« Ein junger Beamter sah auf die Tischplatte.

»Hartungs Kraftfahrzeug konnte bislang nicht sichergestellt werden. Es ist möglich, dass er damit auf der Flucht ist oder es zumindest nutzte, um zu einem Bahnhof oder Flughafen zu gelangen.« Conrad zog ein Papiertaschentuch aus der Hosentasche und tupfte sich über die Stirn. »Aber wir können wohl davon ausgehen, dass ihm eine Flucht per Flugzeug als zu risikoreich erscheint.«

Es klang, als wolle er sich selbst Mut machen. Doch ganz abgesehen davon, dass man auch mit falschen Papieren fliegen konnte, kamen Klara noch etliche andere Möglichkeiten unterzutauchen in den Sinn.

Conrad räusperte sich. »Also, zur weiteren Planung der Ermittlungen: Wir befragen lückenlos Hartungs Umfeld, das heißt Kollegen, Vorgesetzte, Nachbarn, Freunde, Familie. Was ist mit seinen Eltern, leben die noch?« Er sah in die Runde.

»Der Vater ist laut Geburtsurkunde unbekannt, die Mutter vor einigen Jahren verstorben, Geschwister gibt es offenbar keine«, antwortete Harald.

»Dann überprüft sein Heidelberger Umfeld. Außerdem brauchen wir seine Handydaten, Internetverbindungen, Kontoauskünfte, das ganze Programm.«

Die einzelnen Aufgaben wurden auf Zweier-Teams verteilt. »Klemmt euch dahinter, die Sache ist heikel«, sagte Conrad.

Heikel?, dachte Klara. Für sie ging es um mehr als um »heikel«. Vor etwa einer Stunde hatte sie Jan auf die Mailbox gesprochen und ihn eindringlich gebeten, den Campingplatz oder am besten das Land zu wechseln. Bislang hatte er sich noch nicht bei ihr gemeldet.

Sie ging mit Sebastian in ihr Büro, Harald folgte ihnen. Kaum hatten sie den Raum betreten, öffnete Harald das Fenster, hing seinen knochigen Oberkörper hinaus und steckte sich eine Zigarette an. »Stört euch doch nicht, oder? Ich muss denken.«

Mit einem angedeuteten Kopfschütteln setzte sich Klara auf die Kante ihres Schreibtischs. Während der Dienstbesprechungen blieb wenig Raum, seine Gedanken zu entwickeln, die Gedankenbälle hin- und herzuwerfen, Ideen zu haben, Vermutungen abzuwägen. Jetzt musste es ihnen gelingen, sie mussten auf die richtige Spur kommen.

»Wohin würde Hartung fliehen, wenn er Constanze bei sich hätte?«, fragte Klara, einer plötzlichen Eingebung folgend. »Zieht es ihn ans Wasser, ans Meer?«

»Gut möglich, es kann sein, dass er schon gestern Nacht mit der Frau außer Landes ist.« Harald blies eine Rauchwolke nach draußen, mindestens die Hälfte des Rauchs wehte wieder herein. »Womöglich hat er sie erst einmal betäubt, damit er sie relativ gut über eine längere Strecke transportieren kann. Aber so oder so, irgendwann kommt sie zu sich, und dann muss er sie permanent unter Kontrolle halten, das ist nicht einfach.«

»Vielleicht lebt Constanze gar nicht mehr, und er ist allein auf der Flucht«, sagte Sebastian. »Untertauchen muss er, er wird wissen, dass er mittlerweile zu viele Spuren hinterlassen hat, dass die Luft hier dünn wird, spätestens mit dem Mord an Schimmel.«

»Bei dem Arzt ist er ein hohes Risiko eingegangen«, sagte Harald, »aber womöglich war ihm das egal, und er wollte einfach nur, dass der Mann stirbt. Es war wie ein zwingendes inneres Bedürfnis. Ob sich Hartung noch wirklich rational verhält, ist fraglich. Möglicherweise *wollte* er sogar Spuren hinterlassen.«

In Klara sträubte sich etwas. Wenn Constanze bereits tot war, hatten sie den Wettlauf gegen die Zeit verloren. Und dann kam die Frage auf, wer als Nächstes dran war – ein rot glühendes Schwert, das über ihr hing. Sie wollte nicht daran denken, wollte etwas anderes annehmen. »Gehen wir einmal davon aus, dass er Constanze Hellborn in seiner Gewalt hat. Was will er von ihr?«

Harald drückte die Zigarette auf der Fensterbank aus. »Natürlich könnte er die Phantasie haben, mit Constanze leben zu wollen. Er könnte versuchen, sie irgendwo eingesperrt zu halten. Aber das wäre dann ein anderes Muster als bei Susanne.«

»Ich glaube, er will Constanze einfach auf seine kranke Art besitzen, genauso wie Susanne, in einem Rausch und im Gefühl seiner Macht.« Sebastians Stimme klang belegt.

»Kann sein. Dazu muss er aber nicht mit ihr über Hunderte Kilometer fliehen, mit all den Risiken, die das mit sich bringt«, warf Klara ein.

»Du meinst, dann wäre er noch hier in der Gegend? Aber wo?

Wo hält man sich hier unbemerkt mit einer Geisel auf?«, fragte Harald.

Klara erhob sich von der unbequemen Schreibtischecke und setzte sich auf ihren Bürostuhl. »Es gibt unzählige Möglichkeiten, im Prinzip in jeder Wohnung, in Kellern, in einer verlassenen Hütte am Altrhein, in einer Bauruine, was weiß ich. Das ist die Stecknadel im Heuhaufen.«

Ihre beiden Kollegen schwiegen. Schließlich meinte Sebastian: »Constanze ist schon eine ungewöhnliche Frau. Susanne war anders, einfacher irgendwie. Es ist ein bisschen, als wäre Constanze die Steigerung.«

»Bedeutet das, dass Hartung sich auch gesteigert abartig verhalten wird? Etwas noch Kränkeres als bei Susanne?«, fragte Harald. »Bringt er sie an einen für ihn besonderen Ort, denkt an bestimmte merkwürdige Rituale?«

Sie mussten diesem Mann nachspüren, sich in ihn hineinversetzen, sosehr es Klara innerlich schüttelte bei dem Gedanken.

»Ich will noch einmal in Hartungs Wohnung, vielleicht haben die Kollegen von der Spurensicherung doch einen Hinweis übersehen«, sagte sie. Es musste etwas geben, ein Detail, das sie weiterbrachte. Es war lebenswichtig.

»Ich komme mit«, erwiderte Sebastian mit einer völligen Selbstverständlichkeit.

Klara war ihm dankbar dafür. Es wäre ihr noch schwerer gefallen, allein in dieser Wohnung zu sein.

»Okay, dann fahre ich bei Hartungs Vorgesetzter vorbei, der Frau Strauss, und schaue, ob die noch was weiß, das uns nützt.« Harald ließ mit einem kernigen Husten die Zigarettenschachtel in der Tasche seines Hemds verschwinden, blinzelte seinen Kollegen noch einmal zu und verließ das Büro.

***

Es war stickig und roch nach feuchten Wänden. Klara spürte einen Widerwillen, Luft zu holen. Sie wurde den Gedanken nicht los, Moleküle von Hartung einzuatmen.

Die Wohnung bestand aus einem Wohnzimmer mit Blick auf einen Innenhof, einem Schlafzimmer, einer Kochnische und einem Bad. Alles war ungepflegt und unordentlich. Klara fragte sich erneut, warum Hartung, wenn er Susanne umgebracht hatte, in ihrer Wohnung viel penibler vorgegangen war als bei sich zu Hause. Es bereitete ihr körperliches Unwohlsein, sich in diesen Räumen aufzuhalten, in seiner Intimsphäre.

Plötzlich fühlte sie ein heftiges Bedürfnis, sich an Sebastian zu lehnen, sie hatte große Angst um Josi.

»Du bist blass, ist dir nicht gut?«, fragte Sebastian.

»Geht schon«, murmelte Klara, streifte die Latexhandschuhe über und ging von dem kurzen dunklen Flur aus ins Wohnzimmer.

Die Durchsuchung hatte Spuren hinterlassen. Die Türen des schwarzen Holzschranks waren geöffnet, der spärliche Inhalt durchwühlt. Der Raum war kaum möbliert, dem Wohnzimmerschrank gegenüber stand eine dunkelrote Couch, über die eine karierte Wolldecke gebreitet war, daneben ein alter Sessel. Auf dem Glastisch davor waren benutzte Kaffeebecher und ein Teller mit einem bräunlich verkrusteten Rand abgestellt. Eine gammelige Junggesellenwohnung.

»Ich nehme mir das Schlafzimmer vor«, sagte Sebastian und ging in den anderen Raum.

Klara nickte und stand dann für ein paar Sekunden auf dem abgetretenen Teppich still zwischen Couch und Wohnzimmerschrank. Sie ließ alles auf sich wirken, spürte wieder ihr Unwohlsein. Es war eng hier, beengend.

Langsam ging sie zum Schrank, öffnete die oberste Schublade, bewegte den Inhalt hin und her. Aschenbecher, Schlüsselanhänger, Kugelschreiber, Nippes. In der Schublade darunter befand sich altes Silberbesteck, in der dritten Schublade lagen eine Tischdecke und ein paar neue Handtücher. Auch der restliche Inhalt des Schranks blieb belanglos, ein wenig Geschirr, zwei Bilderrahmen ohne Fotos, eine Sonnenbrille, ein paar alte Rechnungen.

Klara suchte nach irgendeinem Erinnerungsstück, etwas Persönlichem, etwa von Hartungs Mutter oder einer anderen Frau aus seinem Leben, ein Foto, ein Brief, ein Schmuckstück … Es gab nichts. Alles wirkte beliebig, austauschbar und ohne Bedeutung.

An den Wänden mit der grau gewordenen Raufaser hing kein einziges Bild, lediglich ein Kalender. Das Foto darauf zeigte einen Bachlauf, der durch einen bunten Herbstwald floss – hell sprudelndes Wasser, das sich entlang bemooster Steine schlängelte, durch die Wipfel der Laubbäume fielen ein paar Sonnenstrahlen.

Klara trat näher heran. Das Kalenderblatt war vom Oktober – dem vor fünf Jahren. Sie stutzte. War damals die Zeit für Hartung stehen geblieben? Oder gefiel ihm das Bild einfach? Sie nahm den Kalender ab, las auf dem Titelbild »Waldimpressionen« und blätterte dann die Monate durch, suchte nach Notizen oder markierten Tagen, sah auf den Rückseiten der Bilder nach. Vergeblich.

Einen Moment lang setzte sich Klara auf den vorderen Rand der Couch. Hier hatte er also immer gesessen und vielleicht auf den kleinen Flachbildfernseher geschaut, der in einer Aussparung des Wohnzimmerschranks stand. Sie stand wieder auf und begann, die Polster des Sofas abzusuchen, auch wenn das die Kollegen sicher schon getan hatten. Dann die des Sessels. Danach verrückte sie die Möbelstücke. Es war schmutzig darunter, Kronkorken von Bierflaschen, Flusen, Krümel. Sonst fand Klara nichts.

Langsam ging sie ins Bad und spürte, wie sich ihre Beklemmung verstärkte. Sie betrachtete die kalkige Duschwand, die Fliesen mit den dunkelfleckigen Fugen dazwischen, das schmutzige Waschbecken mit den rissigen Seifenresten auf dem Rand.

Auf der Waschmaschine lag ein geöffneter Insulin-Pen, die hintere Hälfte sah aus wie ein dicker Kugelschreiber, die vordere bestand aus der Spritze mit einer kurzen Injektionsnadel.

Klara fragte sich, wann Hartung den Diabetes bekommen haben mochte. Schon als Kind? Sie stellte sich einen kleinen Jungen vor, der sich selbst Spritzen setzen musste, zur damaligen Zeit wahrscheinlich noch richtige Spritzen. Sie sah ihn blass und schwitzend auf einem Krankenhausbett sitzen und sich die Nadel in den Oberschenkel stechen.

»Klara, kommst du mal bitte«, rief Sebastian aus dem Schlafzimmer.

Klara ging hinüber und betrat zögernd den Raum. Die Luft schien hier noch stickiger zu sein, es roch nach Körper, nach verschwitzter Haut, nach dem Menschen, der hier Nacht für Nacht gelegen hatte – ein Geruch, der in Fußboden und Wände übergegangen war und in der türkisfarben gemusterten Bettwäsche hing. Auch wenn Hartung nicht anwesend war, so war er in diesem Zimmer fast greifbar, eine Körperlichkeit hing in der Luft. Klara registrierte, wie sehr ihr diese unfreiwillige Nähe zu schaffen machte. Ihr Blick streifte einen offenen Kleiderschrank, einen Hocker, auf dem ein paar Kleidungsstücke lagen, und einen beleuchtbaren Globus auf dem Nachttisch. Dann sah sie zu Sebastian. Er hielt ein aufgeschlagenes Buch in den Händen, der blaue Leineneinband war verblasst, die Seiten vergilbt.

»Sieh mal hier, Homers ›Odyssee‹, das lag unten im Kleiderschrank.«

Klara hob die Augenbrauen. Die »Odyssee«? Das Buch vom Meer, vom Suchen und Finden.

»Zwischen den Seiten eingeklemmt steckte dieser kleine zusammengefaltete Zettel, ist wohl den Kollegen entgangen.« Sebastian reichte Klara ein Blatt Papier, sein Gesichtsausdruck war angespannt. »Was sagst du dazu?«

Mit spitzen Fingern nahm Klara den Zettel entgegen, sah auf die kritzelige Handschrift und las:

An die Winde des Südens –
Große Schlange,
leg deinen Körper aus Licht um uns.
Lehre uns, die Vergangenheit abzustreifen,
wie du deine Haut abstreifst
und behutsam auf der Erde zu wandeln.
Zeig uns den Weg der Schönheit.

An die Winde des Westens –
Mutter Jaguar,
beschütze diesen Ort der Heilung.
Lehre uns den Weg des Friedens,
damit wir friedlich leben können
und weise uns den Weg über den Tod hinaus.

»Hat der das selbst geschrieben?«, fragte Klara.

Sebastian zog sein Smartphone aus der Tasche seiner Jeans und tippte ein paar Worte ein. Seine Augen bewegten sich über den kleinen Bildschirm. »Nein, das ist ein Gedicht nach einem gewissen Alberto Villoldo, … einem … äh … Schamanen?«, meinte er.

»Das auch noch«, murmelte Klara.

»Hast du gesehen, was unter dem Gedicht steht?«, fragte Sebastian.

»Ja. Für C.«

»Tja. Für Constanze? … Winde des Südens … Weg der Schönheit … Ist er doch mit ihr in den Süden ans Meer?«

Klara zuckte mit den Schultern. »Auf jeden Fall klingt ›Über den Tod hinaus‹ nicht gut …« Sie las das Gedicht noch einmal. »Was ist der Ort der Heilung? Ist er noch auf dem Klinikgelände? Mit Constanze?«, fragte sie skeptisch.

»Möglich, aber dann müsste er dort ein wirklich gutes Versteck kennen. Auf dem Gelände ist einfach zu viel los, ich kann mir nicht vorstellen, dass man sich da dauerhaft unbemerkt verbergen kann«, antwortete Sebastian. »Aber vielleicht sollte man das Gedicht auch nicht zu wörtlich nehmen …«

Unwillkürlich dachte Klara an die Verse, die sie zugeschickt bekommen hatte. Wörtlich oder nicht, die Drohung war unmissverständlich gewesen. Und Hartung hatte dieses Gedicht abgeschrieben und C. gewidmet. Es musste eine Bedeutung haben.

Was war der Ort der Heilung für einen chronisch Kranken? Was war er für einen Geisteskranken? Er konnte überall sein, irgendein Ort mit einer symbolischen Bedeutung. War das Wichtigste für Hartung, dass Constanze bei ihm war? Klara steckte den Zettel in einen Plastikbeutel, um ihn mit aufs Revier zu nehmen.

»Hast du sonst noch was entdeckt?«, fragte sie.

»Bislang nichts, irgendwie hat der Mann kaum persönliche Dinge.«

»Aber er schläft nachts mit der Welt neben sich.« Klara deutete mit dem Kopf zu dem Globus hin. »Ich sehe mir noch die Küche an«, sagte sie und verließ das Schlafzimmer.

In der Küchenzeile öffnete sie die billigen weißen Schränke, in denen sich zusammengewürfeltes Geschirr befand, ein paar Teller und Tassen, drei Töpfe, eine Bratpfanne … In den Schubladen lagen ein wenig Besteck und ein Flaschenöffner. Klara wendete den Inhalt mit ihren behandschuhten Fingern hin und her, es gab nichts Auffälliges. Dann öffnete sie den Kühlschrank, ein muffiger Geruch kam ihr entgegen.

Ihr Blick blieb an einer angebrochenen Flasche Rosé-Champagner hängen, ein völlig unerwarteter Fremdkörper. Es hatte offenbar etwas zu feiern gegeben, etwas sehr Besonderes. In Hartungs Wohnung nahm sich diese Flasche so deplatziert aus wie ein Schmuckstück in einer Schlammgrube. Für C.?

Klara ging zurück ins Schlafzimmer und berichtete Sebastian, der genauso verwundert war. »Auch der Inhalt von Hartungs Kleiderschrank sieht nicht nach jemandem aus, der regelmäßig Champagner trinkt.« Dann sah er Klara an. Seine Gesichtszüge wurden weich. »Ich glaube, du könntest ein wenig frische Luft gebrauchen. Komm, lass uns fahren.«

Dieses Mal hörte Klara nur zu gern auf ihn. Sie wollte raus aus dieser Behausung.

Zusammen verließen sie die Wohnung und stiegen in ihren Wagen. Klara war in Gedanken. Es gab Täter, die aus einem intakten, vollen Familienleben heraus zu Mördern wurden, deren Zuhause so normal schien und ihr Innerstes so wenig widerspiegelte. Und es gab welche, deren Wohnungen bereits anders waren, deren nächste Umgebung einen Teil der Trostlosigkeit und Verlorenheit ausdrückte, die sie in sich trugen.

Auf der Fahrt zurück zum Revier kamen die beiden Ermittler wieder an den ehemaligen Kasernen der US-Armee vorbei. Klara erinnerte sich, wie sie hier nach dem ersten Besuch im

»Goldenen Huhn« und auch an dem Abend, an dem ihr Sebastian eröffnet hatte, dass er nach Hamburg wolle, mit dem Rad entlanggefahren war.

Auf dem weitläufigen Areal standen unzählige Gebäude, mittlerweile waren alle verlassen und dem Verfall preisgegeben. Für die Stadt Heidelberg war diese Konversionsfläche in ziemlich guter Lage ein Großprojekt, eine »historische Chance«.

»Weißt du eigentlich, was jetzt mit dem Gelände hier passiert?«, fragte Klara fast beiläufig. Ein anderes Thema, eines, das weniger anstrengend war.

»Keine Ahnung, ich habe die Diskussion nicht so verfolgt. Es soll wohl eine Mischung werden aus Wohnungen, Gewerberäumen und Freiflächen. Offenbar gab es einige Ausschreibungen, ein städtebaulicher Ideenwettbewerb oder so was.«

Klara ließ das Seitenfenster hinunter, die Luft tat gut. Bezahlbare Wohnungen und nette Grünanlagen? Sie war nie auf dem Areal gewesen, wann auch? Als die Army noch hier war, war alles unter strengen Sicherheitskontrollen abgeriegelt gewesen.

Hartung musste hier auf dem Weg von seiner Wohnung zur Arbeit fast jeden Tag vorbeigefahren sein. Nachdenklich rieb sich Klara mit der Hand über die Stirn. Mittlerweile fühlte sie sich fiebrig, irgendetwas brütete sie aus, eine Sommergrippe? Ein einsamer, verregneter Sommer, in dem ihr nur noch ein Virus Gesellschaft leistete. Sie hatte Kopfschmerzen, und ihre Gedanken drohten immer wieder durcheinanderzugeraten. Noch einmal zog sie die in der ungelenken Handschrift geschriebenen Verse hervor.

»Mutter Jaguar, beschütze diesen Ort der Heilung.« Eine Ansammlung symbolisch aufgeladener Begriffe … Wie es wohl gewesen war, als bei Hartung die Krankheit diagnostiziert worden war. Ob sich seine Mutter um ihn gekümmert hatte? Ob es eine starke, kämpferische Mutter gewesen war?

»Ich glaube, gerade läuft ein Wettbewerb zur Planung des Geländes vom alten Army-Hospital. Habe so etwas in der Zeitung gelesen.« Sebastian sprach mehr mit sich selbst. Die Ampel vor ihnen schaltete auf Rot, er bremste den Wagen. »Tja. Wohnen im Krankenhaus, die Küche im ehemaligen Arztzimmer, ein weitläufiges Wohnzimmer im früheren OP …«

Plötzlich sahen sich Klara und Sebastian an. Ein Ort der Heilung, das alte Hospital. Für ein paar Sekunden lag eine drückende Stille im Auto.

»Scheiße«, murmelte Sebastian schließlich. Und, nach einem kurzen Schweigen: »Sollen wir nachsehen?«

Klara zögerte, sie wusste es nicht. Nur mal schnell nachsehen, ging das? Was, wenn Hartung tatsächlich dort war? Sollten sie Verstärkung anfordern? Zunächst einmal ging es ja nur um eine vage Idee, eine Möglichkeit unter tausend anderen, um einen zufälligen Gedanken, der zwischen ihr und Sebastian ins Auto gefallen war. Ließ Conrad dafür einen Mannschaftswagen ausrücken? Und wenn die Kollegen ankamen, würde es Hartung nicht sofort bemerken und fliehen, oder noch schlimmer, Constanze etwas antun, wenn er sie denn in seiner Gewalt hatte? Wenn er es nicht schon längst getan hatte …

In Klaras Kopf herrschte eine merkwürdige Unordnung, in die hinein sie ihre eigene Stimme sagen hörte: »Gut, lass uns nachsehen.«

Die Ampel schaltete auf Grün, Sebastian fuhr los und hielt einige Meter später wieder am rechten Straßenrand an.

Klara zog ihr Smartphone aus der Tasche und suchte nach Informationen. Sie gelangte direkt auf die Internetseite der Stadt Heidelberg zur Konversion und las daraus Sebastian vor.

Das Areal des US-Hospitals befand sich an der Karlsruher Straße, die Fläche war derzeit über drei Zugänge erreichbar, eben über die Karlsruher Straße, die Freiburger Straße und die Straße Kolbenzeil. Das gesamte Gelände umfasste fast neuneinhalb Hektar, neben dem Krankenhausgebäude gab es zahlreiche weitere Zweckbauten, die ebenfalls der medizinischen Versorgung gedient hatten. Es war alles viel zu weitläufig, zu groß, um es zu zweit abzusuchen. Andererseits war es höchst zweifelhaft, ob Conrad aufgrund eines Gedichts von einem Schamanen das Areal überhaupt absuchen ließ.

»Sehen wir im Hauptgebäude des Hospitals nach? Wenn dort

nichts ist, verschwinden wir wieder, und der Chef soll weiter entscheiden«, meinte Sebastian.

Klara stimmte ihm zu. »Wir versuchen am besten, über die Kolbenzeil reinzukommen«, fügte sie an.

Die Karlsruher und die Freiburger Straße waren stark befahren. Wenn die Ermittler versuchten, von dort aus in das umzäunte Gelände zu gelangen, hätten sie vermutlich etliche Zuschauer.

Sebastian fuhr los und parkte wenig später den Wagen in einer ruhigeren Seitenstraße. Das, was sie vorhatten, war risikoreich. Klara war angespannt, wollte aber jetzt nicht mehr aufgeben.

Sie tauschten einen aufmunternden Blick, stiegen aus, nahmen die Schutzwesten aus dem Kofferraum und legten sie an. Schweigend bewegten sie sich in Richtung der Mauer, die das Militär-Areal umsäumte. Ein zweiflügliges Metalltor verschloss den Eingang, etwa zwei Meter fünfzig hoch und im Gegensatz zu der Mauer ohne Stacheldrahtkrone.

»Dann mal los«, sagte Sebastian, stellte einen Fuß auf den breiten Schließknopf und zog sich in die Höhe. Geschickt überkletterte er das Tor. Klara folgte ihm.

Auf der anderen Seite der Mauer hatte einst gewissermaßen ein anderes Land gelegen, anderes Hoheitsgebiet, Klein Amerika mitten in Heidelberg. Nun war der Beton der Wege brüchig geworden, Grün wuchs aus den Ritzen, alles stand leer und verlassen, eine Geisterstadt.

Die Ermittler versuchten, sich zu orientieren. Es war ein ganzes Stück bis zum Hauptgebäude des Hospitals, ihnen blieb nichts anderes übrig, als auf mehr oder weniger freier Fläche darauf zuzusteuern. Wenn möglich, hielten sie sich in der Deckung der Gebäude, aber immer wieder gab es unbebaute Abschnitte.

Klara kam sich vor wie Wild auf einer Lichtung. Sie wussten nicht, ob ein Jäger im Anstand saß. Für einen Moment sah sie sich selbst bei dem zu, was sie tat, und es erschien ihr surreal. Wahrscheinlich hatte sie wirklich Fieber. Es war unsinnig gefährlich, hier mit Sebastian allein herumzulaufen, aber es war wohl der Mut der Verzweiflung. Dann wurde ihr klar, dass Sebastian diese Verzweiflung nicht empfand. Er tat es für sie.

Der rechteckige weiße Bau mit den sandsteinfarbenen Ecken kam immer näher. Das ehemalige Hospital war ein viergeschossiges, lang gezogenes Gebäude, das sehr viele Räume barg, sehr viele Möglichkeiten, sich zu verstecken. Sehr viele Risiken für die Ermittler, in einen Hinterhalt zu geraten.

Sebastian und Klara gingen geradewegs auf die alte Klinik zu. Ein Fenster reihte sich an das andere in diesem Quader aus Beton, die ehemaligen Krankenzimmer, aus jedem konnte ein schwarzes Augenpaar sie bereits beobachten.

»Wenn wir nichts finden, wo Hartung reingekommen sein könnte, lassen wir's«, sagte Sebastian.

»Okay«, murmelte Klara.

Die Eingangstüren waren wohl kaum offen, aber vielleicht gab es ein offenes Fenster, eine eingeschlagene Scheibe. Falls Hartung in dem Gebäude war, musste er irgendwie eingedrungen sein.

Die Ermittler kamen zu dem überdachten Haupteingang, der zunächst in einen niedrigen weißen Vorbau führte. Sebastian prüfte die Glastür, sie war verschlossen.

»Lass uns zusammen um das Gebäude rum.« Klara drückte ihre Hand für einen Moment an die Dienstwaffe, um sich zu vergewissern, dass sie im Notfall griffbereit war. Sie hatte bislang noch nie auf einen Menschen geschossen und hoffte, dass es so blieb. Jedoch hielt sie es für unwahrscheinlich, dass sich Hartung, sofern sie ihn fanden, mit erhobenen Händen ergab.

Geduckt gingen Klara und Sebastian entlang der vorderen Fassade des alten Hospitals, prüften mit ihren Blicken die Fenster des Erdgeschosses, drückten gegen die Rahmen, alle waren fest verschlossen. Nach ein paar Minuten kamen sie an die rechte Seite des Gebäudes. Auch hier schien es keine Einstiegsmöglichkeit zu geben, die Fenster waren an dieser Seite vergittert.

Vorsichtig bogen sie um die Ecke und schlichen sich an der Rückseite des Hospitals entlang. Am anderen Ende dieser Seite lag ein lang gezogener, flacher Vorbau mit den schornsteinartigen Ausgängen von Lüftungsanlagen und einer Rampe. Dort befand sich offenbar der ehemalige Waren- und Lieferanteneingang.

Sie gingen darauf zu, sahen sich immer wieder um und prüften die Fassade auf Möglichkeiten, in das Gebäude zu gelangen. Nach etwa fünfzehn Metern bemerkte Klara ein Kellerfenster, dessen rechter Flügel eine zerbrochene Scheibe hatte. Die Zacken des Glases ragten wie durchsichtige Dolche hin zu einer dunklen Öffnung, groß genug, um eine Hand hindurchstecken zu können.

Sie stieß Sebastian leicht an. Der nickte, er hatte die beschädigte Scheibe ebenfalls bemerkt. Sie verständigten sich mit Blicken. Klara spürte, wie ihr Atem flacher ging. Doch eine kaputte Scheibe bedeutete noch nichts.

Neben dem Fenster gingen sie in die Hocke. Sebastian griff vorsichtig durch die Öffnung, bewegte von innen den Fenstergriff und stieß die Flügel auf. Dann beugte er sich mit gezogener Waffe ein Stück vor und spähte in das Halbdunkel des Kellerraums. »Leer«, flüsterte er.

Klara beugte sich ebenfalls vor. Der Raum schien besenrein hinterlassen worden zu sein, bis auf ein paar Blätter Papier und einen unbenutzten blauen Müllsack auf dem hellen Kunststoffboden. Es sah aus wie ein ehemaliges Büro oder Arztzimmer.

Die Tür des Raums stand offen, also konnte man von hier aus weiter in das Gebäudeinnere gelangen.

»Sollen wir rein?«, flüsterte Klara.

Sebastian nickte.

Nacheinander ließen sie sich durch das Kellerfenster gleiten. Klara umfing der Geruch eines alten, verlassenen Hauses, Ausdünstungen von bröckeligem Mauerwerk, gemischt mit Bohnerwachs und Desinfektionsmittel. Sie sah sich um und fühlte im selben Moment einen Adrenalinstoß.

Links neben dem Türrahmen lag ein Schuh. Ein dunkelblauer Ballerinaschuh. Er sah neu aus. Klara hatte diese Schuhe schon einmal gesehen. Sie erinnerte sich – und vermutlich hatte sie das Sebastian voraus, der eben noch einen Turnschuh von einem Stiefel unterscheiden konnte. Sie hatte diese Schuhe bei Constanze Hellborn gesehen.

»Sebastian, das ist Constanzes Schuh«, flüsterte sie und deutete mit einer Kopfbewegung in Richtung des Türrahmens.

Für einen Moment stockte Sebastian der Atem. »Dann brauchen wir Verstärkung«, sagte er leise, zückte sein Handy und rief auf der Wache an. Am anderen Ende der Leitung war Haralds Stimme keineswegs leise. »*Wo* seid ihr? Ihr habt *was* gefunden? Seid ihr noch zu retten? Ihr geht jetzt sofort wieder da raus«, polterte er ungehalten.

»Sag Conrad Bescheid, wir brauchen Verstärkung. Aber solange wir nicht wissen, ob Constanze Hellborn im Gebäude ist, haltet euch im Hintergrund.« Sebastian legte auf. Wenn Hartung Constanze in seiner Gewalt hatte und die Kollegen anrücken sah, war das Risiko für die Geisel viel zu hoch.

Klara nahm das Zittern ihrer Hände wahr. Ihr war heiß, und sie spürte Angst in sich aufsteigen. Plötzlich empfand sie einen starken Impuls, nochmals auf der Wache anzurufen. Sie sollten stürmen. Wenn es nach ihr ginge, konnten sie eine Fliegerbombe auf den alten Kasten hier werfen oder alles in die Luft sprengen. Das Wohl der Geisel war ihr egal. Es ging um ihre Tochter, ihr einziges Kind. Hartung musste zur Strecke gebracht werden, und zwar zuverlässig.

Doch noch während in ihren martialischen Gedanken ein Himmelfahrtskommando anrückte, wurde ihr klar, dass es so nicht ging. Sie hatten eine Chance, die Sache ohne weitere Opfer, ohne noch mehr Blutvergießen, zu Ende zu bringen. Eine kleine Chance, aber sie mussten sie ergreifen.

»Lass uns ein Stück ins Gebäude rein«, flüsterte Sebastian.

Mit gezogenen Waffen verließen sie langsam den Raum und kamen in einen langen Flur. Die Wände waren hellgrün, das Krankenhausgrün der siebziger Jahre, der Kunststoffboden war abgenutzt, aber immer noch glänzend von jahrzehntelangem Bohnern.

Klara achtete darauf, dass die Gummisohlen ihrer Turnschuhe nicht bei jedem Schritt quietschten. Sie fühlte sich merkwürdig beobachtet. Verlassene Krankenhäuser hatten ohnehin etwas Gespenstisches, all die Schicksale, die sich hier abgespielt hatten, Schmerzen und Tod. Speichern Orte Erinnerungen?, fragte sie sich.

Sie kamen an weiteren Räumen vorbei, die dem glichen, durch den sie eingestiegen waren. Die Türen standen offen, die Zimmer waren leer.

Einige Meter entfernt gab es eine breite zweiflügelige Metalltür mit kleinen runden Fenstern, die wie Bullaugen in die Türflügel eingelassen waren. Klara vermutete einen ehemaligen OP.

Langsam näherten sie sich der geschlossenen Tür. Sebastians Atem ging stockend, Klara konnte ihn dicht neben sich hören. Dann standen sie vor der Metalltür. Vorsichtig sah Klara durch eines der Bullaugen ins Innere. Ein alter OP-Tisch stand noch in der Mitte des gekachelten Raums.

Erschrocken wich Klara zurück. Auf dem Tisch lag jemand, durch Gurte fixiert.

Es war Constanze.

Klaras Lippen formten lautlos Constanzes Namen. Sebastian nickte ihr zu, sein Gesicht verriet Anspannung, aber auch Entschlossenheit.

Beide wussten, was zu tun war. Noch hatten sie vermutlich das Überraschungsmoment auf ihrer Seite, noch waren sie unbemerkt geblieben, konnten Hartung, sofern er sich auch im Raum befand, überrumpeln. Zwei gegen einen – ihre Chance.

Sebastian duckte sich unter den Bullaugen hindurch und schlich auf die andere Seite der Türflügel. Sie tauschten einen letzten Blick, dann traten sie gleichzeitig mit ihren Waffen im Anschlag die Tür auf, stürmten ein paar Schritte in den OP hinein, sahen sich blitzschnell um, bereit zu schießen.

Vor Klaras Augen drehte sich für einen Moment alles, die Kacheln des alten Operationssaals formten sonderbare Muster auf ihrer Netzhaut, ihr Gehirn registrierte die Wände, die Ecken, den Fußboden des Raums.

Hartung war nicht da.

Die maximale Anspannung ließ etwas nach, Zeit, um Luft zu holen. Doch vermutlich kam Hartung wieder, zurück zu seiner Geisel, um mit ihr zusammen zu sein.

Über einen kurzen Augenkontakt verständigte sich Klara mit Sebastian, der sich mit entsicherter Waffe neben die Flügeltür stellte, während Klara auf den OP-Tisch zuging. Constanzes meerblaue Augen sahen sie ängstlich an. Klara entfernte ihr den Knebel aus dem Mund.

»Er kommt wieder«, war das Erste, was Constanze sagte.

Mit fliegenden Fingern löste Klara die Fixiergurte. »Können Sie gehen?«, fragte sie.

»Ich weiß nicht, ich denke schon.« Constanzes Stimme war schwach, ihre Lippen spröde und aufgesprungen, unter ihren Augen lagen dunkle Schatten. Bei dem Versuch, sich aufzusetzen, entfuhr ihr ein halb unterdrückter Schmerzlaut.

Klara musste sie stützen. Sie beobachtete, wie Constanzes Gesicht noch blasser wurde. Bitte nicht umkippen, dachte sie. Sie mussten so schnell wie möglich hier weg.

Constanze saß für ein paar Augenblicke auf dem Rand des OP-Tisches.

»Geht es?«, fragte Klara. Ihre Stimme hatte einen drängenden Unterton.

»Ja.« Constanze schien ihre letzten Kräfte zu sammeln und stand mit Klaras Unterstützung auf. Langsam gingen sie in Richtung Ausgang.

Sebastian öffnete einen Flügel der Tür und trat vorsichtig einen Schritt nach vorn, um den Flur zu überprüfen. Im selben Moment vernahm Klara einen dumpfen Schlag und das Geräusch brechender Knochen. Sebastian sackte zusammen. Zeitgleich stürzte Hartung mit einer Eisenstange in der Hand in den Raum.

Klara sah das verzerrte Gesicht des Mannes, das wie in Zeitlupe auf sie zugeflogen kam, die Fratze eines blutrünstigen Kriegers, entfesselt und kaum noch von dieser Welt. Die Bruchteile der Sekunden dehnten sich, Constanze Hellborn schrie auf, ein lang gezogener Schrei, dicht neben Klaras Ohr. Sie hob ihre Waffe und drückte ab.

Irgendetwas traf im selben Moment ihren Kopf, sie spürte ein Pulsieren und etwas Warmes, das ihr in die Augen lief. Dann registrierte sie, dass es ihr eigenes Blut war. Sie hatte keine Schmerzen, es war mehr Verwunderung.

Hartung war vor ihr zu Boden gesunken, sein Gesicht vor

Schmerz verzerrt. Er presste beide Hände auf seinen linken Oberschenkel, aus dem Blut quoll.

So viel Blut, dachte Klara. Ihr wurde warm, sie merkte, dass ihre Beine sie nicht mehr tragen wollten. Nicht jetzt, dachte sie. Später. Später, wenn das hier alles vorbei ist.

Sie sah auf Sebastian, der mit geschlossenen Augen zwischen den Türflügeln lag. Aus seinem Ohr lief Blut, der Kieferknochen darunter stand seltsam schräg, aus der Haut ragte etwas heraus, das untere Drittel seines Gesichts färbte sich blau.

Wie in einem Flashback kam Klara der tote Dennis in den Sinn, wie er dort am Baum gehangen hatte. Jetzt also Sebastian. Sie hatte es geahnt.

Eine Lähmung überfiel sie. Sie wusste, dass sie nochmals schießen musste, aber ihr war so schwindelig. Sie musste das schwere Stück Metall in ihrer Hand noch einmal anheben und ihren Zeigefinger beugen. Sie musste es schaffen. Schnell. Aber was hieß schon schnell? Die Kacheln an den Wänden flossen ineinander, Blut floss in ihre Augen, überhaupt floss alles.

Plötzlich bewegte sich Hartung. Er ruckte mit seinem Körper auf dem Fliesenboden ein Stück nach vorn und erfasste mit einer Drehbewegung Sebastians Dienstpistole, die ihm aus der Hand gefallen war.

Klara sah ein Funkeln in Hartungs Augen, ein dunkles Blitzen. Dann – endlich – konnte sie ihre rechte Hand heben. Sie richtete ihre Waffe auf den Mann am Boden. Gleichzeitig sah sie in die Mündung von Sebastians Waffe. Eine kleine Öffnung, schwarz und rund, ein kleines Loch nur, das plötzlich auseinanderzulaufen schien und drohte riesengroß zu werden und Klara zu verschlucken.

Sie blinzelte, ihr war übel. Ihr Blick kroch zu Hartungs Gesicht und fixierte ein schwarzes Augenpaar. Patt, dachte sie.

Wieder dehnten sich die Sekunden, diese schwarzen Augen, der stiere Ausdruck. Klara hielt dagegen, durfte nicht wegsehen, musste jede noch so kleine Regung im Gesicht des Mannes erkennen, musste erkennen, ob sich Hartung entschied zu schießen. Wenn sie schoss, würde auch er in dem Moment, in dem sie den Finger krümmte, noch einmal abdrücken können. Einmal zu viel.

Zehn oder zwanzig Sekunden lang stand sie so da, sie wusste es nicht genau, es war eine Ewigkeit, in der alles seltsam still stand, wie in einem Zeitloch, einem luftleeren Raum. Dann plötzlich hörte Klara ein Geräusch.

Zuerst wusste sie nicht, ob es nur in ihrem Kopf war. Vielleicht ein Wunschtraum oder einfach Hörgewohnheiten der letzten Jahre, die wie in einer übermächtigen Erinnerung in ihre Ohren kamen. Doch dann erkannte sie es, es war real.

Polizeisirenen. Die Kollegen.

Hartungs linkes Augenlid zuckte. Er war angeschossen und kam hier nicht mehr raus, bevor die Beamten eintrafen. Für ihn war das Spiel verloren. Aber was sollte ihn davon abhalten, vorher noch einmal zu töten? Noch einmal drei Menschen?

All das las Klara in den schwarzen Augen, sah ein Lächeln über Hartungs Gesicht huschen, ein wissendes Lächeln. Wenn sie jetzt schoss, konnte er vermutlich nur noch einen von ihnen töten. Einen statt drei. Aber die eine wäre sie.

Hartung lächelte noch immer, so als wolle er fragen: »Opferst du dich?«

Plötzlich spürte Klara, wie der Griff der Waffe aus ihrer rechten Hand verschwand, einfach so, sie hatte auf einmal nichts mehr in der Hand.

Neben ihr stand Constanze, die jetzt die Waffe hielt. Sie war blitzschnell gewesen. Mit dieser Bewegung von hinten hatte Klara nicht gerechnet.

Was soll das?, dachte sie, drehte den Kopf zur Seite und sah Constanze an, sah das blasse Gesicht, die dunklen Haare, die hellblauen Augen. Und sie sah, wie Constanze die Waffe auf sich selbst richtete.

Klara traute ihren Augen nicht mehr, der Blutverlust, bestimmt versagte ihr Kreislauf, wahrscheinlich halluzinierte sie.

»Ich gehe mit dir. Du weißt, dass ich dich liebe.« Klara vernahm diese Worte neben sich. Constanzes Worte. Oder der Wind oder irgendjemand in Klaras Kopf.

»Ich folge dir. Du kannst gehen, und ich gehe mit. Zusammen sind wir unsterblich. So wie das Meer.« Constanze trat einen Schritt auf Hartung zu.

Klara wischte sich Blut aus den Augen. Scheiße. Sie wollte weg hier, dahin, wo es normal war, in ihre geliebte Realität. Dahin, wo kein Blut aus den Körpern lief und sie die Dinge verstand.

Constanze ging in die Hocke. Ihre rechte Hand hielt immer noch Klaras Waffe, mit der linken strich sie Hartung über den Kopf. »Du und ich.« Ihre türkisfarbenen Augen sahen den Mann warm und liebevoll an.

Stockholm-Syndrom, dachte Klara. Constanze glaubte, sich aus purer Verzweiflung und unbedingtem Überlebenswillen in ihren Peiniger verliebt zu haben.

»Was machst du da?«, murmelte Klara, doch Constanze nahm sie nicht zur Kenntnis.

Im selben Moment hörte Klara von irgendwoher eine laute Stimme, verzerrt durch ein Megafon. »Polizei. Ergeben Sie sich, das Gebäude ist umstellt.«

Klara sah auf die unwirkliche Szene vor ihr, auf Hartung und seine Geisel, die neben ihm kniete. Der Mann hob langsam seine rechte Hand, die Sebastians Waffe hielt. Er lächelte. Dann strich er mit der linken Hand über Constanzes Gesicht. »Bis gleich.«

Im nächsten Augenblick durchschnitt ein ohrenbetäubender Knall die Luft, gefolgt von einem berstenden, zischenden Geräusch, wie wenn etwas platzte und zersprang. Etwas Spitzes traf Klara an der Wange, ein Splitter. Ein Knochensplitter. Sie sah das viele Blut vor sich, das Blut in Constanzes Gesicht, eine blutrote Maske, helle Knochenteile in ihrem Haar, verfangen wie in einem Netz, gallertartiges Gewebe auf ihrer Bluse.

Vor ihr lag Hartung, ein Teil seines Schädels fehlte, über seinen Augen hörte sein Kopf auf, und die schwarzen Augen starrten noch immer.

Gellend schrie Constanze auf, warf Klaras Waffe von sich weg, erhob sich und rannte aus dem Raum. Klara blinzelte halb geronnenes Blut aus ihren Augen und lief ihr nach. Ihr war unendlich schlecht, sie schwankte und hatte Mühe, einen Fuß vor den anderen zu setzen. Dann sah sie, wie Constanze wenige Meter vor ihr auf dem Flur zusammenbrach. Wimmernd und beschmutzt.

Es ist vorbei, dachte Klara. Endlich vorbei.

Sie blieb stehen, wie festgefroren.

Sebastian.

Die Angst, die drei, vier Meter zurückzugehen, schnürte ihr die Kehle zu. Sie spürte plötzlich die ganze Gewalt des Verlustes, fühlte, was er für sie bedeuten würde.

Langsam drehte sie sich um und bewegte sich in Sebastians Richtung, ihre Beine waren wie Blei.

Dort lag er – der Anblick tat ihr so weh. Sie ging neben ihm in die Hocke, wollte es nicht wissen und musste es wissen, nahm wie in Trance sein Handgelenk auf und fühlte. Sekunden verstrichen. In Klara war eine übermächtige Angst, dass ihr Leben für immer verändert war, etwas für immer verloren war, unwiederbringlich. Innerlich hoffte und flehte sie.

Dann fühlte sie ihn, schwach, aber er war da, der Pulsschlag war da. Klara schluchzte auf.

Vom Ende des Flurs her hallte das Geräusch schwerer Stiefel über den Linoleumboden.

»Wir brauchen einen Arzt!«, schrie sie. Dann wurde es dunkel um sie herum.

***

Klara saß in Conrads Büro. Sie war ein paar Tage krankgeschrieben gewesen, aber die Ruhe zu Hause hatte ihr nicht sonderlich gutgetan. Sie wollte keine Ruhe, sie wollte Menschen um sich herum, an denen ihr etwas lag. Sie wollte, dass ihre Tochter zurückkam, und sie wollte mit Sebastian zusammen sein.

Der war noch in der Klinik. Hartung hatte ihn übel erwischt, aber es hätte noch schlimmer ausgehen können. Sebastian hatte eine Gehirnerschütterung, den Unterkiefer und das Jochbein gebrochen und einen Trommelfellriss. Die Brüche waren operiert worden. Klara hatte ihn am Tag nach der OP im Krankenhaus besucht und war erschrocken gewesen. Die eine Hälfte seines Gesichts gehörte Sebastian, die andere Gesichtshälfte war nicht zu erkennen.

Sebastian hatte starke Schmerzen und konnte kaum sprechen. Dafür hatte Klara umso mehr geredet. Sie hatte ihm den Teil der Geschichte erzählt, den er nicht mehr mitbekommen hatte, und es hatte ihr gutgetan, sich die Ereignisse noch einmal von der Seele zu reden. Dann hatte sie seine Hand genommen, und es war aus ihr herausgebrochen. »Ich hatte solche Angst, dass du nicht mehr lebst, solche Angst.«

Sebastians Bergsee-Augen hatten einen warmen Glanz bekommen. »Unkraut vergeht nicht«, hatte er zwischen den Zähnen hervorgenuschelt und ein schiefes Grinsen versucht. Es war sehr schief gewesen. »Aber ich bin auch ganz froh, dass ich noch da bin.«

Klara hatte gemeint, ein undeutliches »Bei dir« verstanden zu haben. Sie spürte, dass die Geschichte zwischen ihnen noch nicht vorbei war, und wusste, dass Sebastian es auch fühlte. Aber Hamburg war weit weg. Zu weit.

Nun saß sie mit Harald und Conrad am Besprechungstisch in dessen Büro. Ihnen gegenüber saß Constanze Hellborn. Ein paar Dinge hatte sie bereits am Tag von Hartungs Tod zu Protokoll gegeben, aber die Ermittler mussten noch mehr Einzelheiten wissen. Constanze wirkte ruhig und gefasst – sie war wieder so schön wie zuvor.

Conrad stand auf und goss ihr eine Tasse Kaffee ein. Klara bemerkte, wie er sie immer wieder ansah.

Constanze führte die Tasse zu ihren vollen Lippen, nahm einen Schluck und stellte sie wieder ab. »Es war ein einziger Alptraum. Die schlimmsten Stunden in meinem Leben.« Sie senkte den Kopf. »Mir war sehr schnell klar, dass ich nur überleben konnte, zumindest eine Weile lang, wenn ich es fertigbringen würde, Zuneigung zu heucheln. Stunde um Stunde war da sein krankes Gerede, dass ich seine Königin sei, seine Göttin, dass er sein ganzes Leben auf mich gewartet habe, dass ich sei wie das

Meer in der Ägäis. Er erzählte mir von seiner besonderen Gabe, es war abartig.«

»Welche Gabe?«, fragte Conrad.

»Nun ja, er sagte, er könne Frauen in ihrem innersten Wesen erkennen, und jede Frau sei wie eine Form von Wasser, eine besondere Ausprägung des Elements, aus dem sie besteht. Es gäbe Frauen, die seien wie eine Pfütze, andere wie ein Regenguss, ein Bach, ein Eiszapfen ... rein, verschmutzt, bedeutungslos oder gewaltig. Ich sei wie das Meer, dort, wo es am schönsten ist. Der Blitz habe ihn getroffen, als er mich zum ersten Mal in der Kantine des Versorgungszentrums gesehen habe, und es sei Schicksal gewesen.«

Constanze schüttelte langsam den Kopf, die Erinnerung machte ihr offenbar zu schaffen. Dann sprach sie weiter. »Hartung erzählte mir auch von einer Susanne, einem munter plätschernden Bach, und von ihrem kleinen nichtsnutzigen Freund, den er aufgeknüpft habe.«

»Die beiden ersten Mordopfer«, erwiderte Conrad.

»Aber ich sei eine andere Klasse, sagte er dann. Für mich täte er alles, wenn ich ihn nur ein wenig liebte. Es war furchtbar. Das Schlimmste war, als er fragte, ob ich froh sei, dass er mich von diesem Frauenarzt erlöst habe, und ich musste Ja sagen, das war meine einzige Chance. Daraufhin hat er gelächelt und mich geküsst.«

Constanzes Stimme war sehr leise geworden, Verzweiflung lag in ihren Augen. »Ich vermisse Andreas so. Und ich kann den Gedanken einfach nicht ertragen, dass er meinetwegen sterben musste.«

Conrad nickte, in seinem Gesicht lag ein verständnisvoll milder Ausdruck, den Klara so noch nicht bei ihm gesehen hatte. Irgendwie werden bei schönen Frauen alle Männer sonderbar, dachte sie.

»Und wie haben Sie es fertiggebracht, dass sich Hartung das Hirn weggeblasen hat?« Ausgenommen Harald, der war immer sonderbar. Auf eine andere Art, dachte Klara.

Constanze sah ihn einen Moment lang fragend an. Dann meinte sie: »Wie gesagt, ich musste dieses Spiel mitspielen und so tun, als ob ich ihn mochte. Als am Ende die Polizeisirenen zu hören waren, ahnte ich, nach allem, was ich zuvor von ihm gehört hatte, dass Hartung sich nicht festnehmen lassen würde. All dieses Gerede von unserer großen, unsterblichen Liebe … über den Tod hinaus. Als ich ihm sagte, dass wir zusammen aus dem Leben gehen würden, war das einfach ein letzter Versuch. Ich wusste nicht, ob es funktionieren würde, und ich wusste nicht, ob er tatsächlich zuerst gehen würde.«

Constanze schlug erneut die türkisfarbenen Augen nieder. »Es war sozusagen der Mut der Verzweiflung. Ich sah keine andere Möglichkeit mehr.«

Klara wusste, was sie meinte. Dann kam sie noch einmal auf etwas anderes zu sprechen. »Sie hatten ja berichtet, dass Hartung Ihnen noch von einer weiteren Frau erzählt hatte.«

»Ja, von einer Anhalterin, die er vor ein paar Jahren mitgenommen hatte. Ein plappernder Wasserfall, der ihn dann aber so störte, dass er das Wasser einfach abgedreht hat, wie er sagte. Er sei noch unerfahrener gewesen und habe noch nicht richtig gewusst, was er wollte. Aber nun wisse er es.«

»Sagte er etwas zum Verbleib der Frau?«, fragte Klara.

»Dass sie ein schönes Plätzchen im Odenwald habe. Er habe tief genug gegraben. Da, wo sich Fuchs und Hase Gute Nacht sagen.«

Klara sah Harald an. Andrea Kohlhaas, die Tramperin, die vor fünf Jahren spurlos verschwunden war. Doch selbst mit diesen neuen Informationen war es schwierig, ihre Leiche zu finden. Für ihre Eltern gab es allerdings jetzt so etwas wie Gewissheit.

»Hartung redete diese ganzen Dinge so vor sich hin«, fuhr Constanze mit bedrückter Stimme fort. »Manchmal strahlten seine Augen, dann wieder wurden sie eiskalt, und immer wieder sah er mich scheinbar verliebt an. Können Sie sich vorstellen, wie mir zumute war? In der Gewalt eines Psychopathen, der schon mindestens vier Menschen auf dem Gewissen hatte?«

»Das kann sich wohl niemand vorstellen«, sagte Conrad. Sein Mitgefühl war greifbar.

»Wie kann ein Mensch nur so werden?«, fragte Constanze.

»Über Hartungs Biografie wissen wir immer noch nicht viel,

aber da werden wir wohl noch ein paar Informationen erlangen«, erwiderte Conrad. Klara hatte eine leise Ahnung, wer ihnen diese Informationen möglicherweise geben konnte.

»Hauptsache, es ist alles gut gegangen«, schloss Conrad an und blickte zu Constanze Hellborn wie ein verstrahlter Minnesänger. »Nicht alle Frauen sind so tapfer und mutig wie Sie.«

Es ist nicht zu fassen, dachte Klara.

»Arsch, Sack, aber hier im Raum sind zumindest zwei davon«, hörte sie neben sich Haralds verrauchte Stimme. Dann lachte er und stieß ihr seinen Ellbogen in die Seite.

***

»Schön, dass Sie noch einmal vorbeigekommen sind, auch wenn Sie keine erfreulichen Nachrichten mitgebracht haben«, sagte Edeltraut Rothschenk, und ihre Stimme klang bedrückt.

»Na ja«, Klara stellte ihre Teetasse ab, »ich habe geahnt, dass Sie ihn kennen, auf diesem ersten Phantombild hat ihn niemand erkannt, aber Sie schon.«

»Es waren seine Augen.« Die alte Frau zögerte einen Moment und fuhr dann fort. »Die Augen meines Mannes.« Erneut machte sie eine Pause und trank einen Schluck Tee. Schließlich sagte sie leise: »Er war einmal bei mir, nach Günthers Tod. Ich habe ihn erkannt, ich wusste es einfach, als ich ihn sah, aber ich habe ihm die Tür vor der Nase zugeschlagen. Später habe ich das bereut, aber in dem Moment habe ich es einfach nicht ertragen. Mein Mann hat mir erst kurz vor seinem Tode von seinem Sohn erzählt, den er in einer, wie er sagte, unbedeutenden Affäre gezeugt hatte. Es hat mich zutiefst verletzt. Ich hätte selbst gern Kinder gehabt.« Sie nahm noch einen Schluck Tee. »Später dachte ich manchmal daran, Kontakt mit ihm aufzunehmen, aber ich kannte seinen Namen ja gar nicht. Und irgendwann wollte ich die Dinge einfach auf sich beruhen lassen, das alles war Vergangenheit.«

Edeltraut Rothschenk senkte die Lider, und Klara ahnte, dass so etwas nie wirklich vergangen war. Das quälende Wissen, dass die Hälfte der Gene von Fred Hartung die ihres Mannes waren, dass sein Sohn ein Mörder war, würde die Richterin nie loswerden. Und womöglich stellte sie sich auch die Frage, wie viel von dem Sohn im Vater gesteckt hatte. Oder ob alles anders gekommen wäre, wenn der Vater den Sohn nicht verleugnet hätte, ob vier Menschen dann noch leben könnten und Hartung selbst auch.

Klara stand auf. »Also, Frau Rothschenk, danke für den Tee. Ich muss wieder los.«

Die Alte nickte. »Wenn Sie mögen, besuchen Sie mich mal wieder. Eine einsame Frau wie ich hat viel Zeit.« Sie entblößte ihre hellen Zähne in einem feinen Lächeln.

»Ja, vielleicht mache ich das.« Klara gab ihr die Hand und sah noch einmal in das faltige Gesicht. Es schien ihr, als sei die Frau auch unter schwierigen Umständen gerade geblieben. Aber auch irgendwie hölzern, wie ein Stock. Wie viel Biegsamkeit brauchte es für ein glückliches Leben?

Klara lief das blank geputzte Treppenhaus hinunter, überquerte die Straße und stieg in den Dienstwagen, der in der Sonne stand. Am Lenkrad verbrannte sie sich fast die Finger. Seit vorgestern herrschten dreißig Grad, der Heidelberger Sommer hatte seinen Allerwertesten doch noch hochbekommen.

Klara wischte sich einen Schweißtropfen von der Wange. Dann startete sie den Motor, ließ die Seitenscheibe hinunter und machte sich auf den Weg zum Revier. Morgen kam ihre Tochter zurück, Klara hatte am Vormittag mit ihr telefoniert. »Mama, so ein Wohnwagen ist toll. Aber ich freue mich schon wieder auf zu Hause.« Josi hatte gelacht und ganz aufgeregt hinzugefügt: »Und auf die Schule.«

Sie konnte nicht ahnen, wie sehr Klara sich freute. Dass es ihrem Mädchen gut ging und dass sie in ihrem Kinderleben leicht und ohne Sorgen war.

Klara beschleunigte den Wagen und lächelte. Die Wichtigste in ihrem Leben war schon morgen wieder da.

***

Es war ziemlich laut. Vier Mädchen und zwei Jungs tobten durch die Wohnung. Klara saß mit ihrer Schwester Carmen, ihren beiden großen Nichten und der Mutter von Josis bester Freundin am Kaffeetisch. Der Geburtstagskuchen war schon fast aufgegessen, die sechs Kerzen, die Josephine in einem Atemzug ausgepustet hatte, lagen neben dem kläglichen Rest Schokoladenkuchen auf dem Teller. Die Flasche trockener Rieslingsekt war ebenfalls leer.

Klara stand auf und ging in die Küche, um eine neue zu holen. Sie wollte noch einmal auf ihr kleines großes Mädchen anstoßen. Als sie die Kühlschranktür wieder schloss, klingelte es an der Tür.

Eigentlich waren schon alle Gäste da. Mit der Sektflasche in der Hand ging Klara zur Wohnungstür und öffnete. Aus einem ziemlich braun gebrannten Gesicht leuchteten ihr zwei dunkelgrüne Augen entgegen, die sie schon eine Weile nicht mehr gesehen hatte. Nachdem Sebastian sich von seinen Verletzungen erholt hatte, hatte er seinen Resturlaub angetreten – mit dem Rucksack zwei Wochen nach Sardinien.

Die grünen Augen blieben ein paar Sekunden an Klaras kleben und wanderten dann hinunter zu der Sektflasche.

»Oh, da komme ich ja gerade richtig.« Sebastian grinste. »Und wo ist das Geburtstagskind?«

»Nimmt mit ein paar Freunden die Wohnung auseinander. Aber gleich machen wir noch eine Schatzsuche. Komm rein …« Klara trat einen Schritt zurück.

»Ja, Schatz finden ist immer gut.« Sebastian kam in den Flur.

»Ich hole dir noch ein Glas«, sagte Klara und ging zurück in die Küche. Sebastian folgte ihr. Sie öffnete einen der Küchenschränke und angelte ein Sektglas heraus. »Wie war's am Meer?«

»Na ja«, antwortete Sebastian, »ganz schön. Sonnig halt und ein bisschen windig und viel Wasser und so.«

Klara drehte sich um und sah ihn erstaunt an. Das war nicht ganz die Beschreibung, die sie erwartete, wenn jemand einen tollen Urlaub verbracht hatte.

Sebastian vergrub seine Hände in den Hosentaschen. »Ich glaube, ich habe genug vom Meer«, murmelte er.

Klara stutzte. »Wie, du hast genug vom Meer?«

»Hm, tja, im Urlaub ist es ganz schön, das Meer, aber so immer?«

Klaras Mund blieb einen Moment offen. »So immer nicht?«

Sebastian schüttelte den Kopf. »Ich glaube nicht.«

Klara traute ihren Ohren nicht. Sie stand in ihrer Küche, in der einen Hand die Flasche, in der anderen das Glas, und spürte, wie ihr Herz klopfte. Sie war verwirrt. »Und was heißt das jetzt?«

Ein paar Sekunden lang schwieg Sebastian. Aus den anderen Zimmern der Wohnung drang Kinderlärm bis in die Küche, aber Klara hatte das Gefühl, als läge eine bleierne Stille im Raum.

»Ich glaube, ich bleibe«, sagte Sebastian leise.

»Du glaubst, du bleibst?«, echote sie und fand sich selbst dämlich. Musste sie alles wiederholen, fiel ihr nichts Intelligentes ein? Nein, eindeutig, nicht. Sie suchte ihr Gehirn ab und fand nichts außer einer langsam heraufsteigenden, unbändigen Freude. Aus Angst, Flasche und Glas fallen zu lassen, stellte sie beides auf der Anrichte ab.

»Ich habe den Versetzungsantrag zurückgezogen«, sagte Sebastian.

»Du hast was? Geht das denn?«, flüsterte Klara ungläubig.

»Wenn man will, geht alles«, antwortete Sebastian und nahm sie endlich in den Arm.

Hannah Corvey
HEIDELBERGER GOLD
Broschur, 240 Seiten
ISBN 978-3-95451-570-7

»Ein neues Ermittlerpaar hat Hannah Corvey in die Kriminalroman-literatur mit ihrem gelungenen Debüt ›Heidelberger Gold‹ eingeführt. Ein Debütkrimi, dem man nicht anmerkt, dass es der erste ist, den Hannah Corvey geschrieben hat.« SWR Fernsehen